U0190296

国家出版基金项目
NATIONAL PUBLICATION FOUNDATION

三江源科学研究丛书

王光谦 总主编

南水北调西线工程生态环境影响研究

张金良 景来红 吴春华——著

长江出版社
CHANGJIANG PRESS

总　序

　　三江源被誉为"中华水塔"，它地处世界屋脊——青藏高原的腹地，是世界高海拔地区生物多样性最集中的地区，湿地湖泊星罗云布，长江、黄河、澜沧江等大江大河在这里发源，孕育和滋养着中华大地的山林万物，哺育出灿烂的中华民族文明历史。

　　近几十年来，由于自然环境和人类活动的影响，三江源区雪山冰川退缩，湖泊和湿地发生显著变化，生物种类和数量锐减，沙化和水土流失面积扩大，水源涵养能力急剧减退，水量变化威胁到长江、黄河流域的水安全。正确认识和保护好三江源区的生态环境，对中国的可持续发展和生态安全具有十分重要的战略作用。

　　《三江源科学研究丛书》是由长江出版社组织三江源研究领域的专家和学者，基于他们的长期研究，对三江源区涉及的生态、环境、水资源等问题的一个全面总结。其中，针对日益严重的生态环境问题，《青藏高原陆地生态系统遥感监测与评估》《三江源区优势种植物矮嵩草繁殖策略与环境适应》《三江源区水资源与生态环境协同调控技术》《空中水资源的输移与转化》探讨了水资源以及生态环境保护和治理对策，为水资源与生态环境协同发展提供了科学支撑；《南水北调西线工程调水方案研究》《黄河上游梯级水库调度若干关键问题研究》《南水北调西线工程生态环境影响研究》《黄河上中游灌区生态节水理念、模式与潜力评估》等专著针对我国水资源南北分布不均衡的问题，详细探讨了南水北调的方案、运行调度、生态与环境影响、水资源高效利用等问题，是西线南水北调方面较为全面和权威的研究成果。这些专著基本上覆盖了三江源研究中水科学领域的方方面面，具有系统性、全面性的特点，同时反映了最新的研究成果。

我们相信，《三江源科学研究丛书》的出版，将有助于三江源相关研究的进一步发展。同时，丛书在重视学术性的同时，力求把专业知识用通俗的语言介绍给更为广大的读者群体，使得保护三江源成为每一个读者的自觉，保护好中华民族的生命之源。

中国工程院院士　青海大学校长

王光谦

SANJIANGYUAN

三江源科学研究丛书

KEXUE YANJIU CONGSHU

高原雪山

三江源风光

藏羚羊

牦牛

高原苔藓

高原地质

冻土

草甸

南水北调西线工程是从长江上游干支流调水入黄河上游的跨流域调水重大工程，是补充黄河水资源不足，缓解我国西北地区干旱缺水的重大战略措施。是一项生态建设和环境保护、支撑国家西部发展战略和西北地区经济社会可持续发展的重大基础设施。西线工程前期工作开始于20世纪50年代，2001年《南水北调西线工程规划纲要及第一期工程规划》通过水利部组织的审查，于2002年12月得到国务院批复，并纳入国家《南水北调工程总体规划》。2001年7月西线第一期工程启动了项目建议书阶段的工作，2008年提出初步成果；之后根据国家发展改革委、水利部的安排，开展了项目建议书补充、若干重要专题的补充研究等工作。作为大型跨流域调水工程，南水北调西线工程建设必要性论证、调水生态环境影响等重大问题始终是项目建议书阶段研究工作的核心内容，也是社会各界关注的焦点之一。

党的十八大、十九大对生态文明建设提出了更高的要求，黄河水安全保障问题受到高度重视。2014年习近平总书记在关于保障水安全问题的重要讲话中，针对我国水资源开发利用面临的新形势，提出"节水优先、空间均衡、系统治理、两手发力"的治水思路和"确有必要、生态安全、可以持续"的重大工程论证原则，对水资源开发利用保护和生态环境保护提出了新要求。西线工程涉及的生态环境问题十分复杂，还有许多新课题和任务需要进一步深入论证。

对调水区生态环境影响研究是整个南水北调西线工程可行性论证工作的重点，黄河勘测规划设计研究院有限公司从前期规划阶段至今（尤其是在项目建议书阶段），联合国内相关行业的专业研究单位开展了大量有针对性的研究工作，包括水环境、水文情势、水生生态、陆生生态影响等，基本覆盖了南水北调西线工程对调水区生态环境影响的主要关键性问题，对西线工程涉及的主要环境问题有了基本结论。

近年来,在国民经济快速发展、国家发展战略布局进一步调整,生态文明建设加快推进的大背景下,随着国家主体功能区规划及长江大保护等国家战略的实施,西线调水河流通天河、雅砻江和大渡河流域经济社会发展和生态保护发展面临新机遇。2010年国务院批复了《全国水资源综合规划》和《长江流域水资源综合规划》;2013年,国务院批复了《长江流域综合规划》;四川省人民政府于2014年批复了《四川省水资源综合规划》,有关单位近期陆续完成了《雅砻江流域综合规划》《岷江流域综合规划》和《通天河及江源区综合规划》。2016年3月,中央政治局审议通过《长江经济带发展规划纲要》,2019年1月,生态环境部、发展改革委联合印发《长江保护修复攻坚战行动计划》,这些规划依据新的经济社会发展形势、布局和生态环境保护目标,对调水河流的水资源需求与生态环境保护提出了新的要求,并提出了调水河流的治理开发意见。雅砻江干流两河口水电站、大渡河双江口水电站两个河流规划梯级中的控制性工程相继开工建设,调水河流上新增、新建部分水电站,导致调水河流区水生生态系统现状发生改变,调水河流区环境管理发生变化;部分调水河流段被划定为国家级水产种质资源保护区;对南水北调西线工程调水量、调水过程提出了更高的要求,要求各坝址最小下泄流量增大,下泄过程的要求更加严格。针对这些新情况,需进一步开展生态环境影响的复核,并筛选出重点环境问题开展补充研究工作。

本书在对已有研究成果梳理、总结的基础上筛选出水生生态、陆生生态、生态环境需水量、生态环境敏感区(自然保护区、水产种质资源保护区)等重要问题进行总结阐述,重点分析了工程建设对珍稀保护动植物、重要鱼类、自然保护区和水产种质资源保护区的影响,并计算生态需水量,以维持下游生态环境正常的生态功能。具体研究内容和研究方法包括以下几个方面:

　　①通过文献检索、现场搜集资料、实地查勘、遥感解译等方式对调水河流区珍稀保护动植物、珍稀保护鱼类、自然保护区、水产种质资源保护区以及小型水电站的分布开展补充调查；②采用空间叠置法，分析调水河流河段开发现状；③通过对工程实施前后各调水坝址下游断面水文要素（流量、水深、河面宽、流速）变化的对比计算，分析水文情势变化情况，进而分析工程建设对珍稀保护鱼类的影响；④采用空间叠置法，结合珍稀保护动植物的生理学特征分析工程建设对珍稀保护动植物的影响；⑤采用空间叠置法明确工程建设与自然保护区、水产种质资源保护区的相对位置关系，并分析工程建设对自然保护区、水产种质资源保护区的影响；⑥采用景观优势度指数法分析工程建设对景观生态体系完整性与稳定性的影响。

　　通过分析研究得出的初步结论有：工程建设可能会造成珍稀保护植物种群资源量的损失，但不会对种群生存产生明显影响，工程建设对珍稀保护植物的影响程度是可以接受的。工程输水线路涉及四川杜苟拉自然保护区、四川曼则塘自然保护区，库区淹没对青海三江源国家级自然保护区杜柯河分区、年保玉则分区影响较大。

　　调水将导致坝下临近河段流量减少，造成坝下局部河段水生生物种群缩小，水体生产力有所下降。工程对引水水域鱼类影响的主要表现形式是繁殖场所、摄食场所的损失，而对越冬的影响不大。各河流建坝后，雅砻江水系和大渡河水系的珍稀和保护鱼类仍能在坝下维持一定的规模，但鱼类栖息地面积的缩小和饵料生物总量的减少都导致水体环境对鱼类种群容纳量的减小，使各鱼类种群的总资源量与生物多样性指数有所下降。调水后虎嘉鱼生境条件会被进一步分割、压缩，珠安达水库、霍那水库、克柯Ⅱ水库对坝址附近虎嘉鱼洄游产生阻隔影响，已经查明工程建设区域不是虎嘉鱼所在河段的集中分布区域，因此，对集中分布区域的虎嘉鱼短距离洄游影响不大;拟建坝址距离玛柯河重口裂腹鱼水产种质资源保护区、大渡河上游川陕哲罗鲑等特殊鱼类保护区距离均较远,西线调水工程建设对玛柯河重口裂腹鱼国家级水产种质资源保护区、大渡河上游川陕哲罗鲑等特殊鱼类保护区影响较小。

本书第一章撰写者为张金良、景来红;第二章撰写者为张金良、景来红;第三章撰写者为党永红、吴春华;第四章撰写者为吴春华、党永红;第五章撰写者为吴春华、党永红、周伟东;第六章撰写者为党永红、吴春华、周伟东;第七章撰写者为景来红、张金良;第八章撰写者为景来红、张金良。全书由张金良进行统稿。本书编写和研究过程中,得到了"南水北调西线第一期工程若干重要专题研究——南水北调西线第一期工程对陆生生物及生态环境影响研究"及"南水北调西线一期工程影响地区水生生物分布现状及影响分析""南水北调西线第一期工程对调水河流关键生态影响补充研究""南水北调西线一期工程引水枢纽下游生态环境需水量研究"等专题研究的大力帮助,对参加研究的所有成员,在此一并表示感谢。

本书出版得到国家重点研发计划课题"重点生态区与城市抗旱应急保障管理措施及技术"(2018YFC1508706)的资助,在此深表感谢!由于南水北调西线工程调水区生态环境影响研究问题复杂,涉及因素众多,一些影响还有待进一步研究,加之作者经验不足,水平有限,虽几易其稿,但书中难免出现疏漏,敬请读者批评指正。

作　者

2019 年 6 月

CONTENTS

目 录

CONTENTS

CONTENTS

第 1 章   南水北调西线工程概况及主要环境影响综述

1.1   西线调水工程概况

1.1.1   工程地理位置

　　南水北调西线第一期工程地理坐标位于东经 99°20′～102°10′,北纬 31°30′～33°20′之间,行政区域涉及四川省甘孜州德格县、甘孜县、色达县、阿坝州阿坝县、壤塘县,青海省果洛藏族自治州班玛县,甘肃省甘南藏族自治州玛曲县。

　　南水北调西线一期工程推荐方案由 9 段共 14 条明流洞、9 座渡槽和 3 座桥式倒虹吸,以及 7 座水源水库组成。推荐方案从雅砻江干流上游热巴水库开始,以全隧洞方式沿途穿越雅砻江支流达曲、泥曲上游,大渡河支流色曲、杜柯河、玛柯河、阿柯河,到黄河贾曲口结束。7 座水源水库分别为雅砻江热巴水库、达曲阿安水库、泥曲仁达水库、色曲洛若水库、杜柯河珠安达水库、玛柯河霍那水库和阿柯河克柯Ⅱ水库。

　　热巴水库坝址位于四川省甘孜州德格县年古乡雅砻江干流上,阿安坝址位于甘孜州甘孜县夺多乡达曲河上,仁达坝址位于甘孜县泥柯乡泥曲河上,洛若坝址位于色达县洛若乡色曲河上,珠安达坝址位于阿坝州壤塘县上杜柯乡杜柯河上,霍那坝址位于青海省果洛藏族自治州班玛县城上游约 9km 玛柯河上,克柯Ⅱ坝址位于甘孜州阿坝县安斗乡阿柯河上。南水北调西线第一期工程地理位置分布见图 1.1-1。

1.1.2   调水规模与工程规模

　　(1)调水规模

　　项目建议书阶段对调水 80 亿 m³ 方案各调水河流调水量进行多方案组合分析,经过综合比较,推荐方案为雅砻江干流调水 42 亿 m³、达曲调水 6.5 亿 m³、泥曲调水 7.5 亿 m³、色曲调水 2.5 亿 m³、杜柯河调水 10.0 亿 m³、玛柯河调水 7.0 亿 m³、阿柯河调水 4.5 亿 m³;调水量占调水坝址处多年平均径流量比例依次为 69.2%、65.1%、64.04%、59.4%、67.5%、64.3%、64.9%。各河流调水量及占坝址处比例见表 1.1-1。

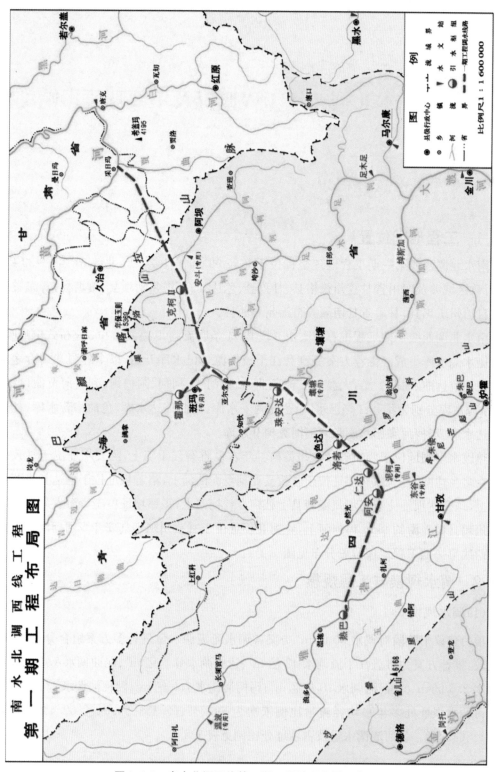

图 1.1-1 南水北调西线第一期工程地理位置示意图

(2)工程规模

7座水源水库除洛若外均为高坝大库,多年调节热巴水库,最大坝高194.1m,主要建筑物包括土石坝、溢洪道(或洞)、泄洪洞、引水电站和生态电站等。洛若采用无调节低坝引水,布置混凝土溢流坝段泄洪兼生态水量下泄,布置引水电站一座。各水源水库指标见表1.1-1。

表 1.1-1 南水北调西线一期工程各水源水库规模指标表

坝址	单位	热巴	阿安	仁达	洛若	珠安达	霍那	克柯Ⅱ
调水河流		雅砻江	达曲	泥曲	色曲	杜柯河	玛柯河	阿柯河
控制流域面积	km²	26535	3487	4650	1470	4618	4035	1534
坝址径流量	亿 m³	60.69	9.99	11.71	4.21	14.81	10.89	6.93
多年平均引水量	亿 m³	42	6.5	7.5	2.5	10.0	7.0	4.5
调水比例	%	69.2	65.1	64.04	59.4	67.5	64.3	64.9
坝址高程	m	3527	3604	3598	3747	3539	3538	3470
死水位	m	3660	3640	3635	3758	3575	3570	3510
正常蓄水位	m	3709.57	3706.31	3707.43	3758	3646.5	3635.78	3565.06
死库容	亿 m³	14.56	0.15	0.33	0.05	0.54	0.21	0.1
调节库容	亿 m³	24.35	3.27	4.72		6.28	4.33	1.7
调洪库容	亿 m³	0.46	0.28	0.25	0.015	0.13		0.03
总库容	亿 m³	39.37	3.69	5.3	0.065	6.95	4.76	1.83
调节性能		多年调节	多年调节	多年调节	无调节	多年调节	多年调节	多年调节
回水长度	km	90	30	25	1	20	18	10
最大坝高	m	194.1	120	124.7	30	123.2	109.1	104.6

引水隧洞从雅砻江开始至黄河结束,沿线被定曲、达曲、泥曲、杜柯河、玛柯河、克曲、窝央沟和若曲分割为7段,14个隧洞依次称为1♯、2♯、3♯、4♯,5A和5B,6A和6B……9A和9B隧洞,最长72.3km,最短3.7km,总长325km,隧洞设计洞径7.40~9.60m,设计流量108.47~262.75m³/s,设计总调水流量305.13m³/s。跨河(沟)修建有定曲倒虹吸、达曲阿安渡槽、泥曲仁达渡槽、杜柯河珠安达渡槽、玛柯河扎洛倒虹吸(2座)、克曲克柯渡槽(2座)、窝央渡槽(2座),以及若曲若果郎渡槽(2座)等12座交叉建筑物,长度308~858 m,总长4.5 km。渡槽设计流量150.84~262.75m³/s,倒虹吸设计流量108.47~154.28m³/s。

1.1.3 工程运行方式

南水北调西线工程各水源水库除洛若水库无调节能力,克柯水库为年调节外,其他几座水源水库均采用多年调节方式。水库调节计算的原则为:优先保证下泄生态基流,当入库水量充分时按照输水隧洞的设计输水能力调水,多余水量存蓄于水库,进行跨年度水量调节,水库蓄满时弃水;当入库水量和库存水量不足时则减少调水量;由于各水库坝址下游经济社会用水量很少,且坝址下游区间汇流很快,能够充分满足其用水要求,水库不考虑对坝下河段生产生活供水。设计调水流量保证率按90%考虑,调水工程年引水期为11个月,其中每年4月份不引水,安排工程检修。

1.2 南水北调西线规划有关成果

1.2.1 南水北调西线工程总体规划成果

1.2.1.1 可调水量及工程规模

2002年国务院批复了《南水北调工程总体规划》,其中南水北调西线工程通过对规划区各调水河流20余处引水枢纽的分析研究,规划选定了3个调水区,即雅砻江2条支流和大渡河3条支流的多年平均径流量61亿 m^3,可调水量40亿 m^3;雅砻江阿达枢纽处多年平均径流量71亿 m^3,可调水量50亿 m^3;通天河侧坊枢纽处多年平均径流量124亿 m^3,可调水量80亿 m^3。规划区3条河多年平均总径流量256亿 m^3,可调水总量170亿 m^3,分别占引水枢纽处河流径流量的65%~70%。

综合分析调水区可调水量和受水区缺水量,以及经济技术合理性等综合因素,规划确定西线工程调水规模为170亿 m^3。

1.2.1.2 工程规划

按照由近及远、先易后难、从小到大、分期实施的原则,在通天河、雅砻江、大渡河3条河及其支流上的引水河段内共研究了20余座引水枢纽,分析比较了30多条引水线路。通过技术经济分析比较,淘汰了全部抽水和全部明渠方案,选择其中以自流和隧洞输水为主的5条引水线路。经过综合对比,确定西线调水的工程布局为:从大渡河和雅砻江支流调水的达曲—贾曲自流线路(简称达—贾线);从雅砻江调水的阿达—贾曲自流线路(简称阿—贾线);从通天河调水的侧坊—雅砻江—贾曲自流线路(简称侧—雅—贾线)。南水北调西线工程布置图见图1.2-1。

达—贾线:在大渡河支流阿柯河、麻尔曲、杜柯河和雅砻江支流泥曲、达曲5条支流上分别建引水枢纽,联合调水到黄河支流贾曲,年调水量40亿 m^3,输水期为10个月。该方案由"五坝七洞一渠"串联而成,输水线路总长260km,其中隧洞长244km,明渠长16km。

阿—贾线:在雅砻江干流阿达建引水枢纽,引水到黄河支流的贾曲,年调水量50亿 m^3。该方案主要由阿达引水枢纽和引水线路组成,枢纽大坝坝高193m,水库库容50亿 m^3。引水起点阿达枢纽坝址高程3450m,由隧洞输水。在达曲接达—贾联合自流线路,平行布置输水隧洞一直到黄河贾曲出口,高程3442m。输水线路总长304km,其中隧洞长288km,明渠长16km。

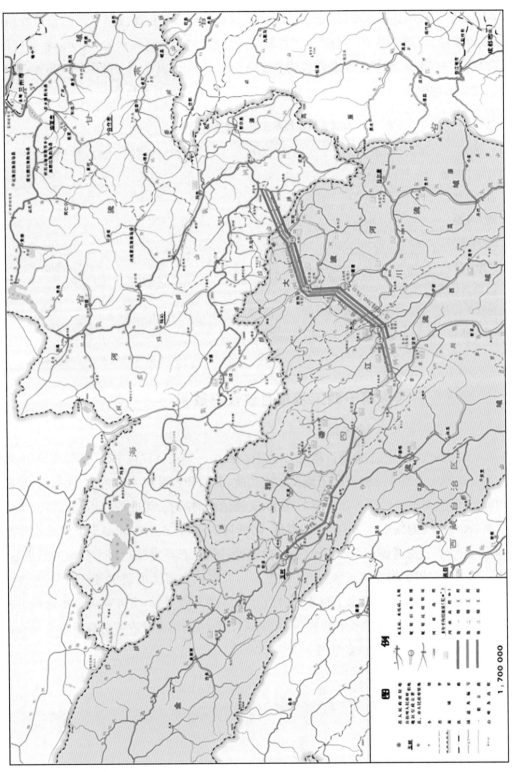

图1.2.1 南水北调西线工程总体布局规划图

侧—雅—贾线:在通天河上游侧坊建引水枢纽,坝高273m,输水到德格县浪多乡汇入雅砻江,顺流而下汇入阿达引水枢纽,布设与雅砻江调水的阿—贾自流线路平行的输水线路,调水入黄河贾曲,年调水量80亿 m^3。侧坊枢纽坝址高程3542m,死水位3770m,雅砻江浪多乡入口高程3690m。侧坊—雅砻江段输水线路长度204km,其中两条隧洞平行布置,每条隧洞长202km,明渠长2km。各引水线路主要工程特征值见表1.2-1。

表 1.2-1　　　　　　　　　西线各输水线路主要工程特征值表

项目	单位	达—贾线	阿—贾线	侧—雅—贾线
设计年引水量	亿 m^3	40	50	80
引水枢纽	座	5	1	1
最大坝高	m	123	193	273
总库容	亿 m^3	19	50	167
线路长度	km	260	304	508
其中:隧洞长度	km	244	288	490
最长洞段长度	km	73	73	73
进口死水位	m	3620	3584	3770
出口死水位	m	3442	3442	3442

1.2.2　南水北调西线第一期工程项目建议书成果

1.2.2.1　可调水量及工程规模

《南水北调西线第一期工程项目建议书》(简称《西线一期项目建议书》,下同)成果中,西线第一期工程调水河流涉及雅砻江干流及支流达曲、泥曲和大渡河支流色曲、杜柯河、玛柯河及阿柯河,涉及坝址包括雅砻江干流的热巴、支流达曲的阿安、泥曲的仁达及大渡河支流色曲的洛若、杜柯河的珠安达、玛柯河的霍那、阿柯河的克柯,7座坝址多年平均来水量为119.23亿 m^3。在充分考虑调水河流地区经济社会发展、生态环境维护对水资源的需求后,西线第一期工程多年平均可调水量为91.49亿 m^3,在各调水河流可调水量范围内,考虑受水区用水需求、调出区影响、输水工程本身技术经济条件等因素后,多方案综合比选提出的西线第一期工程各水源水库的调水规模为80亿 m^3。各坝址调水量占各引水枢纽处河流径流量的59%~69%。各坝址调水量见表1.2-2。

表 1.2-2　　南水北调西线第一期工程推荐 80 亿 m³ 方案水源水库主要指标表

技术指标		单位	数量								
			雅砻江	达曲	泥曲	色曲	杜柯河	玛柯河	阿柯河	黄河（合计）
	河流	—	热巴	阿安	仁达	洛若	珠安达	霍那	克柯	入黄口
	坝址及位置	—								
	坝址高程	m	3527	3604	3598	3747	3539	3544	3474	3442
	多年平均引水量	10^8 m³	42.00	6.50	7.50	2.50	10.00	7.00	4.50	80.00
水源 水库	死水位	m	3660.0	3640.0	3635.0	3758.0	3575.0	3570.0	3510.0	—
	正常蓄水位	m	3709.57	3706.31	3707.43	3758.00	3646.50	3635.78	3536.06	—
	调节库容	亿 m³	24.35	3.27	4.72		6.28	4.33	1.70	—
	坝高	m	194.10	120.00	124.70	30.00	123.20	109.10	104.60	—

1.2.2.2 工程规划

《西线一期项目建议书》推荐的总体布局方案为采用明流双洞引水方式,即从雅砻江干流热巴坝址至黄河贾曲入黄口全线明流洞引水,杜柯河以前采用单洞,杜柯河以后采用双洞。

引水工程由"七坝、十四洞、九渡槽、三倒虹吸"组成。七坝即7座水源水库,分别为雅砻江热巴、达曲阿安、泥曲仁达、色曲洛若、杜柯河珠安达、玛柯河霍那以及阿柯河克柯水库,其中热巴、阿安、仁达、珠安达、霍那和克柯水库均为多年调节水库,以热巴混凝土面板堆石坝最高,为194m,主要建筑物包括土石坝、溢洪道(或洞)、泄洪洞、引水电站和生态电站等;洛若采用低溢流坝引水,水库无调节库容。输水线路由9段共14条明流洞、9座渡槽和3座桥式倒虹吸组成;输水隧洞从雅砻江—黄河被定曲、达曲、泥曲、玛柯河、克曲、窝央沟和若曲分为9段,十四洞中前4段为单洞输水,后5段采用平行双洞输水。输水线路全长325.5km,其中隧洞段长321.1km(单、双洞段长分别为153.7km、167.4km),隧洞洞径7.3~9.5m,隧洞最大埋深1150m,平均埋深约500m,最长自然分段72.4km,最短3.7km,隧洞设计洞径7.4~9.6m,设计流量105.70~294.24m³/s;沿线修建有定曲倒虹吸、达曲阿安渡槽、泥曲仁达渡槽、杜柯河珠安达渡槽、玛柯河扎洛倒虹吸(2座)、克曲、克柯渡槽(2座)、窝央渡槽(2座)以及若曲若果郎渡槽(2座)等12座交叉建筑物,总长4.4km。南水北调西线一期工程明流双洞方案引水隧洞布置示意图见图1.2-2、图1.2-3。

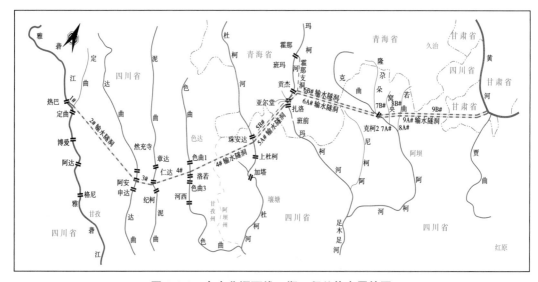

图1.2-2 南水北调西线一期工程总体布置简图

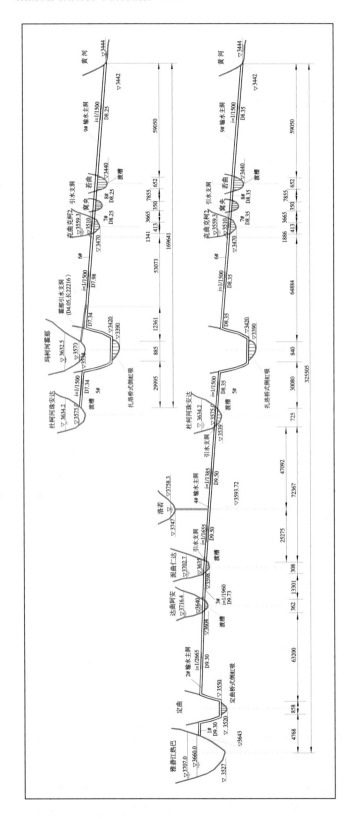

图1.2-3 明流双洞方案引水隧洞纵剖面示意图

1.3 南水北调西线工程主要环境影响综述

1.3.1 项目建议书阶段研究成果

进入项目建议书阶段,南水北调西线工程对调水河流区生态环境影响研究围绕着水文情势、河道水—地下水—植被水量转化关系、河道内生态环境需水量、水环境质量、局地气候、陆生生态、水生生态、干旱河谷、自然保护区与湿地等开展了相比规划阶段更加深入细致的工作,针对水文情势、河道内生态环境需水量、水环境质量、陆生生态、水生生态、干旱河谷等重难点问题还委托相关专业研究机构进行专题论证,取得了丰富的成果。项目建议书阶段委托专题情况详见表1.3-1。

表1.3-1 项目建议书阶段主要生态环境影响专题论证情况表

序号	类别	成果名称	完成单位	完成时间
1	水文情势	《南水北调西线一期工程调水对下游水文情势影响研究》	长江水利委员会水文局	2007年11月
2	水环境质量	《南水北调西线一期工程水环境质量影响预测报告》	中国水利水电科学研究院	2005年
3	生态环境需水量	《南水北调西线一期工程引水枢纽下游生态环境需水量研究》	中科院地理科学与资源研究所	2005年
4	陆生生态	《南水北调西线第一期工程对陆生生物及生态环境影响研究》	中国科学院青海盐湖研究所	2006年10月
5	水生生态	《南水北调西线一期工程影响地区水生生物分布现状及影响分析》	中国科学院水生生物研究所	2006年7月
6	干旱河谷	《南水北调西线第一期工程影响地区干旱河谷分布现状与影响分析研究报告》	中国科学院成都生物所	2005年4月

1.3.1.1 水文情势

在吸收《南水北调西线一期工程调水对下游水文情势影响研究》成果的基础上,水文情势研究取得了以下成果:

(1)调水河流径流特征

通过实测资料分析并结合现场调查,初步得出南水北调西线一期工程调水区各条河流径流具有以下特性:

①调水区各调水河流径流的组成特点基本一致,其组成主要来源于降水,并有季节性融雪补给。一般11月至次年3月为枯水期,降水稀少,且以降雪形成为主,径流主要由地下水

补给;4—5 月为丰、枯水过渡期,径流由融雪及春季降雨补给;6—10 月为丰水期(汛期),该期间以降雨为主,是全年径流的主要形成期。

②径流年内分配集中。径流的年内分配与降水的年内分配基本一致,比较集中。雅砻江干流、鲜水河、绰斯甲河及足木足河 4 条调水河流汛期(6—10 月)径流量占年径流量的比例高达 72.4%~75.2%;枯水期(11—次年 3 月)径流量占年径流量的比例仅为 13.3%~16.4%;过渡期(4—5 月)径流量占年径流量的比例在 11%左右。

③各调水河流从河源向下游径流模数呈递增变化,这是调水河流径流地区分布的一个基本规律。各河流河源处为高原丘陵地貌,地势开阔、平缓,河道宽浅,多沼泽,植被稀疏,产汇流条件相对较差。由河源向下游发展,逐步过渡到山原地貌,岭谷高差加大,河道及坡地平均比降加大,河谷变窄,滩地、阶地发育,植被增加,产汇流条件明显改善,加上降雨量的沿程增加,径流模数、径流系数也沿程增大。

④径流年际变化小。通过对调水地区各水文参证站及有关区间径流系列特征值分析,各调水河流径流量的年际变化相对不大,变差系数在 0.2 左右。另外,调水河流自河源向下游,随着集水面积增大,径流量趋于稳定,最大年径流与最小年径流比值及变差系数 C_v 值向下游沿程减小。如从鲜水河朱巴站 C_v 值为 0.22,至道孚站 C_v 值为 0.21。

(2)调水河流坝址及下游多年平均径流量变化情况

①坝址处多年平均径流量变化

按照推荐的南水北调西线第一期工程调水 80 亿 m³ 方案,各调水河流调水量占各调水河流坝址处多年平均径流量比例为 59.38%~69.19%,色曲洛若坝址处调水比例最小,雅砻江干流热巴坝址处调水比例最大。各调水河流坝址处调水比例详见表 1.3-2。

表 1.3-2　　　　　　　　　　调水后各坝址多年平均径流量的变化

河流		坝址	多年平均径流量 (亿 m³)	多年平均调水量 (亿 m³)	调水后下泄水量 (亿 m³)	下泄水量占调水前的比例(%)	年调水量占坝址天然来水比例(%)
雅砻江	干流	热巴	60.70	42	18.7	30.81	69.19
	达曲	阿安	9.99	6.5	3.49	34.93	65.07
	泥曲	仁达	11.64	7.5	4.14	35.57	64.43
大渡河	色曲	洛若	4.21	2.5	1.71	40.62	59.38
	杜柯河	珠安达	14.82	10	4.82	32.52	67.48
	玛柯河	霍那	10.88	7.0	3.88	35.66	64.34
	阿柯河	克柯Ⅱ	6.92	4.5	2.42	34.97	65.03
合计			119.16	80	39.16		

②坝址下游河段多年平均径流量变化

雅砻江、大渡河各坝址调水量占下游各断面处多年平均径流量的比例由上游到下游逐渐减小,至雅砻江干流雅江断面,调水量占雅江断面多年平均径流量的26.4%,至雅砻江干流河口断面,调水量占雅砻江干流河口断面多年平均径流量的9.33%;大渡河流域至绰斯甲断面,调水量占绰斯甲断面多年平均径流量的21.17%,至足木足断面,调水量占足木足断面多年平均径流量的15.42%,占大渡河双江口断面多年平均径流量的15.08%,占大渡河河口断面多年平均径流量的5.05%。西线第一期工程调水后坝址下游主要断面多年平均径流量的变化详见表1.3-3。

表1.3-3　　　　　调水量占雅砻江、大渡河主要断面处多年平均径流量的比例

流域		断面	集水面积（km²）	多年平均径流量（亿 m³）	断面以上调水量（亿 m³）	调水量占多年平均径流量的比例（%）
雅砻江	达曲	东谷	3824	10.91	6.5	59.58
		朱倭	4280	13.22	6.5	49.17
		达曲河口（炉霍）	5204	14.85	6.5	43.77
	泥曲	泥柯	4664	11.71	7.5	64.05
		朱巴（泥曲河口）	6860	19.73	7.5	38.01
	鲜水河	道孚	14465	45.06	14	32.18
		鲜水河口	19338	63.70	14	21.98
	干流	甘孜	33119	84.54	42.0	49.68
		雅江	65923	212.14	56	26.40
		洼里	102406	369.33	56	15.16
		小得石	117081	493.19	56	11.35
		雅砻江河口	128400	600.37	56	9.33
大渡河	色曲	色曲河口	3226	10.03	2.5	24.93
	杜柯河	壤塘	4910	15.84	10.0	63.13
		杜柯河河口（雄拉）	6724	22.65	10.0	44.15
	绰斯甲河	绰斯甲	14794	59.04	12.5	21.17
	玛柯河	班玛	4337	11.94	7.0	58.63
		斜尔尕（玛柯河河口）	10688	35.29	7.0	19.84
	阿柯河	安斗（克柯）	1764	7.92	4.5	56.82
		斜尔尕（阿柯河河口）	5078	21.03	4.5	21.40
	足木足河	足木足	19896	74.6	11.5	15.42

流域	断面	集水面积（km²）	多年平均径流量（亿 m³）	断面以上调水量（亿 m³）	调水量占多年平均径流量的比例（%）
大渡河	双江口	37717	159.16	24	15.08
	大金	40484	164.87	24	14.56
干流	泸定	58943	277.14	24	8.66
	福禄镇	76400	465.34	24	5.16
	大渡河河口	77110	475.53	24	5.05

（3）调水河流坝址及下游年内径流量变化分析

①各坝址调水后年内径流分配的变化

由于热巴、阿安、仁达、珠安达、霍那等水库具有多年调节能力，汛期部分水量被调节到非汛期，因而非汛期（11—次年 5 月）流量减少的幅度低于汛期（6—10 月），汛期的调水比例为 59%～78%，非汛期为 38%～55%。调水后新的年内分配比例与调水前相比，汛期占年径流的比例有所降低，非汛期比例略为增大，详见表 1.3-4。

表 1.3-4 　　　　　　　　各坝址调水后年内径流分配变化表

坝址		热巴	阿安	仁达	洛若	珠安达	霍那	克柯Ⅱ
来水量（亿 m³）	天然径流量	60.70	9.99	11.69	4.21	14.82	10.88	6.92
	其中：汛期	44.48	7.54	8.91	3.24	11.90	8.31	4.82
	非汛期	16.22	2.45	2.78	0.97	2.92	2.57	2.10
调水量（亿 m³）	调水量	42.00	7.00	7.50	2.50	10.00	7.50	3.50
	其中：汛期	20.14	3.38	3.56	2.16	4.73	3.58	1.65
	非汛期	21.86	3.62	3.94	0.34	5.27	3.92	1.85
年内调水量分析（亿 m³）	汛期调节到非汛期水量	14.17	2.47	2.68	0.00	3.65	2.63	1.19
	非汛期总有水量	30.41	4.94	5.27	0.88	6.58	5.20	2.43
	实际调非汛期水量	7.69	1.14	1.25	0.34	1.61	1.29	0.66
调水比例（%）	非汛期调水占非汛期天然来水比例	47	46	49	38	55	50	53
	汛期调水占汛期天然来水比例	77	78	70	67	73	73	59
	年调水量占坝址天然径流比例	69	70	65	61	69	68	58

坝址			热巴	阿安	仁达	洛若	珠安达	霍那	克柯Ⅱ
调水前后年内径流比例（%）	调水前	汛期占年径流量比例	73	75	78	79	80	77	80
		非汛期占年径流量比例	27	25	22	21	20	23	20
	调水后	汛期占年径流量比例	56	59	69	68	73	66	79
		非汛期占年径流量比例	44	41	31	32	27	34	21

②各坝址下游水文站年内分配情况变化

由于西线第一期工程引水水库除洛若无调节能力，克柯水库为年调节外，其他几座水源水库具有多年调节能力，可将丰水期部分水量调节到枯水期，因此，调水后坝址以下各站年内枯水期（11—次年5月）流量减少的幅度低于丰水期减少的幅度，其中枯水期的部分来水较少的月份经水库调节后流量大于天然来水；对坝下各站年内分配变化的影响由上游向下游沿程递减。

距坝址较近的东谷、泥柯、壤塘、班玛、安斗（克柯）等站年内流量变幅较大，丰水期和枯水期的流量变化幅度在51.6%～71.4%和48.5%～56.8%；再向下游的朱倭、朱巴、甘孜、道孚、绰斯甲、足木足等站丰水期和枯水期的流量变化幅度在16.5%～58.9%和11.2%～39.7%；至雅砻江、大渡河干流的雅江、小得石、大金和福禄镇等站时，丰水期和枯水期的流量变化幅度减少为3.6%～29.7%和2.7%～21.8%。调水后坝址下游各水文站年内径流变化情况见表1.3-5。

表 1.3-5　　　各坝址下游水文站调水后年内径流变化幅度统计表（多年平均）

河流		断面	丰水期（6—10月）（%）	枯水期（11—5月）（%）
雅砻江	达曲	东谷	71.4	48.5
		朱倭	58.9	39.7
	泥曲	泥柯	70.7	55.1
		朱巴	44.3	25.6
	鲜水河	道孚	37.8	22.0
	干流	甘孜	55.3	38.2
		雅江	29.7	21.8
		小得石	12.6	9.6

续表

河流	断面	丰水期(6—10月)(%)	枯水期(11—5月)(%)
大渡河	杜柯河 壤塘	68.9	56.8
	绰斯甲河 绰斯甲	24.3	14.6
	玛柯河 班玛	68.4	51.1
	阿柯河 安斗(克柯)	51.6	50.1
	足木足河 足木足	16.5	11.2
	干流 大金	16.2	9.8
	福禄镇	3.6	2.7

（4）调水后坝址下游沿程水位变化分析

调水后，下游河道内水量减少，水位下降，距离坝址越近，水位变化越大，随着距离的增大，水位变幅越来越小；各断面汛期水位变幅均大于非汛期。枯水年泥柯、朱巴、道孚等断面非汛期部分月份调水后水位有所提高，东谷、朱倭、金川、福禄镇等断面非汛期部分月份水位基本保持不变，说明此月份坝址下泄的生态流量超过或维持了调水前的流量。坝址下游各分析断面调水后水位变化情况详见表1.3-6。

表 1.3-6　　　　　坝址下游各分析断面调水后水位变化情况统计表　　　　　（单位：m）

河流		站名或断面	枯水年各月水位变化		多年平均各月水位变化	
			汛期	非汛期	汛期	非汛期
雅砻江	达曲	东谷	−0.41～−0.28	−0.18～0.00	−0.58～−0.31	−0.24～0.00
		朱倭	−0.32～−0.25	−0.14～0.00	−0.44～−0.25	−0.20～0.00
	泥曲	泥柯	−0.64～−0.44	−0.26～0.08	−0.75～−0.34	−0.38～0.01
		朱巴	−0.46～−0.33	−0.20～0.08	−0.59～−0.29	−0.27～0.01
	鲜水河	道孚	−0.38～−0.27	−0.16～0.02	−0.51～−0.27	−0.22～0.00
	干流	甘孜	−0.83～−0.67	−0.52～−0.08	−0.93～−0.55	−0.55～−0.04
		雅江	−0.95～−0.69	−0.48～−0.03	−1.15～−0.58	−0.55～−0.02
		洼里	−0.75～−0.43	−0.39～−0.03	−0.81～−0.40	−0.43～−0.02
大渡河	杜柯河	上杜柯	−1.11～−0.49	−0.44～−0.01	−0.94～−0.43	−0.47～−0.01
		壤塘	−1.06～−0.44	−0.38～0.01	−0.95～−0.42	−0.41～−0.01
	玛柯河	班玛	−0.47～−0.18	−0.17～0.00	−0.43～−0.16	−0.21～−0.01
		扎洛	−0.77～−0.36	−0.29～−0.01	−0.73～−0.41	−0.37～−0.03
	阿柯河	安斗	−0.48～−0.20	−0.18～−0.04	−0.42～−0.16	−0.26～0.05
	足木足河	足木足	−0.32～−0.13	−0.14～0.01	−0.30～−0.16	−0.17～0.00

续表

河流		站名或断面	枯水年各月水位变化		多年平均各月水位变化	
			汛期	非汛期	汛期	非汛期
大渡河	绰斯甲河	绰斯甲	−0.40～−0.14	−0.13～−0.01	−0.37～−0.22	−0.14～−0.01
	干流	金川	−0.36～−0.19	−0.17～0.00	−0.35～−0.21	−0.20～0.00
		福禄镇	−0.18～−0.05	−0.08～0.00	−0.18～−0.10	−0.08～0.00

注：1. 负值表示调水后水位小于调水前水位； 2. 枯水年典型年雅砻江为 1973 年、大渡河为 1986 年。

1.3.1.2 调水对河道水—地下水—植被水量转化关系的影响

中国科学院地理科学与资源研究所（以下简称中科院地理所）通过分布式生态水文模型模拟，得出南水北调西线工程远离河道的天然植被正常生长所需要的水量直接从降水量得到满足；通过对调水河流近岸天然植被的生物特性、地理特性及最大根长分析，得出南水北调西线工程近岸的天然植被正常生长所需要的水量基本上由降雨提供，对径流性（特别指河道径流）水资源量需求较低；通过同位素方法得出结论与分布式水文模型模拟结论基本一致，即调水河流地区植被需水、河道径流、地下水等主要受大气降水补给。调水对河道水—地下水—植被水循环关系的影响微弱。

1.3.1.3 河道内生态环境需水量

（1）中科院地理所研究成果

南水北调西线工程项目组于 2004 年委托中科院地理所开展南水北调西线一期工程引水枢纽下游生态环境需水量研究工作，中科院地理所项目研究团队分别于 2004 年 8 月上旬、2006 年 6 月下旬两次进行现场野外查勘活动，采集同位素水样，收集、考察引水河流河道形态、地貌、水文等信息。在内外业工作基础上，完成《南水北调西线一期工程引水枢纽下游生态环境需水量研究》。

1）计算方法

采用 Tennant 法、最小月流量法、7Q10 法的近十年最枯月平均流量和 90% 保证率最枯月流量法、传统湿周法、解析湿周法、水力半径法、改进 TEXAS 法和习变法。

2）计算结果

各坝址处生态环境需水量计算结果详见表 1.3-7。

表 1.3-7　　　南水北调西线第一期工程各坝址处最小生态环境流量计算结果表

河流	雅砻江	达曲	泥曲	色曲	杜柯河	玛柯河	阿柯河
坝址	热巴	阿安	仁达	洛若	珠安达	霍那	克柯Ⅱ
最小生态环境需水量（年平均流量，m³/s）	27.06～40.68	3.80～7.41	2.87～6.11	1.46～2.54	4.53～7.94	4.25～6.73	1.75～2.90

（2）中国科学院水生生物研究所研究成果

1）计算方法

采用繁殖条件满足法、类比法和生态水力学法。

2）计算结果

各坝址处生态环境需水量计算结果详见表 1.3-8。

表 1.3-8　　　　　　　南水北调西线工程坝址处最小生态流量计算结果表

河流	雅砻江	达曲	泥曲	色曲	杜柯河	玛柯河	阿柯河
坝址	热巴	阿安	仁达	洛若	珠安达	霍那	克柯Ⅱ
生态基流量（m³/s）	35～40	5～7	5～7	—	5～7	5～7	2～5

（3）项目建议书拟采纳成果

在中科院地理所、中国科学院水生生物研究所研究成果的基础上，考虑各调水河流坝址下游水生生物需水要求、坝址下游湿地需水要求、坝址下游河道稀释水量要求等，最终提出各坝址下游河道内最小生态环境需水量，坝址下游河道内最小生态环境需水量，详见表 1.3-9。

表 1.3-9　　　　　　　南水北调西线第一期工程坝址处最小生态流量计算结果表

河流	坝址	项目建议书拟采用的最小下泄过程				中科院地理所计算结果	中科院水生生物所计算结果
		11—次年2月（m³/s）	3—4月（m³/s）	5—10月（m³/s）	年平均流量（m³/s）	年平均流量（m³/s）	生态基流量（m³/s）
雅砻江干流	热巴	30	40	52	42.67	27.06～40.68	35～40
达曲	阿安	4	5.5	10	7.25	3.80～7.41	5～7
泥曲	仁达	4.5	6	13	9.0	2.87～6.11	5～7
色曲	洛若	2	2	4.5	3.3	1.46～2.54	5～7
杜柯河	珠安达	6	6	15	10.5	4.53～7.94	5～7
玛柯河	霍那	4.5	5.5	12	8.3	4.25～6.73	5～7
阿柯河	克柯	3	4	6	4.7	1.75～2.90	2～5

1.3.1.4　水环境质量

在吸收中国水利水电科学研究院《南水北调西线一期工程水环境质量影响预测报告》成果的基础上，水环境质量预测取得了以下主要成果：

（1）雅砻江流域

1）水环境质量现状

雅砻江流域调水河段（泥曲、达曲和雅砻江干流上游）的水环境功能区划均为地表水Ⅱ类水体。泥曲、达曲和雅砻江干流上游的调水坝址处及下游近距离河段的绝大部分水质监测指标可满足国家《地表水环境质量标准》（GB3838—2002）Ⅰ类或Ⅱ类标准，水质良好。雨季初期，由于地表径流将草原上蓄积的大量畜牧粪便、腐殖质等带入河道，致使氨氮浓度超标，只能满足Ⅲ类或Ⅳ类标准。

2）不调水情况下的河流水环境质量变化趋势的结论

达曲和泥曲在调水断面以下的河段，在各水平年下（2020年、2030年），其年均和最枯月份的 BOD_5 和 NH_3-N 浓度均能满足地表水Ⅰ类标准，COD_{Mn} 可满足Ⅱ类标准，水质良好。

雅砻江干流上游在调水断面以下的河段，在各水平年下的年均和最枯月份的 BOD_5、COD_{Mn}、NH_3-N 浓度均能满足地表水Ⅱ类标准。

3）调水水库水质变化趋势的结论

由于调水断面以上没没有大的污染源分布，在未来各水平年下，泥曲、达曲及雅砻江干流3条河流调水断面处的来水水质（BOD_5、COD_{Mn}、NH_3-N 浓度）均能满足地表水Ⅱ类标准。未来修建调水水库后，由于水库对有机污染物具有很强的消减和净化作用，出库水质将优于入库水质。因此，调水水质均能满足Ⅱ类标准。

4）调水对下游河道水环境质量影响的结论

调水后各水平年下，泥曲、达曲及雅砻江干流3条调水河流在调水断面以下河段的 BOD_5、COD_{Mn} 和 NH_3-N 仍能满足地表水Ⅱ类标准。泥曲和达曲汇合后的鲜水河及鲜水河汇入雅砻江干流后的雅砻江中游河段，各项水质预测指标仍能满足Ⅱ类标准。与不调水相比，调水后的各污染物浓度虽有小幅增加，但是其水质类别并未发生变化。

调水后各河段的雨季初期氨氮浓度均较调水前有明显降低，降幅在27%～41%，这主要是因为上游调水水库对氨氮的净化作用使得坝址处下泄水体中的氨氮浓度较低。虽然调水后的氨氮浓度仍不能满足Ⅱ类水体的功能区划要求（氨氮标准限值为 0.5mg/L），但是修建水库后，水库的净化作用将使雨季初期坝下河段的氨氮污染得到缓解，河道水质得到明显改善。

（2）大渡河流域

1）水环境质量现状结论

大渡河流域调水河段（阿柯河、玛柯河和杜柯河）的水环境功能区划均为地表水Ⅱ类水体。3条河流的引水坝址处及其下游近距离河段的绝大部分水质监测指标可满足国家《地表水环境质量标准》（GB3838—2002）Ⅰ类或Ⅱ类标准，水质良好。雨季初期，由于地表径流将草原上蓄积的大量畜牧粪便、腐殖质等带入河道，致使氨氮浓度超标，只能满足Ⅲ类或Ⅳ

类标准。

2)不调水情况下的河流水环境质量变化趋势结论

①阿柯河段

不考虑治污情况下,在未来各水平年(2020年、2030年),全河段年均流量下的BOD_5浓度均小于3.0mg/L,满足地表水Ⅰ类标准;COD_{Mn}和氨氮浓度均分别小于4.0mg/L和0.5mg/L,满足地表水Ⅱ类标准。

2月份阿柯河流量小,河道接纳县城污水后,各预测因子浓度将有较大幅度的增加。2020年,阿坝县城及以下25km长的河段内,BOD_5只能满足Ⅳ类水标准,COD_{Mn}和氨氮满足Ⅲ类标准,下游的54km河段BOD_5为Ⅲ类,COD_{Mn}和氨氮为Ⅱ类;2030年,阿坝县城及以下70km长的河段内,BOD_5浓度满足地表水Ⅳ类标准,COD_{Mn}和氨氮为Ⅲ类,下游的9km河段BOD_5、COD_{Mn}和氨氮为Ⅲ类。

考虑治污情况下,阿柯河各个断面的BOD_5浓度有明显下降,水质状况有较大程度的改善。不论是年均流量还是最枯月流量条件下,未来各水平年的BOD_5浓度均能满足Ⅰ类标准,COD_{Mn}氨氮和浓度均可满足Ⅱ类标准,水质为Ⅱ类。

②其他河段

未来各水平年,玛柯河和杜柯河水质均能满足Ⅱ类水标准,其主要原因是河流水量丰沛,环境容量较大,加上人口稀少,城市规模很小,即使再经过20~30年的发展,城市污水也不会对河流水质产生大的影响。

3)调水水库水质变化趋势的结论

由于调水断面上游地区污染源很少,在未来各水平年下,阿柯河、玛柯河和杜柯河3条河流调水断面处的来流水质(BOD_5、COD_{Mn}、NH_3-N浓度)均能满足地表水Ⅱ类标准。未来修建调水水库后,由于水库对有机污染物有很强的消减、净化作用,出库水质将优于入库水质,调水水质均能满足地表水Ⅱ类标准。

4)调水对下游河道水环境质量影响的结论

①阿柯河段

不考虑治污,在年均流量条件下,调水后的未来各水平年,整个阿柯河BOD_5都能满足地表水Ⅰ类标准,COD_{Mn}和NH_3-N均能满足Ⅱ类标准。与不调水情况相比,各预测指标值变化幅度微小。

在枯水季节的2月份,阿柯河以阿坝县城为界,其上下游水质状况有所不同。2020年和2030年,县城以上河段的各预测指标值与不调水时几乎相同,而县城以下河段调水后的各预测指标较不调水有很大变化。2020年,阿坝县城以下43km河段为Ⅳ类水体,其后的36km河段为Ⅲ类水体,Ⅳ类水体的河段比不调水延长了18km,BOD_5、COD_{Mn}和NH_3-N浓度的最大值(阿坝县城处)比不调水分别增大13%、4%和24%;2030年,阿坝县城处河段为Ⅴ类水体,县城以下 79km 河段(县城至河口)为Ⅳ类水体。Ⅳ类水体河段比不调水延长了 9km,BOD_5、COD_{Mn} 和 NH_3-N 浓度的最大值(阿坝县城处)比不调水分别增大了 13％、3％和 8％。

总体而言,由于受阿坝县城的排污影响,在不调水时,阿坝县城以下的阿柯河段水质已然较差,调水将会进一步恶化水质,使部分河段出现水质类别恶化一个级别的情况(由Ⅲ～Ⅳ类变为Ⅳ～Ⅴ类)。

考虑治污后,各预测指标值较不考虑治污规划有明显减小。在年均流量条件下,调水后的未来各水平年,整个阿柯河 BOD_5 都满足Ⅰ类标准,COD_{Mn} 和 NH_3-N 满足Ⅱ类标准。在枯水季节的 2 月份,除阿坝县城处在 2020 和 2030 年的 BOD_5 略超Ⅱ类外(满足Ⅲ类),其他情况下 BOD_5 都满足Ⅰ类,COD_{Mn} 和 NH_3-N 满足Ⅱ类标准。说明对县城实施有效的治污会使水质提高一至两个级别。

②其他河段

未来各水平年,即使不考虑治污,杜柯河和玛柯河水质在调水后仍可满足Ⅱ类水标准,与不调水相比,水质类别不发生变化。

③调水对雨季初期氨氮的影响

调水后各河段的雨季初期氨氮浓度均较不调水有明显降低,降幅在 27％～41％,这主要是上游调水水库对氨氮的净化作用使坝址处下泄水体中的氨氮浓度较低。虽然调水后的氨氮浓度仍不能满足Ⅱ类水体的功能区划要求(氨氮标准限值为 0.5mg/L),但是,修建调水水库后,水库的净化作用将使雨季初期坝下河段的氨氮污染得到缓解,河道水质得到显著改善。

1.3.1.5 局地气候

(1)库区

水库蓄水后,水面增宽,库区下垫面自然状态改变,将对库区及库周局地气候产生影响,如气温、湿度、降水、风况、雾情等均可能有变化。计算分析表明,建库后对降水量和湿度都不会产生很大的影响;建库后水面的风速增大,气温变化不大,又没有冷却过程出现,气温达不到露点温度,故建库对雾的形成没有影响;整体不会对库区气候有明显影响。

(2)坝址下游

西线调水后,引水坝址下游河道水量减少,水面宽度变窄,对局地小气候的影响主要表现在蒸发量、降水量、气温、风速、风向方面。计算结果表明,蒸发量、降水量等变化很小,不会对坝址下游局地气候产生明显影响。

1.3.1.6 陆生生态

在吸收中国科学院青海盐湖研究所《南水北调西线第一期工程对陆生生物及生态环境影响研究》等成果基础上,主要归纳总结如下:

(1)生态环境现状

项目区内共有高等植物 132 科 525 属 1434 种(包括种、亚种和变种),其中分布的我国保护植物有 15 种;研究区内约有 278 种动物,其中鸟类 196 种,兽类 56 种,两栖、爬行类 26 种。其中珍稀保护动物约 66 种,包括国家Ⅰ级保护动物 15 种,国家Ⅱ级保护动物 50 种。

(2)生态环境影响

陆生生态环境影响主要是水库淹没、工程占地(永久、临时)及施工期对陆生动物的惊扰影响。

水库淹没区分布有针叶林、针阔混交林、高山灌丛、高山草甸等植被类型;因截流与蓄水,库区中旱生植物、中生植物将被湿生、水生植物替代;坝址下游河道,由于截流水量减少,原来的一些湿生、水生植物被中生、旱生植物取代而形成适应环境的新群落,从而维持生态系统的平衡;修建水库对周边环境也产生有利影响,促进水库周围植物的生长。

生态系统有自我恢复和演变的能力,施工区高寒草甸及山地灌丛自我恢复能力很强,在施工过程中给予适当的保护,不会对其造成严重的破坏,工程结束后可在短时间内得到恢复;森林的稳定性好,承受外界的干扰能力强,在施工过程中,如果不对其进行集中砍伐取材或做他用,对森林产生的影响将会很小。

淹没及坝址以下影响到的珍稀保护植物有毛茛科的星叶草、独叶草,麦角菌科的虫草,松科的长苞冷杉、白皮云杉、麦吊云杉、油麦吊云杉、岷江冷杉和紫果云杉,胡颓子科的中国沙棘,蔷薇科的光核桃。

工程施工影响到的珍稀保护动物有Ⅰ级保护动物雪豹、豹、白唇鹿、金雕、玉带海雕、胡兀鹫、黑颈鹤 7 种;Ⅱ级保护动物有大天鹅、小天鹅、疣鼻天鹅、鸢、雀鹰、松雀鹰、大鵟、秃鹫、猎隼、红隼、白腹锦鸡、蓝马鸡、灰鹤、猕猴、豺、黑熊、荒漠猫、兔狲、林麝、马麝、马鹿、水鹿、藏原羚、鬣羚、斑羚、盘羊、岩羊 27 种。

1.3.1.7　水生生态

为弄清楚南水北调西线一期工程调水河流内水生生物分布现状,调查重点保护鱼类种类及其生境条件,分析工程建设对水生生物影响并提出减缓措施,南水北调西线项目组于 2004 年委托中国科学院水生生物研究所开展南水北调西线一期工程调水河流水生生物现状调查。

中国科学院水生生物研究所于 2005 年秋季(9 月 15 日至 10 月 12 日)和 2006 年春季(4 月 18 日至 5 月 8 日)对南水北调西线一期工程影响区进行了两次野外调查,共调查河段 18 处,调查内容包括鱼类种类、区系组成、鱼类三场、洄游性及路线、鱼类生活史各阶段栖息地生境条件调查。在内外业工作基础上,完成《南水北调西线一期工程影响地区水生生物分布现状及影响分析》(2006 年 7 月),为南水北调西线一期工程水生生物影响分析、基于水生生

物生境条件的生态环境需水量分析积累了第一手资料,主要成果如下:

(1)水生生态环境现状

1)水生植物和水生无脊椎动物

工程影响区内水生植物和水生无脊椎动物相对贫乏。藻类的优势种类为硅藻,原生动物的优势种类为纤毛虫,轮虫的优势种类为旋轮虫、巨头轮虫和叶轮虫,甲壳动物种类和数量极少,底栖动物的优势种类为线蚓类和钩虾。

2)鱼类

工程影响区内雅砻江水系分布有 14 种鱼类,大渡河水系分布有 6 种鱼类,黄河干流贾曲入黄口河段分布有 16 种鱼类。雅砻江水系的软刺裸裂尻鱼、厚唇裸重唇鱼、青石爬鮡、短须裂腹鱼、裸腹叶须鱼、细尾高原鳅和拟硬刺高原鳅 7 种鱼是常见种类。其中软刺裸裂尻鱼和厚唇裸重唇鱼 2 种数量多,是雅砻江水系的优势种类;大渡河水系的大渡软刺裸裂尻鱼、麻尔柯河高原鳅、齐口裂腹鱼和青石爬鮡 4 种是常见种类,其中大渡软刺裸裂尻鱼和麻尔柯河高原鳅 2 种数量多,是大渡河水系的优势种类;黄河干流贾曲入黄口河段的扁咽齿鱼、花斑裸鲤、似鲇高原鳅和厚唇裸重唇鱼是常见种类,其中扁咽齿鱼和花斑裸鲤 2 种数量多,是该河段的优势种类。

工程影响区分布的鱼类中,国家Ⅱ级保护动物 1 种,省级保护动物 7 种,列入红皮书的鱼类 3 种,大渡河特有鱼类 1 种,黄河上游特有鱼类 5 种。

(2)水生生物影响分析

1)调水河流修建大坝对有短距离洄游习性种类的繁殖将产生一定影响,这些种类包括大渡河水系的大渡软刺裸裂尻鱼和麻尔柯河高原鳅,雅砻江水系的软刺裸裂尻鱼和厚唇裸重唇鱼。水库大坝将阻隔那些目前在调水河流上、中段分布鱼类的短距离洄游通道,将对这些鱼类种群的繁殖和遗传多样性造成不利影响。

2)水库蓄水将淹没一定范围内的急流栖息地和繁殖场所,使适应急流生活的种类损失原有栖息地。

3)在 12 种保护、易危或濒危以及工程影响区特有鱼类中,国家Ⅱ级保护动物虎嘉鱼的短距离洄游、繁殖和越冬受影响不大,但作为其饵料的其他鱼类资源量的下降对虎嘉鱼的摄食可能会有一定影响。

4)齐口裂腹鱼、长丝裂腹鱼、重口裂腹鱼、裸腹叶须鱼和青石爬鮡栖息的峡谷河段被淹没,这些鱼类在坝上的种群适宜的生境条件有限,其种群将逐渐减小。

5)花斑裸鲤、大渡软刺裸裂尻鱼、黄河裸裂尻鱼、骨唇黄河鱼、扁咽齿鱼和似鲇高原鳅喜栖息于宽谷缓流河段的鱼类中,仅大渡软刺裸裂尻鱼分布于引水区的大渡河水系,其短距离洄游通道受到阻隔,但侧向的支流仍能满足其繁殖条件。

6)生物入侵影响

①入黄口鱼类对引水区的生物入侵

南水北调西线工程输水主洞长 300km,洞中水体流速为 3m/s,流速较快,黄河土著鱼类不适宜此流速,且在毫无遮蔽物的主洞中很难连续逆流游动 80km 以上的距离而到达最近的阿柯河。因此,引水入黄口附近鱼类对引水区形成生物入侵的可能性极小。

②引水水域鱼类对入黄口水域的生物入侵

引水水域的鱼类可能以鱼卵、鱼苗、幼鱼或成鱼的形式偶然输入引水入黄口附近水域,输入种类对当地土著种类影响还需开展进一步研究。

1.3.1.8　干旱河谷

对干旱河谷的研究主要以中国科学院成都生物所完成的《南水北调西线第一期工程影响地区干旱河谷分布现状与影响分析研究报告》为主,主要成果如下:

(1)雅砻江(雅江以上)与大渡河(泸定以上)上游干旱河谷状况

干旱河谷区是横断山区一类特殊的生态系统类型,南水北调西线工程涉及的干旱河谷区位于工程建设区下游 200km 以下的金川、道孚、雅江、新龙一带。

项目区干旱河谷可分为干暖和干温两种类型,总面积 1193.18km²,其中大渡河和雅砻江的面积分别为 1185.01km² 和 8.17km²。泸定县城以上的大渡河上游干旱河谷南北长 167km(河流长约 227km),左右跨度达 35km,其干暖和干温河谷面积分别为 250.11km² 和 934.91km²;雅江县城以上雅砻江上游干旱河谷南北长 53km(河流长为 59 km),左右跨度达 5km,只有干温河谷分布,面积为 8.17 km²。

(2)调水对雅砻江(雅江以上)与大渡河(泸定以上)上游干旱河谷的影响

1)调水后河道内年下泄水量减少,会引起雅砻江和大渡河上游干旱河谷段干流流量减少,一些河段水位略有下降,流速减缓;调水后下游河段水面面积可能会减小,但减小幅度在计算误差范围(10m)内;调水后干旱河谷段干流水中泥沙与有机质沉降水温会略升高,河流纳污能力降低,会不同程度地影响到河流水质,水体生物生长与繁殖将受到一定程度的影响。

2)工程实施后,水面蒸发量减少,伴随之河谷气候干燥度将有少量增加,河谷气温略有升高。然而干旱河谷区距工程项目区较远,随着区间汇流的沿程增加,加上干旱河谷区特殊的河道特性(为下切很深的"V"形河谷),调水后径流减少导致河面宽度减小的幅度有限,由此所产生的区域气候的变化在气候自然波动的范围内,因此调水对干旱河谷气候的影响轻微。

3)调水对干旱河谷近河岸河滩植被与植物生长有一定影响,但对两岸坡面植被基本无影响。

4)对干旱河谷区农业用水基本无影响。

1.3.1.9　自然保护区与湿地

项目区分布有"青海三江源自然保护区"的玛柯河保护分区、杜柯河保护分区和年保玉则保护分区,四川曼则塘湿地自然保护区、四川卡莎湖湿地保护区、四川严波也则山自然保护区、四川杜苟拉自然保护区以及黄河首曲湿地候鸟自然保护区。其中三江源自然保护区为国家级自然保护区,曼则塘和卡莎湖湿地保护区属四川省省级自然保护区,杜苟拉和严波也则山自然保护区属阿坝州州级自然保护区,黄河首曲湿地候鸟自然保护区属省级自然保护区。

1)对三江源自然保护区杜柯河分区的影响

引水隧洞从地下穿越三江源自然保护区杜柯河分区的实验区,珠安达水库蓄水后将淹没土地总面积 1522hm²,淹没三江源自然保护区杜柯河分区核心区、缓冲区的面积分别为494.4hm²、47.7hm²。

2)对三江源自然保护区玛柯河分区的影响

工程输水主洞以及引水支洞从地下穿越保护区,引水隧洞的布置本身对自然保护区影响较小,但布置的 8♯ 施工支洞临近保护区的缓冲区,且在缓冲区布置有施工工厂区和生活营地等,施工期间会对保护区产生较大影响。

3)对三江源自然保护区年保玉则分区的影响

输水隧洞从年保玉则分区的实验区地下穿越,克柯枢纽、克柯渡槽、窝央渡槽、若果朗渡槽等工程及 9♯ 和 10♯ 施工支洞位于保护区的实验区,施工期会对自然保护区植被造成不利影响。

4)对四川曼则塘湿地自然保护区的影响

引水隧洞全部从保护区地下穿越,保护区的实验区布置有 11♯ 施工支洞,并布置有施工生产厂区、施工生活营地及料场以及部分施工道路,施工期会对曼则塘湿地自然保护区产生不利影响。

5)对卡莎湖自然保护区的影响

卡莎湖自然保护区地处炉霍县西北约 60km 处的更知乡,与上游阿安坝址最近距离约60km,工程实施后,坝址下游河段的水量减少,初步分析可能会对卡莎湖湿地补水产生一定的影响。

6)对四川严波也则山自然保护区的影响

引水隧洞将从地下穿越严波也则山自然保护区的小部分区域,工程建设对四川严波也则山自然保护区有一定的影响。

7)对四川杜苟拉自然保护区的影响

输水隧洞从自然保护区缓冲区、实验区穿越,工程建设对杜苟拉自然保护区有一定的影响。

1.3.2 已有研究成果小结与后续研究工作

在项目建议书阶段南水北调西线第一期工程生态环境影响研究围绕着水文情势、河道水—地下水—植被用水转化关系、河道内生态环境需水量、水环境质量、局地气候、陆生生态、水生生态、干旱河谷、自然保护区等关键生态环境问题开展了大量工作,对工程建设造成的关键生态环境影响也有了初步结论,主要生态环境影响研究进展见表 1.3-10。

表 1.3-10 南水北调西线第一期工程对调水河流生态环境影响已有研究成果表

序号	主要生态环境影响	已有研究成果	本次研究内容
1	水文情势影响分析	查明调水河流径流特征,分析了各调水坝址及下游沿程各断面多年平均径流量、径流年内分配、水位变化情况	根据最新水文数据,进一步计算了甘孜、东谷、泥柯、壤塘、班玛、安斗水文站断面多年平均流量及相应流速、水深、水面宽变化情况
2	河道水—地下水—植被水转化关系研究	中科院地理科学与资源研究所采用生态水文模型模拟及同位素方法均得出调水河流地区植被需水、河道径流、地下水等主要受大气补给的结论	利用已有研究成果
3	河道内生态环境需水量	中科院地理科学与资源研究所采用 Tennant 法、90%保证率最枯月流量法、湿周法等十多种方法提出了各坝址处最小生态流量范围值;中科院水生生物所采用繁殖条件满足法、类比法和生态水力学法从满足鱼类生境条件角度提出各坝址处最小生态流量范围值;黄河勘测规划设计研究院有限公司在中科院地理科学与资源研究所及中科院水生生物所研究成果的基础上,考虑坝址下游河道水环境质量、自然保护区、湿地及水生生物生境需水要求,提出各坝址处最小下泄流量	根据环境保护目标,进一步复核计算
4	水环境质量	中国水利水电科学研究院分不调水、调水情况及考虑治污与不考虑治污等不同情景预测了调水后坝址下游河段水环境质量变化情况,结果表明考虑治污后和调水后各坝址下游河道不同典型年水质均能达Ⅱ类标准	梳理已有研究成果

序号	主要生态环境影响	已有研究成果	本次研究内容
5	局地气候	规划阶段及项目建议书阶段研究结论均表明各调水水源水库蓄水后不会对库区气候有明显影响,调水后不会对坝址下游局地气候产生明显影响	梳理已有研究成果
6	陆生生态	中科院青海盐湖所分两次开展陆生生态现场调查,根据现场调查结果及历史资料提出调水河流区动植物名录,提出珍稀保护动植物名录,初步分析了调水对陆生动植物影响	总结归纳补充调查的成果,复核珍稀保护动植物名录,细化调水对珍稀保护动植物影响分析
7	水生生态	中科院水生生物所分两次开展水生生态现场调查,根据现场调查结果及历史资料提出调水河流区水生生物名录,珍稀保护鱼类名录及生活习性,初步分析了调水对水生生态环境影响	补充开展调水河流河道开发现状、河谷形态及鱼类生活习性调查,细化调水对珍稀保护鱼类影响分析
8	干旱河谷	查明雅砻江、大渡河干旱河谷分布、成因、干旱河谷土地利用类型;初步分析工程建设对干旱河谷影响	梳理已有研究成果
9	自然保护区与湿地	查明工程占地区域自然保护区分布,初步分析工程建设对自然保护区的影响	复核自然保护区分布情况,细化工程建设对自然保护区影响分析

(1)水文情势

已有研究成果中对调水后各坝址及下游断面多年平均径流量、径流年内分配及沿程水位变化情况进行了深入研究,但对与鱼类等水生生物生境条件影响关系密切的水文要素(水深、水面宽、流速)变化分析较少。调水后坝址下游流量变化引起的水文要素变化是水生生态影响的驱动因子,为复核新形势下南水北调西线第一期工程对调水河流水生生态影响,本次研究中选取甘孜水文站、东谷水文站、泥柯水文站、壤塘水文站、班玛水文站、安斗水文站断面计算调水后各断面水文要素的变化情况,为进一步分析水生生态影响分析奠定基础。

(2)河道水—地下水—植被水量转化关系研究

中科院地理科学与资源研究所采用生态水文模型模拟及同位素方法均得出调水河流地区植被需水、河道径流、地下水等主要受大气补给的结论;已有研究方法先进且结论明确,新的环境变化不会对河道水—地下水—植被水量转化关系造成影响,因此本次没有对河道水—地下水—植被水量转化研究作进一步深入研究。

(3)河道内生态环境需水量

已有成果中,中科院地理科学与资源研究所采用 Tennant 法、最小月流量法、7Q10 法的近十年最枯月平均流量和 90％保证率最枯月流量、传统湿周法、解析湿周法、水力半径法、改进 TEXAS 法和习变法计算了各条河坝址处河道内年均生态需水量;中科院水生生物研究所采用繁殖条件法、类比法、生态水力学法计算了各条河坝址处河道内年均生态需水量。项目建议书在中科院地理科学与资源研究所及中科院水生生物所研究成果的基础上,考虑坝址下游河道水环境质量、自然保护区及湿地、水生生物生境需水要求,提出各坝址处最小下泄流量过程。本次研究根据环境保护目标,进一步复核生态需水量。

（4）水环境质量

中国水利水电科学研究院分不调水、调水情况及考虑治污与不考虑治污等不同情景预测了调水后坝址下游河段水环境质量变化情况,结果表明考虑治污调水后各坝址下游河道不同典型年水质均能达Ⅱ类标准。

近年来,调水河流区社会经济没有发生大的变化,各调水河流库区及下游河道污染源没有发生大的变化;南水北调西线第一期工程方案优化后,各坝址最小下泄流量过程变大,新形势下各坝址下游水环境质量预测结果基本不变,因此本书没有对坝址下游河道水环境质量影响做进一步深入研究。

（5）局地气候

规划阶段和项目建议书阶段对局地气候影响研究结论均比较明确,对库区、坝址下游局地气候没有明显影响;新的情况下,蒸发量、降水量、气温、风速等要素预测条件没有发生变化,影响结论也不会发生大的变化,因此本书不把局地气候影响作为进一步研究内容。

（6）陆生生态

陆生生态影响评价是水利水电类项目环境影响评价工作中的重点内容,已有成果中提出调水河流区动植物及珍稀保护动植物名录,初步分析了调水对陆生动植物的影响。已有成果对珍稀保护动植物生境条件、珍稀保护动物生活习性调查内容较少,本书把陆生生态环境影响分析作为进一步研究工作内容,细化调水对陆生动植物影响分析。

（7）水生生态

水生生态影响是调水类项目影响环境的主要因素之一,是社会公众关注的重点问题;近年来调水河流梯级开发及小型水电站建设导致调水河流水生生态系统现状发生改变。因此,本书把水生生态影响分析作为进一步研究的工作内容,根据补充调查的调水河流区河谷形态、河段开发现状、鱼类生境条件要求等内容,细化调水对珍稀保护鱼类影响分析。

（8）干旱河谷

根据已有研究成果,南水北调西线工程涉及的干旱河谷区位于工程建设区下游 200 km以下的金川、道孚、雅江、新龙一带,具体位于雅砻江雅江县城以上,涉及河道长度 59km,大渡河泸定县城以上至金川,涉及河道长度 227km;南水北调西线工程调水对下游干旱河谷气候影响微弱,对干旱河谷两岸植被几乎不造成影响。

目前雅砻江干流规划的控制性工程两河口水电站已经开工,其运行后干流回水长度114km,现有雅砻江干旱河谷全部位于两河口水库库区;大渡河干流规划的控制性工程双江口水电站也已经开工,其运行后对坝址下游河道水文情势影响显著,大渡河干旱河谷位于双江口水电站以下,南水北调西线工程对干旱河谷造成的影响将变得非常微弱。因此,本书不把干旱河谷影响分析作为进一步研究的内容。

(9)自然保护区与湿地

已有研究成果中初步分析了南水北调西线第一期工程对调水河流自然保护区、湿地影响,由于已有研究成果是在 2008 年左右提出的,本次研究根据最新资料复核调水河流区自然保护区、水产种质资源保护区划定情况,细化工程建设对自然保护区、水产种质资源保护区影响。

综上所述,根据近年来调水河流区生态环境现状、环境管理状况以及南水北调西线工程规划本身发生的变化,本书筛选水生生态环境影响、陆生生态环境影响、生态环境需水量、生态环境敏感区(自然保护区、水产种质资源保护区)几个关键生态环境问题开展补充论证工作,水生生态影响重点补充完善水文要素(河面宽、水深、流速)变化对调水河流珍稀保护鱼类的影响;生态需水量,根据环境保护目标进一步复核计算;陆生生态影响重点补充完善对珍稀保护动植物的影响;生态环境敏感区主要复核调水河流区自然保护区、水产种质资源保护区划定情况,细化工程建设对自然保护区、水产种质资源保护区的影响。

1.3.3 南水北调西线规划方案比选论证

(1)背景

"绿水青山就是金山银山",党的十八大以来,习近平同志把生态文明建设作为中国特色社会主义"五位一体"总体布局和"四个全面"战略布局的重要内容,作为重大民生实事紧抓落实,生态文明建设的地位和作用更加突显。2016 年 3 月,中共中央政治局审议通过《长江经济带发展规划纲要》,长江生态保护上升到国家战略高度,2019 年 1 月,生态环境部、发展改革委联合印发《长江保护修复攻坚战行动计划》,保护长江的蓝图正在绘就。2019 年 9 月18 日,习近平总书记在"黄河流域生态保护和高质量发展"座谈会上指出,"黄河流域生态保护和高质量发展是重大国家战略""让黄河成为造福人民的幸福河"。2020 年 1 月 3 日,习近平总书记在中央财经委员会第六次会议上研究黄河流域生态保护和高质量发展问题时指示,"对南水北调西线工程等要深化研究,加强规划方案论证和比选,统筹考虑跨流域工程建设多方面影响,适当时候中财委要召开专门会议研究…",对西线工程的研究论证工作赋予了新的时代内涵,提出了更高的要求。为此水利部下发了《南水北调西线工程规划方案比选论证》任务书,自 2017 年开始对上线方案、上下线组合方案及下线方案进行了深化研究和比选论证。

(2)方案比选论证

西线一期工程调水 80 亿 m³ 重点比选了三个方案,均为自流调水,分别为:上线方案、上下线组合方案、下线方案。

上线 80 亿 m³ 方案是:通天河侧坊调水 40 亿 m³ 和雅砻江、大渡河干支流联合调水 40 亿 m³ 至黄河干流贾曲河口入黄,共调水 80 亿 m³。调水坝址共 7 座,坝址总径流量为 247.5 亿 m³,通天河调水比例为 30%,雅砻江调水比例为 34%,大渡河调水比例为 36%。

上下线组合 80 亿 m³ 方案是:上线雅砻江、大渡河干支流联合调水 40 亿 m³ 至黄河干流贾曲河口入黄,下线大渡河双江口调水 40 亿 m³ 至甘肃岷县中寨镇入黄河支流洮河,共调水 80 亿 m³。调水水库坝址共 7 座,大渡河总体调水比例为 33%,雅砻江调水比例为 34%。

下线 80 亿 m³ 方案是:从雅砻江两河口调水 40 亿 m³ 和大渡河双江口调水 40 亿 m³,共调水 80 亿 m³。调水水库均为在建水库,总体调水比例为 21%。

三个方案各断面调水比例均小于 40%,从主要地质问题、移民淹没影响、生态环境影响、投资等方面进行比选论证,对这些方案的比选论证还在进一步的深化研究中。

第2章 南水北调西线工程自然环境概况

南水北调西线工程调水涉及河流有通天河、雅砻江干流及支流达曲、泥曲和大渡河的支流色曲、杜柯河、玛柯河及阿柯河等。

2.1 地形地貌

(1)通天河流域

通天河(含江源区)流域由长江正源沱沱河、南源当曲、北源楚玛尔河和通天河组成,流域面积14.0万km²。干流由上至下,河谷逐渐变窄,地势较平坦,河床切割不深,干流全长1174km,平均比降约1.16‰。沱沱河与当曲汇合于囊极巴陇,以下称通天河,自囊极巴陇向东流与楚玛尔河汇合,此河段为通天河上段,楚玛尔河河口以下至玉树市巴塘河口为通天河下段。通天河控制站直门达水文站多年平均径流量132亿m³。

江源区为楚玛尔河与通天河汇合处以上的地区,从沱沱河源头至楚玛尔河口河道全长346km,江源区地处青藏高原腹地,地势西高东低,是一个比较平缓、向东倾斜的波状高平原。河谷形态以浅、宽谷为主,北靠昆仑山脉,南界唐古拉山脉,西邻可可西里山、乌兰乌拉山和祖尔肯乌拉山,东至楚玛尔河口,总面积10.27万km²。

通天河上段自当曲河口(囊极巴陇)至楚玛尔河河口,干流全长278km,平均比降约0.9‰,为高原丘陵区。通天河下段自楚玛尔河河口至巴塘河口,干流全长550km,下段河道比较顺直,由高平原丘陵过渡至高山峡谷地貌,河谷渐趋弯曲、狭窄,两岸山高谷深;其中玛尔河口至登艾龙曲段是高平原丘陵向高山峡谷过渡的地带,两岸阶地发育,河谷由上游向下游逐渐变窄,河面宽150~200m;登艾龙曲口以下进入高山峡谷区,植被覆盖较好,并开始有农田分布,河面宽50~200m。

(2)雅砻江流域

雅砻江是长江宜宾以上最大支流,发源于青海省巴颜喀拉山南麓尼彦纳玛克山与冬拉冈岭之间,在青海省内称扎曲,自西北向东南流经达尼坎多后进入四川省,至石渠县境内后始称雅砻江,在两河口以下大抵由北向南经甘孜、凉山两州,于攀枝花市保果河口注入金沙江。干流全长 1633km,总落差 3707m,河道平均比降 2.27‰,流域面积 12.8 万 km²,其中四川省境内面积占全流域面积的 92%。河口处多年平均径流量 604 亿 m³。

雅砻江流域地处青藏高原东南部,介于金沙江和大渡河之间,东以牟尼芒起山、大雪山与大渡河相接,西以雀儿山、沙鲁里山与金沙江为界,北以巴彦喀拉山与黄河为邻,南濒金沙江。整个流域为南北长 950km,东西平均宽约 135km 的狭长地带,南北跨越 7 个多纬度,是我国西部横断山区的重要组成部分。

流域地势北、西、东三面高,向南倾斜,北部河源地区为海拔 5000m 以上的高原,东西两侧均为海拔 4500m 以上的高山峻岭。河流下切强烈,自河源至河口,高程由 5400m 下降至 980m,下切深度达 4420m,水力资源丰富。

雅砻江源自青藏高原,河源为高原丘陵地貌,河道宽浅,多湖泊和沼泽,植被稀疏,温波以下逐渐过渡到山原地貌,岭谷高差加大,多险滩急流,河谷变窄,滩地、阶地发育,植被增加;甘孜以下逐步进入横断山脉区,山高谷深,河道较窄,植被茂盛;河道下游为低山丘陵区,河谷开敞,河道平缓。按地貌特征划分,雅砻江甘孜以上为上游,甘孜至大河湾为中游,大河湾以下为下游。甘孜以上面积 3.29km²,河长 621km,天然落差 1410m,多年平均径流量 84.8 亿 m³。

达曲—四通达河段　　　　　　　　河曲—泥柯乡附近

(3)大渡河流域

大渡河是金沙江左岸岷江支流的最大支流,发源于青海省境内的果洛山东南麓,分东、西两源,东源为足木足河,西源为绰斯甲河,以东源为主流。两源于双江口汇合后,由北向南至石棉折向东流,在草鞋渡与青衣江相汇,于乐山市城南汇入岷江,岷江又于宜宾市汇入长江干流。大渡河干流全长 1062km,天然落差 4175m,平均比降 3.93‰,流域面积 7.74 万 km²(不包括青衣江,下同),其中四川省境内面积占全流域面积的 91.5%,河口处多年平均径流量 475.5 亿 m³。

　　流域横跨青藏高原东南边缘及四川盆地西部边缘,源头与黄河分处于巴颜喀拉山南北两侧,方向几乎垂直。总的趋势是西北高,东南低,四周为崇山峻岭所包围。流域形状狭长,略呈"L"形。以地貌特征划分,大渡河泸定以上为上游,其中双江口以上为河源区,泸定到铜街子为中游,铜街子以下为下游;泸定以上面积 5.89 万 km²,河长 682km,天然落差 3230m,多年平均径流量 277.4 亿 m³。上游河源区为高山高原地貌,其余为高山峡谷区,区域被草原、草甸及森林所覆盖;中游为川西南山地,上中游河段地势高耸,河流深切、狭窄,河道顺直,水流湍急,支流水系呈羽状;下游处于四川盆地丘陵地带,河道蜿蜒曲折,河谷宽阔,沙地发育,河口处有宽谷汊流。

色曲—坝址上游河段

杜柯河—坝址附近

玛柯河—坝址附近河段

阿柯河—阿坝县城附近

2.2 地质、土壤

区内的大地构造单元为巴颜喀拉山印支地槽褶皱系,与之相毗邻的大地构造单元分别是:北及东北部的秦祁昆地槽褶皱系、西南部的唐古拉准地台,东部的扬子准地台,西部则延伸入可可西里和西昆仑地槽褶皱系。

工程区主要发育北西向断层,规模巨大,其他方向的断层相比之下则显得规模小、数量少。断裂的最新活动现象十分显著,在时空分布上大多具有明显的继承性、区域性。

按青藏高原地震区带划分方案,调水河流地区位于可可西里—金沙江地震带内,该带是强震活动带。工程区位于该带的中北部地区,地震活动相对东西部而言属中等偏小地区,强震相对较少,震级多以中等地震为主。根据国家地震局地质所完成的南水北调西线工程地震烈度区划结果,工程区南北两侧为Ⅷ度和Ⅸ度以上高烈度区分布带,达日南桑日麻地区为Ⅸ度区,呈北西向展布。工程区内以Ⅶ度和Ⅷ度区面积最大,分别占总面积的 56.6% 和 40%,Ⅸ度和Ⅵ度区面积较小,分别占总面积的 1.4% 和 1.6%。

西线调水区处于青藏高原片状多年冻土区向岛状多年冻土区和季节冻土区过渡的混交地带,季节冻土仅分布于海拔 4200m 以下的沟谷内。

调水河流地区土壤类型繁多,分布复杂。高海拔区域地势高亢,气候寒冷,林木及农作物生存环境脆弱,主要为广阔的缓坡草原牧场。土壤属高山草甸土,在低洼带有泥炭化和底土潜育化现象,并有高山寒漠冻土和沼泽土分布;中部山地起伏大,坡面很陡,绝大部分为森林土壤,在生物和气候等因素的影响下,具有明显的垂直分布特征,自下而上大致是山地褐土(2200~2800m)、山地棕壤土(2800~3500m)、山地暗棕壤或山地灰化土(3500~4100m)、亚高山草甸土和高山草甸土(4100~4800m),缓坡地带多为冰水堆积物形成的土壤。高山和亚高山草甸土占土壤总面积50%以上,是该区域的主要土壤类型,也是本区重要的畜牧业基地;棕壤和褐土,占土壤总面积10%以上,是本区主要的森林土壤。

项目区共有 15 个土类,33 个亚类,土类分别为棕色针叶林土、棕壤、暗棕壤、褐土、灰褐土、石质土、粗骨土、草甸土、沼泽土、泥炭土、水稻土、草毡土、黑毡土、寒冻土和岩石。

全区中草毡土、黑毡土(亚高山草甸土)和寒冻土等高山土分布最为广泛,约占该地区土壤面积的 79.21%,该种土壤形成比较原始,难以利用;其次是棕色针叶林土、棕壤和暗棕壤,是重要的森林土壤,其分布约占 10.65%;在河谷的边缘分布着褐土和灰褐土,是重要的耕作土壤,约占 6.58%;在海拔 3500~4500m 多为高山或亚高山草甸土,是重要的草地土壤,约占 2.68%。另外,研究区内还零星分布着沼泽土和泥炭土,约占 0.71%(见图 2.2-1)。

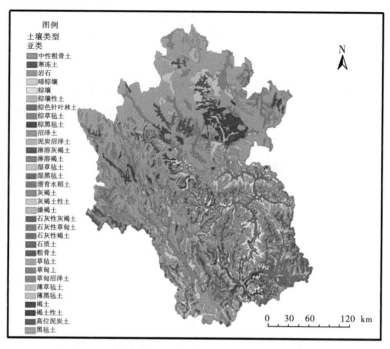

图例
土壤类型
亚类
中性粗骨土
寒冻土
岩石
暗棕壤
棕壤
棕壤性土
棕色针叶林土
棕草毡土
棕黑毡土
沼泽土
泥炭沼泽土
淋溶灰褐土
淋溶褐土
湿草毡土
湿黑毡土
潜育水稻土
灰褐土
灰褐土性土
燥褐土
石灰性灰褐土
石灰性草甸土
石灰性褐土
石质土
粗骨土
草毡土
草甸土
草甸沼泽土
薄草毡土
薄黑毡土
褐土
褐土性土
高位泥炭土
黑毡土

图 2.2-1　南水北调西线一期工程调水区土壤类型图

2.3　水文气象

2.3.1　通天河流域

通天河(含江源区)属青藏高原气候系统,为典型的高原大陆性气候,表现为冷热两季交替、干湿两季分明、年温差小、日温差大、日照时间长、辐射强烈、干燥多风、无四季区分的气候特征。冷季为青藏冷高压控制,长达 7 个月,降水少,风沙大;暖季受西南季风影响产生热气压,水气丰富,降水量多。流域内平均海拔在 4000m 以上,高寒缺氧,植物生长期短。

区内平均气温在零度以下,实测多年平均最高气温 29.6℃,最低气温−45.2℃,气温随海拔高度增加而逐渐降低。海拔 4000m 以上的地区年平均气温在−4℃以下,冰川、冻土分布较广。多年平均降水量 483.6mm,6—9 月降水约占全年的 74%,年蒸发量 1263～1602mm,最大风速 14.3～32m/s。全年日照时数 2468～2789h,年辐射总量 62～68 亿 J/m^2。

2.3.2　雅砻江流域

雅砻江流域地处青藏高原东部边缘地带,由于流域跨越 7 个多纬度,加之流域内地形复杂,谷岭高低悬殊,气候在不同的地区和高差均有较为明显的差异。上游地区气候寒冷,具有长冬无夏,昼夜温差大,干季、雨季较分明,多大风、霜冻、雪灾、冰雹、雷暴、气压低和含氧量少等高原特有的气候特征;中游地区的垂直气候特征显著,冬寒夏暖,干湿季节分明;下游地区水热条件较好,雨量丰沛,日照强烈,森林茂密,冬无严寒,夏无酷暑,四季不分明。

雅砻江流域多年平均年降水量 500～2470mm,降水量在流域内总的趋势是由南向北、从东向西递减。甘孜、道孚以北的高原地区,年降水量一般为 500～600mm;中游高山峡谷地带为 700～900mm;下游多在 1000mm 以上。降水量年内分配不均,5—10 月降水量占全年降水量的 88%～95%,6—7 月降水量较多,两月降水占全年的 38%～44%,冬季 12 月和次年 1 月降水量较少。

雅砻江径流由降水、地下水和融雪(冰)组成。径流分布与降水分布趋势大致相同,径流深变化在 200～800mm 之间,最大可达 1000mm 以上,其分布特点是下游大于上游,山区多于河谷盆地。河川径流主要来自雅江以下,约占全流域的 64%。流域径流丰沛而稳定,具有年际变化不大,年内分配不均的特性。

流域内平均年日照时数 2400h 左右,中游地区自北向南年日照时数有所增加,为 2000～3000h。流域各地多年平均气温为－4.9～20.8℃,总的分布趋势由南向北递减,并随海拔高度的增加而递减。水面蒸发量与气温和湿度的关系密切,总的趋势从南向北、从河谷向高山递减。

2.3.3 大渡河流域

大渡河流域跨 5 个纬度、4 个经度,海拔高度相差较大,地形地势变化复杂,气候差异很大。上游属川西高原气候区,中下游属四川盆地亚热带湿润气候区。

大渡河上游的高原及山原地区,海拔高程一般在 3000m 以上,属亚寒带及寒温带气候,因地势高,又远离水汽源地,降水量较少,多年平均降水量在 700mm 左右。中游由于地形复杂,迎风坡与背风坡降水量差异较大,各地多年平均降水量在 700～1000mm。下游地区为四川盆地边缘,有利于水汽输送,多年平均降水量一般在 1300mm 以上,5—10 月的降水量占全年降水量的 75%～90%。

大渡河径流主要由降水形成,少部分为冰川补给。流域内一般植被良好,水量丰沛,径流年际变化不大,年内径流分配受降水年内分配的影响较大,径流年内分配主要集中在 5—10 月,占全年径流的 80% 左右。

上游的高原及山原地区,海拔高程一般在 3000m 以上,属亚寒带及寒温带气候,长冬无夏,寒冷干燥,年平均气温在 6℃ 以下,年蒸发量一般为 1200～1300mm,年平均相对湿度一般为 60% 左右。中下游地区气候较为湿润,气候随高程的不同差异仍很明显,年平均气温一般在 13～18℃,年平均蒸发量在 1300～1500mm,年平均相对湿度一般为 70% 左右,干季亦在 55% 以上。下游地区有冬暖、夏热、秋凉和较为湿润的气候特点,一般年平均气温为 17℃ 左右,年平均蒸发量约为 1000mm,年平均相对湿度为 80% 以上。

2.4　河流水系

2.4.1　通天河流域

通天河流域水系发育,其中江源区水系呈扇形分布,有河流 40 余条,主要有沱沱河、当曲、楚玛尔河 3 条;江源区现代冰川十分发育、河湖众多,冰川约 260 条,面积 2070km²,大小湖泊约 1.1 万个,总面积约 1000km²。通天河两岸大小支流众多,呈树枝状分布,湖泊沼泽广布。通天河流域(含江源区)大于 3000km² 的一级支流有莫曲、北麓河、科欠曲、色吾曲、聂恰曲、德曲等。

西线调水坝址侧坊位于通天河干流控制站直门达水文站上游约 13km,坝址以上流域面积为直门达水文站面积的 99.9%。

2.4.2　雅砻江流域

雅砻江流域水系发育,支流众多。干流两岸支流发育对称,流域面积 500km² 以上的一、二级支流 52 条,100～500km² 的支流近 200 条。鲜水河、理塘河、安宁河 3 条支流流域面积超过 1 万 km²。

鲜水河为左岸集水面积最大的一条支流,发源于青海省巴颜喀拉山南麓,于色达县进入四川境内,自北向南,于炉霍县城纳入达曲,于雅江县注入雅砻江;炉霍县城以上称泥曲,以下始称鲜水河;鲜水河河道总长 556.7km,天然落差 2120m,流域面积 19338km²,年径流量63.70 亿 m³。炉霍以上分为两支,分别为达曲和泥曲,达曲为鲜水河支流,发源于巴颜喀拉山南麓的达维戈洛永,河源高程 4600m 左右,流向北西向南东,流经多悦下马、然充、东谷、朱倭、旦都等乡镇,于炉霍县城与泥曲汇合后为鲜水河,达曲流域面积 5204 km²,河道总长 312km,天然落差 1449m,年径流量 14.85 亿 m³。鲜水河炉霍以上的泥曲发源于巴颜喀拉山南麓的桑次贡玛,河源高程 4800～4900m,河流走线与达曲基本平行,流经泥曲、章达、泥柯、卡娘等乡镇,于炉霍与达曲汇合,流域面积 6860 km²,河道总长 364km,天然落差约 1700m,年径流量19.81 亿 m³。达曲和泥曲调水坝址以上的源头地区,均为丘状高原地貌,地势相对平缓,河谷开阔,多为草原宽谷;调水坝址以下 30km 范围内,仍为丘状高原,但河谷逐渐切割变深,河岸两侧无河滩发育,局部较窄的缓坡上分布有居民和农田;调水坝址 30km 以下至炉霍段,泥曲河道基本保持上游特征,但达曲河道在朱倭段以下发生变化,地貌由丘状高原变为剥蚀山间盆地与宽谷,河谷较宽,一般在 50～200m,河谷平坦处的河岸两侧河滩地、沼泽发育,大部分河滩地已开发为农田;鲜水河炉霍县城至道孚县城河段的地貌与达曲下游类似,为剥蚀山间盆地与宽谷,河谷大部分在几百米至 1km,河岸两侧为河漫滩,沼泽极为发育。

西线第一期工程在雅砻江干流甘孜以上布置有热巴坝址,在达曲、泥曲上游分别布置有阿安、仁达坝址。

2.4.3 大渡河流域

大渡河上游支流发育对称,中游支流则偏于右岸。绰斯甲河为大渡河西源,是大渡河的一级支流,发源于青海省果洛山东南麓,由东南方向在色达县果曲河口进入四川,向南经上杜柯、壤塘县城纳色曲,流经石里、蒲西等乡镇,至双江口与大渡河主源足木足河汇合,流域面积 17765km²,干流长 480.5km,天然落差 2558m,年径流量 62.4 亿 m³。绰斯甲河雄拉以上分色曲、杜柯河两条支流,以杜柯河为主。色曲发源于卡勒日霍东坡的卡依公娘,河源高程 4600m 左右,流经色达县城、洛若、河西、旭日、歌乐沱等乡镇,于雄拉与杜柯河汇合;流域面积 3226km²,河道总长 197km,天然落差 1465m,年径流量 10.03 亿 m³;色曲洛若乡以上河道比降较平缓,河谷开阔,沿河两岸耕地和人口相对集中;色曲霍西乡以上为典型的丘状高原,溪河密布、沼泽发育,霍西乡以下基本属于河谷地带,两岸较陡、河床深切、水流湍急、岸边阶地发育。杜柯河发源于多依尕玛,河源高程 4500m 左右,流经上杜柯、壤塘县城等,于雄拉与色曲汇合;流域面积 6724km²,河道总长 300km 左右,天然落差 1350m 左右,年径流量 22.65 亿 m³。

足木足河是大渡河的一级支流,在斜尔尕以上分为两支,西支为玛柯河,东支为阿柯河。玛柯河为足木足河上游,发源于查七沟顶东山,流经班玛县城以及亚尔堂、班前等乡镇,于斜尔尕和阿柯河汇合后为足木足河,流域面积 10688km²,河道总长 261km,天然落差 1600m 左右,年径流量 35.29 亿 m³。阿柯河为足木足河支流,发源于错拿玛湖,由西向东流经克柯、安斗等乡镇和阿坝县城,在直尕与玛柯河交汇入足木足河,而后汇入大渡河;流域面积 5078km²,河道总长 228km,天然落差 2020m 左右,年径流量 21.03 亿 m³;阿柯河流域属高原山峦及盆地地貌,海拔高程 3400m 以下为盆地,河床阶地发育,土地平整而肥沃,是阿坝县的主要农耕地,农耕地主要分布在安斗乡至阿坝县城河段的左岸及洛尔达至安羌乡区域的河谷地带,整个区域以牧草地为主,几乎没有林区,是半农半牧区。

阿柯河全河和玛柯河、杜柯河、色曲上游段属高原丘陵草原地貌,河道在平坦开阔的谷地流淌,蜿蜒曲折,形态宽而浅,一般情况下水面宽度在 5~80m;玛柯河和杜柯河下游段在山脉之间的峡谷内流淌,河道下切,形态深而窄,水面宽度一般在 30~50m,水流较急;足木足和绰斯甲河在高山之间的峡谷内流淌,河道下切更深,水面宽度一般在 50~80m,多见急流险滩。

洛若坝址位于色曲上游,珠安达坝址位于杜柯河上游,霍那坝址位于玛柯河上游,克柯坝址位于阿柯河上游。

2.5 泥沙

2.5.1 通天河

通天河(含江源区)干流从上游至下游多年平均输沙量增大,多年平均输沙模数递增。

上游沱沱河水文站多年平均输沙量 103 万 t,多年平均含沙量 0.895kg/m³,年平均输沙模数为 64.6 t/km²·a;通天河控制站直门达水文站实测多年平均输沙量 963 万 t,多年平均含沙量 0.741kg/m³,年平均输沙模数为 69.9 t/km²·a。

悬移质泥沙年内分配极不均匀,产沙主要集中在 6—9 月,直门达水文站 6—9 月来沙量占全年的 95.2%,输沙量年际变化较大,直门达水文站年最大与最小输沙量的比值达 2.3 倍。

2.5.2 雅砻江

雅砻江干流从上游到下游多年平均输沙量总体上逐渐增大,多年平均输沙模数递增。上游甘孜站多年平均输沙量 139 万 t,多年平均含沙量 0.155kg/m³;中游雅江站多年平均输沙量 594 万 t,多年平均含沙量 0.275kg/m³;下游小得石站多年平均输沙量 3110 万 t,多年平均含沙量 0.608kg/m³。甘孜、雅江、小得石站的多年平均输沙模数分别为 42.1 t/km²·a、88.8 t/km²·a、262.7t/km²·a,下游水土流失程度较上游大。

支流鲜水河道孚站多年平均输沙量 136 万 t,多年平均含沙量 0.308kg/m³,道孚站以上流域年平均输沙模数为 94.0 t/km²·a。

雅砻江干支流悬移质泥沙年内分配极不均,悬移质年内变化与径流相似,产沙主要集中在汛期(5—10 月),其来沙量占全年的 96.9%～99.8%,输沙量年际变化较大,雅江站最大与最小输沙量的比值达 13 倍以上。

2.5.3 大渡河

大渡河干流从上游至下游多年平均输沙量逐渐增大,多年平均输沙模数递增,多年平均含沙量逐渐增大。大渡河干流大金站多年平均输沙量 472 万 t,多年平均含沙量 0.282kg/m³;泸定站多年平均输沙量 999 万 t,多年平均含沙量 0.355kg/m³;福禄镇站多年平均输沙量 2250 万 t,多年平均含沙量 0.471kg/m³;大金、泸定、福禄镇站年平均输沙模数分别为 113t/km²·a、169 t/km²·a、294 t/km²·a。

2.6 环境保护目标与敏感点

2.6.1 环境保护目标

根据工程施工特点、工程建设区和影响区的环境现状和环境功能,确定主要环境保护目标如下:

(1)生态环境

保护水库淹没、工程占地和自然保护区生物多样性和生态系统完整性。

将工程对施工区域土地资源、地表植被破坏而使区域自然系统生产能力和稳定状况受损的影响降到最低;采取工程措施和生物措施,使工程对区域生态环境的负面影响控制在生态环境可以承受的范围内。

(2)水环境

调水后,水体稀释自净能力降低,本工程水环境保护目标为维持现状水功能区划目标,不因调水而改变水体功能。

大渡河、雅砻江水质保护目标为《地表水环境质量标准》(GB3838—2002)Ⅱ类标准。

(3)水生生物

保护河道水生生物的栖息环境,采取减缓阻隔效应的措施、运营调度措施、人工增殖放流措施等减少或减缓对鱼类的影响。

(4)人群健康

施工区人群健康得到保证。

2.6.2 敏感点

根据初步调查及收集的资料,将自然保护区边界与调水河流及水库淹没范围叠加,工程建设与陆生生态敏感区相对位置关系见表 2.6-1、表 2.6-2。

表 2.6-1　　　　　　　　　雅砻江干流及库区与生态敏感区位置关系

序号	自然保护区名称	位置	距离
1	四川长沙贡玛国家级自然保护区	坝址上游	距离库尾大于 100km
2	四川洛须白唇鹿自然保护区	坝址上游	距离库尾大于 100km
3	四川志巴沟自然保护区	坝址上游	部分位于热巴库区范围
4	四川阿须湿地自然保护区	坝址上游	部分位于热巴库区范围
5	四川新路海自然保护区	坝址下游	雅砻江热巴坝址下游右岸,距离河道大于 25km
6	四川多普沟自然保护区	坝址下游	雅砻江热巴坝址下游右岸,距离河道大于 30km
7	四川德格县阿木拉自然保护区	坝址下游	雅砻江热巴坝址下游右岸,距离河道大于 30km
8	四川冷达沟自然保护区	坝址下游	位于雅砻江热巴坝址下游约 50km,保护区包含河道
9	四川日巴雪山自然保护区	坝址下游	位于雅砻江热巴坝址下游约 120km 左岸,距离河道最近处 200m
10	四川雄龙西自然保护区	坝址下游	位于雅砻江热巴坝址下游约 180km 右岸,距离河道最近处 7km

序号	自然保护区名称	位置	距离
11	四川友谊自然保护区	坝址下游	位于雅砻江热巴坝址下游约 210km 右岸,距离河道最近处 300m
12	四川察青松多国家级自然保护区	坝址下游	位于雅砻江热巴坝址下游约 220km 右岸,距离河道最近处 10km
13	四川朗村自然保护区	坝址下游	位于雅砻江热巴坝址下游约 280km 左岸,保护区包含河道
14	四川格西沟国家级自然保护区	坝址下游	两河口电站以下,不在研究范围内
15	四川雅江神仙山自然保护区	坝址下游	两河口电站以下,不在研究范围内

表 2.6-2   其他调水河流及库区与自然保护区相对位置关系

序号	河流	自然保护区名称	位置	距离
1	达曲	四川泥拉坝湿地自然保护区	坝址上游	距离库尾大于 50km
2	达曲	四川卡莎湖自然保护区	坝址下游	达曲阿安坝址下游 35km 右岸,距离河道最近处 50m
3	泥曲	四川泥拉坝湿地自然保护区	坝址上游	距离库尾大于 50km
4	泥曲	四川卡娘自然保护区	坝址下游	泥曲仁达坝址下游 30km,保护区包含河道
5	杜柯河	四川年龙自然保护区	坝址上游	杜柯河珠安达坝址上游右岸,距离河道 5.5km
6	杜柯河	三江源国家级自然保护区	坝址上游	部分位于杜柯河珠安达库区范围内
7	杜柯河	四川杜苟拉自然保护区	坝址下游	位于杜柯河珠安达坝址下游右岸,距离河道最近处 350m,输水隧洞穿越
8	杜柯河	四川南莫且湿地自然保护区	坝址下游	位于杜柯河珠安达坝址下游左岸,距离河道大于 9km
9	玛柯河	三江源国家级自然保护区	坝址下游	保护区包含河道,输水隧洞穿越
10	玛柯河	四川严波叶则自然保护区	坝址下游	位于玛柯河霍那坝址下游左岸,距离河道最近大于 2km
11	阿柯河	四川严波叶则自然保护区	坝址下游	位于阿柯河克柯Ⅱ坝址下游右岸,距离河道最近大于 3km
12	阿柯河	四川曼则塘湿地省级自然保护区	坝址下游	位于阿柯河克柯Ⅱ坝址下游左岸,距离河道最近大于 10km,输水隧洞穿越
13	鲜水河	四川卡娘自然保护区	坝址下游	达曲、泥曲汇口下游左岸,距离河道最近距离 50m
14	鲜水河	四川易日沟自然保护区	坝址下游	达曲、泥曲汇口下游右岸,距离河道最近距离 40m

续表

序号	河流	自然保护区名称	位置	距离
15	鲜水河	四川泰宁玉科自然保护区	坝址下游	达曲、泥曲汇口下游左岸,距离河道最近大于 10km
16	鲜水河	四川孜龙河坝	坝址下游	达曲、泥曲汇口下游,保护区包含河道

影响范围内有水生生态敏感区 2 处,分别为玛柯河重口裂腹鱼国家级水产种质资源保护区与大渡河上游川陕哲罗鲑等特殊鱼类保护区。玛柯河重口裂腹鱼国家级水产种质资源保护区位于青海省果洛藏族自治州班玛县境内的玛柯河,范围在东经 $101°6'46''\sim100°47'15''$,北纬 $32°40'27''\sim32°50'36''$ 之间。大渡河上游川陕哲罗鲑等特殊鱼类保护区,由四川省人民政府于 2015 年 10 月批准划定。保护区规划总长度 1125.65km,其中重点保护河段 521.05km,总面积约 4405.6hm^2。

第3章 南水北调西线工程陆生生态环境及影响

3.1 陆生植物

3.1.1 陆生植物调查

（1）已有调查情况

中国科学院青海盐湖所联合青海师范大学于 2006 年 5 月 28 日至 2006 年 6 月 8 日开展现场植被样方调查工作，调查涉及雅砻江干流、达曲、泥曲、杜柯河、玛柯河 5 条河流，调查点位 26 处。

主要调查内容包括调查范围内植物区系、种类、植被类型、珍稀保护植物种类、级别及分布；调查范围内动物区系、种类、珍稀保护动物种类、级别及分布。陆生植物现状调查以现场样方调查为主，陆生动物调查采用收集资料法。

（2）补充调查内容

2015 年 6 月 26 日至 2015 年 7 月 30 日，黄河勘测规划设计研究院有限公司联合中国科学院成都生物所开展第二次现场植被样方调查，调查涉及 7 条调水河流，调查点位 85 处（调查点位统计见表 3.1-1），调查点位分布见图 3.1-1。主要调查内容包括动植物种类调查及生态敏感区调查。

表 3.1-1　　　　　　　　　2015 年植被样方调查点位统计表

河流	样地(线/方)数	备注	河流	样地(线/方)数	备注
足木足河	13		鲜水河	5	
阿柯河	15	坝址上游3处	泥曲	5	坝址上游1处
玛柯河	17	坝址上游4处	达曲	5	
杜柯河	9	坝址上游3处	雅砻江	7	坝址上游2处
色曲	6	坝址上游1处	合计	85	
绰斯甲河	3				

图 3.1-1　陆生植物现状调查点位示意图

　　陆生植物现状调查采取遥感解译结合下的现场植被调查和查阅资料的方法,陆生动物调查采用收集资料法,生态敏感区调查以走访调查和收集资料为主。

3.1.2　陆生植物种类

　　工程区地处青藏高原和四川盆地交接地带,区域地貌条件复杂,沟壑纵横,高原平坦的地表面被众多河流切割,形成起伏高差大的地势,平均海拔在 3500m 以上,地理位置虽然处于亚热带和暖温带所处的纬度范围内,但由于高海拔和特有的大气环流影响,这个地区不存在亚热带的常绿阔叶林等植被类型,在低海拔的河谷区内发育了一些暖温带的森林植被。区内植被类型多,植物种属丰富,植物区系成分复杂,是中国植物区系较为丰富的地区之一,植物资源种类丰富。主要植被类型包括亚高山森林、高寒灌丛、山地灌丛、河谷灌丛、高山草甸、亚高山草甸、高寒沼泽及垫状植被、高山流石坡稀疏植被。

　　现有高等植物 127 科 281 属 1426 种(包括种、亚种和变种),植物种类的丰富程度属于中等水平。从植被类型的构成、分布特征及其演替规律来看,工程区主要植被类型有森林、山地灌丛、干旱河谷灌丛、高山草甸、亚高山草甸、沼泽湿地、高寒垫状植被以及高山流石滩稀疏植被等。从野外实地调查来看,植被演替基本处在顶级群落阶段,部分地段因过度放牧,植被处在放牧偏途顶级阶段。

3.1.3 珍稀保护植物调查

根据已有成果，结合补充调查，研究范围内共有保护植物 16 种，即毛茛科的星叶草（*Circaeaster agrestis Maxim*）、独叶草（*Kingdonia uniflora*），麦角菌科的虫草［*Cordycepssinensis（Berk.）Sace*］，松科的长苞冷杉（*Abies georgei*）、白皮云杉、康定云杉（*Picea montigena*）、麦吊云杉（*Picea brachytyla*）、油麦吊云杉［*Picea brachytyla（Franch）Pritz.*］、紫果冷杉（*Abies recurvata Mast.*）和紫果云杉，柏科的岷江柏木（*Cupressus chengiana*），红豆杉科的红豆杉（*Taxuschinensis*），杨柳科的大叶柳（*Salix magnifica*），胡颓子科的中国沙棘（*Hippophae yhamnoides*），蔷薇科的光核桃（*Prunus mira*），茄科的山莨菪（*Anisodus tanguticus*），珍稀保护植物情况见表 3.1-2，分布图见附图 1。

表 3.1-2　　　　　　　　　研究范围内珍稀保护植物名录

种类	保护级别	数据来源			备注
		文献整理	走访调查	现场调查	
虫草 *Cordycepssinensis（Berk.）Sace*	Ⅱ	√	√		
长苞冷杉 *Abies georgei Orr*	3	√			
白皮云杉 *Picea aurantiaca Mast*	2	√			
康定云杉 *Picea montigena Mast*	2	√			
麦吊云杉 *Picea brachytyla（Franch.）Pritz.*	3	√			
紫果云杉 *Picea purparea*	Ⅱ	√			
紫果冷杉 *Abies recurvata Mast.*	Ⅱ	√		√	2015 年在鲜水河调查到
油麦吊云杉 *Picea brachytyla（Franch）Pritz. Var. complanata（Mast.）Cheng ex Rehd.*	Ⅱ	√			
岷江柏木 *Cupressus chengiana S.Y. Hu*	2　Ⅱ	√			
红豆杉 *Taxus chinensis（Pilger）Rehd.*	Ⅰ	√		√	2015 年在足木足河调查到
星叶草 *Circaeaster agrestis Maxim.*	2	√		√	2015 年在玛柯河调查到
独叶草 *Kingdonia uniflora Balf. F. et W. W. Smith*	2　Ⅱ	√			
光核桃 *Prunus mira Koehne*	Ⅱ	√			
大叶柳 *Salix magnifica Hemsl.*	3	√			
中国沙棘 *Hippophae yhamnoides L. subsp. sinensis Rousi*	Ⅱ	√			
山莨菪 *Anisodus tanguticus*	Ⅱ	√		√	2015 年在色曲调查到

注：1. 保护级别中 1、2、3 引自《中国珍稀濒危保护植物名录》；

2. 保护级别中Ⅰ、Ⅱ引自《国家重点保护野生植物名录》（第一批）（第二批）。

3.2   对陆生植物的影响

西线调水工程对植物多样性的影响主要发生在水库淹没区和坝下水量减少河段。

3.2.1   水库淹没对植物的影响

引水工程建成后对植被影响主要表现在坝址以上水库淹没区和坝址以下30km范围内的河谷区域。阿安坝址淹没的植被有杜鹃花、锦鸡儿灌丛、高山栎灌丛、亚高山草甸（四川嵩草、风毛菊）；坝址下游受影响的植被有杜鹃花、锦鸡儿灌丛、高山栎灌丛、亚高山草甸（四川嵩草、风毛菊）。仁达坝址淹没的植被有杜鹃花、锦鸡儿灌丛、亚高山草甸（四川嵩草、风毛菊）；坝址下游受影响的植被有混交林（云杉、冷杉、高山栎、杨）、亚高山草甸（四川嵩草、风毛菊）。珠安达坝址淹没和坝址下游受影响的植被有杂类草高寒草甸、针叶林。霍那坝址淹没和坝址下游受影响的植被有混交林（云杉、冷杉、高山栎、杨）、杜鹃花、锦鸡儿灌丛。克柯坝址淹没和坝址下游受影响的植被有杂类草草甸。

水是环境中最活跃的自然因素之一，因截流与蓄水对原生植物的破坏，通过演替被别的种类所代替，在库区中旱生植物、中生植物被湿生、水生植物代替，坝址下游河道，由于截流水量减少，原来的一些湿生、水生植物被中生、旱生植物取代而形成适应环境的新群落，从而维持生态系统的平衡。但是由于修建水库而产生的淹没区和下游河道水量减少，对周边植物产生不利的影响，同时修建水库对周边环境也产生有利影响，通过与高原地区已有类似工程对植物影响对比分析，如青海龙羊峡水库、黑泉水库等的修建及河流截流并未引起生态系统和种群的破坏，反而有利于水库周围植物的生长。

淹没及坝址以下影响到的珍稀保护植物有毛茛科的星叶草、独叶草，麦角菌科的虫草，松科的长苞冷杉、白皮云杉、麦吊云杉、油麦吊云杉、岷江冷杉和紫果云杉，胡颓子科的中国沙棘，蔷薇科的光核桃。这些物种在工程影响区域以外的地方也有较多分布，因此对这些物种不需要进行以防止物种基因流失的迁地保护和建立种质资源库。

淹没区植物均属于广布性种类，淹没不致造成这些物种资源的损失。淹没的植被类型中，基本可以在调水区其他相近似的生境中见到，所以不会影响调水区的植被区系和构成。国家二级重点保护植物星叶草则在长江中下游地区均有分布，其种群的生存不会受到威胁。

从大尺度生态系统角度看，西线调水对长江上游地区植物区系、植被构成及国家重点保护的树种、森林资源和珍稀植物无明显影响。工程对植物资源的影响较轻微，对物种多样性和生态系统多样性不会造成影响。

3.2.2   工程沿线对植物的影响

工程沿线对区域生物多样性及生态环境的影响主要体现在施工期对地表植被和土壤结构的破坏和影响。工程施工结束开始运行后，因交通条件改善，人类活动的规模、范围和强度将有所加强,对沿线生物多样性及生态环境的干扰也将明显增强,但其影响方式、范围和强度有所不同。

工程沿线自然条件复杂,定量预测分析运行期对生物多样性及生态环境的影响仍存在一定的困难,但是运行期对区域生态系统类型的生物多样性及生态环境的影响极为重要,应高度重视,建议开展相应的生态监测工作,为合理调控人类活动的方式、规模和强度,使区域社会经济发展和生态环境保护相协调,为工程沿线可持续发展提供科学依据。

3.2.3　对坝址下游植物的影响

植物生长主要受土壤类型、水环境和气候条件等主要环境因素的影响。西线调水将使水库坝下临近河段水量明显减少,但对土壤类型无影响,对局地气候和地下水的影响主要表现在坝下局部地区。调水后,坝下河道水位的下降不会改变地下水向江水补给的基本格局,不会引起下游近距离河段地下水位的明显变化;坝址下游的河谷绝大部分为"U"形河谷,调水对下游主要表现在径流减少,水位变浅,而水面宽度仅缩小 3‰～5‰,故调水后水面蒸发量的变化微小,不会导致陆面蒸发量的大幅度增减,坝址下游小气候变化不明显。因此调水不会引起坝址下游临近河段植物种群的明显变化。

由于每座水库的调水量不同,因此对坝址下游植物的影响范围也不同,但总体来看,水量变化明显河段基本上在距坝址 30km 范围之内。在此距离内主要影响到的植被有:热巴坝址下游为混交林(云杉、冷杉、高山栎、杨)、杜鹃花、沙棘灌丛、亚高山草甸(四川嵩草、风毛菊);阿安坝址下游为杜鹃花灌丛、高山栎灌丛、亚高山草甸(四川嵩草、风毛菊);仁达坝址下游为混交林(云杉、冷杉、高山栎、杨)、亚高山草甸(四川嵩草、风毛菊);珠安达坝址下游为杂类草高寒草甸、针叶林;霍那坝址下游为混交林(云杉、冷杉、高山栎、杨)、杜鹃花灌丛;克柯坝址下游为杂类草草甸。由于下泄水量减少,水位下降,对这些植被的发展、演替可能产生一些影响,但由于这些区域地处高山峡谷地带,影响不可能很大,类比高原上已有的水库,如青海龙羊峡水库、黑泉水库等河流截流水量减少并未引起生态系统和种群的破坏。在有河漫滩发育的河谷中由于水量减少、水位下降,原先生长的湿生性植物逐渐被中生或旱生物种所代替,在野外调查中发现以毛茛科植物为主,毛茛科植物对水量变化最为敏感,湿生性毛茛植物逐渐被中生或旱生毛茛物种所代替。对每一群落具体的演替规律认知需经过长期的生态监测后才能科学预测,因此对这一问题有待于进一步研究。

自然界中演替向两个方向发展,即正向演替和逆向演替,但总的看来群落不遭到严重破坏和大量外来入侵种的侵入,植被在自我调节和恢复的情况下发生着正向演替,维持生态系统的平衡;如果群落遭到外界的干扰和影响大于自身调节能力时,系统平衡便被打破,原有生态系统崩溃瓦解,发生逆向演替。因此建议在施工过程中注意保护,施工后进行合理的人工补种、养护、封育、禁牧等措施。

3.2.4　对下游宽谷段两岸植被的影响

影响区内的滩地主要指沿河两岸的开阔带(图3.2-1),分布在各县城的上游和下游附近,水资源和生物资源丰富,为重点保护区域。这些区域也是淡水湖泊湿地和河流湿地较多的地区,国家级的重点保护鸟类和高原鱼类较多,但由于过度放牧和农业围垦以及人为活动,对湿地的影响和破坏与日俱增;加之雅砻江水力资源即将开发,大规模梯级电站的修建,一些珍稀鱼类和两栖类将会由于失去适宜生存的生态环境而逐步消失,河流湿地的生物多样性将大大降低。

受影响较大的是河谷两岸浅滩河段的植被。水库的运行调度以及丰枯水位的变化会出现消落区。频繁的水陆交替运动,使植被具有每年多次更替的特征,并以耐湿、速生草本植物组成为主。更替后的植被,适应性强,生长速度快,可在短时间内发展成为优势种群,组成小群落。同时由于河水漫滩的几率减少,消减了汛期洪水,使草本向灌木演替,依赖于河流周期性淹没的植被物种减少,不依赖河流周期性淹没的植被得到充分发育,成为优势物种,总体而言,宽谷浅滩河段滨河植被的物种总数减少,生物多样性会降低。对坝下临近河段的湿地和县城附近的两岸滩地的影响分析如下。

炉霍县城两岸滩地

炉霍宗仁达湿地

甘孜县城两岸滩地

色达县城的滩地

班玛县城附近的滩地　　　　　　　　　　　　阿坝县城的滩地

图 3.2-1　湿地及县城附近的滩地

（1）植被退化敏感性

影响植被生长的自然条件主要是气候，其次是土壤、地貌及岩性等，其中气候条件中水热要素与植物的生长关系尤为密切。结构的复杂程度影响到生态系统的功能，一般结构越复杂，其生产与生态功能越强，实际情况表明，结构复杂的生态系统，稳定性也越高，因此，生产与生态功能强的生态系统对外力作用反应的敏感性就越小。水分功能的丧失，湿生植被演变为中生或旱生植被，覆盖率降低，地表蒸腾蒸发增加，会人为加剧本地区的干旱化、盐渍化和风沙化程度。经四川省林业科学研究院计算，中仁达河谷湿地总需水量为 $5297589m^3/a$，要求流量为 $0.07m^3/s$，目前的下泄水量能够满足要求，南水北调西线工程不会造成湿地水文条件的明显改变，因此不会引起大面积的植被退化。

现场的调查表明，中仁达湿地及县城两岸的滩地，其植物种类主要是：菊科，如川藏蒲公英、矮火绒草、钻叶火绒草、侧茎垂头菊、紫苑、禾叶凤毛菊、长毛凤毛菊、箭叶橐吾、黄帚橐吾等；毛茛科，如矮金莲花、云生毛茛等；蓼科，如圆穗蓼、掌叶大黄等；龙胆科，如大花龙胆、蓝白龙胆、秦艽等；唇形科，如独一味、蓝花荆芥、密花香薷等；蔷薇科，如金露梅、高山绣线菊等；胡颓子科，如沙棘等；禾本科，如糙野青茅等。灌木主要是怪柳，其他绝大部分是草本植物，尤其以菊科种类最为丰富，体现了草原湿地的地理特征（部分植物见图 3.2-2）。从科来看，绝大部分属于世界广布，从属来看，这些属大多数在我国普遍分布，如早熟禾属、灯心草属、苔草属、毛茛属、蓼属等。其中，苔草属是我国第二大属，种类丰富；毛茛属分布于各大州，包括北极和热带高山，无疑以温带为大本营。灯心草属、苔草属、早熟禾属和毛茛属都是高山湿地的常见类型。因此，岸边带个别植物的减少，不会对整个湿地环境造成大的影响。

图 3.2-2　两岸滩地部分植物

值得注意的是,在甘孜县城两岸的滩地上,生长着大面积的狼毒花,它的根系很大,吸水能力极强,生长起来就会汲取所有的水分,使别的植物枯死,最后只剩自己存活。它能适应干旱寒冷气候,周围的草本植物很难与之抗争,而且根很深,非常难彻底铲除。狼毒花是草原蜕变为沙漠的最后一道风景线,在我国某些地区现已被视为草原荒漠化的一种灾难性的警示和一种生态趋于恶化的潜在指标。因此,应控制放牧,使两岸草地休养生息,遏制生态恶化的趋势。

(2)生产力变化的敏感性

湿地生态系统的稳定性很大程度上取决于其水源的稳定性。水文条件能直接改变湿地的物理化学性质,进而影响到物种组成和丰度、第一性生产力、有机物质的积累和营养循环。水导致独特的植物组成,但限制或增加种的丰度。静水湿地或连续深水湿地的生产力都很低。通常有高能量的水流,或有脉冲性水周期的湿地生产力最高(如:洪泛湿地)。湿地生态系统的一切生态过程都是以固定的水文格局为基础的,正是由于其系统结构对水文条件的依赖性,湿地生态系统才显得脆弱,以至于一旦失去水,其系统面貌便会发生根本性的转变。不同类型湿地的脆弱性有所差异,高水能湿地(如:洪泛湿地)中由于有机质积累很少,只要水源被截断,其生态系统类型就迅速转变,系统具有明显的脆弱性。

南水北调西线工程对两岸湿地的影响是导致一些植物生物量的减少,但工程建设不改变湿地的水文循环过程,通过下泄生态流量及合理的生态调度措施,可以保证两岸滩地对水分的需求,不会引起大面积的植被退化,因此不会导致其生态系统的转变。而且岸边生长的植物优势种为草本植物毛茛科的云生毛茛和矮金莲花及灌木柽柳,柽柳的根很长,可以吸到深层的地下水,还有很强的抗盐碱能力,是最能适应干旱沙漠生活的树种之一,且两者均为广布种,水量减少引起两岸植物生产力的改变很有限。

3.2.4 对珍稀保护植物的影响

南水北调西线工程对珍稀保护植物的影响途径为水库淹没与占地影响、坝址下游水文情势变化影响。

3.2.4.1 水库淹没对珍稀保护植物影响分析

根据已有成果,结合补充调查,影响范围内共有保护植物16种,实际调查到珍稀保护植物4种——紫果冷杉发现于鲜水河,红豆杉发现于足木足河,星叶草发现于玛柯河(霍那坝址下游),山莨菪发现于色曲(洛若坝址下游),均位于各调水河流坝址下游。

通过珍稀保护植物生境条件与水库淹没高程比对分析水库淹没对珍稀保护植物的影响。经过分析,南水北调西线工程蓄水后可能影响到的珍稀保护植物有虫草、长苞冷杉、白皮云杉、紫果云杉、紫果冷杉、星叶草、独叶草、中国沙棘、山莨菪,水库淹没对珍稀保护植物影响分析详见表 3.2-1。由于珍稀保护植物在调水河流均是广泛分布,水库淹没会造成它们一定资源量损失,但这些植物在调水河流上仍能维持一定的种群规模,水库淹没对它们的种群生存不会产生显著影响。

表 3.2-1　　　　　　　　　　　　　　水库淹没对珍稀保护植物影响分析表

种类	生境条件及高程分布	坝址高程/ 正常蓄水位	是否 影响
虫草	广泛分布于 4000m 以上的高山草甸中		是
长苞冷杉	玛柯河、杜柯河河谷海拔 3400～4200m 的阴坡、半阴坡处		是
白皮云杉	海拔 2600～3600m 的阴坡、半阴坡处		是
康定云杉	大渡河流域金川、马尔康海拔 1500～2200m 的河边半阴坡或滩地上		否
麦吊云杉	玛柯河、杜柯河中段河谷海拔 2500～3000m 的阴坡、半阴坡处		否
紫果云杉	玛柯河林区、杜柯河林区海拔 2600～3800m 的阴坡、半阴坡处	坝址高程 3470m（克柯 Ⅱ）～3747m（洛 若坝址）； 水库正常蓄水 位范围：3565m （克柯 Ⅱ 库 区 ）～ 3758m （洛若库区）	是
紫果冷杉	主要分布在大渡河河谷海拔 2400～3800m 的阴坡、半阴坡处		否
油麦吊云杉	玛柯河、杜柯河中段河谷海拔 2500～3000m 的阴坡、半阴坡处		否
岷江柏木	大渡河流域金川、马尔康海拔 1500～2200m 的河边半阴坡或滩地上		否
红豆杉	零星分布于大渡河流域金川、马尔康海拔 2400～2800m 的沟谷地带,散布于其他林内		否
星叶草	广泛分布,常见于区壤塘、色达、班玛、阿坝县境内海拔 3100～4500m 的森林、灌丛下		是
独叶草	广泛分布,常见于区壤塘、色达、班玛、阿坝县境内海拔 3100～4500m 的森林、灌丛下		是
光核桃	炉霍、色达北部、年龙等地海拔 2600～3000m 的河谷或山坡灌丛中		否
大叶柳	金川、马尔康、炉霍等境内海拔 2600～3200m 的沟边林下		否
中国沙棘	炉霍、甘孜、色达、壤塘、班玛等地海拔 2500～3800m 的沟谷地带		是
山莨菪	海拔 3500～4000m 的路边灌丛或者草甸上		是

3.2.4.2　坝址下游水文情势变化对珍稀保护植物影响分析

已有成果中,中国科学院地理科学与资源研究所通过分布式生态水文模型模拟、同位素方法,均证明调水河流地区植被需水、河道径流、地下水等主要受大气降水补给,因此,坝址下游水文情势变化对各坝址下游河道两岸植被影响微弱。

坝址下游水文情势变化会对坝址下游河漫滩植被产生影响。外业补充调查中,在坝址下游的河漫滩设样地进行植被调查(河漫滩样地调查点位 7 处),河漫滩植被主要为乌柳、沙棘群落,各调查点位中均没有发现珍稀保护植物,因此坝址下游水文情势变化对珍稀保护植物影响较小。

3.2.4.3 珍稀保护植物影响分析小结

南水北调西线调水的水库蓄水可能影响到的珍稀保护植物有虫草、长苞冷杉、白皮云杉、紫果云杉、紫果冷杉、星叶草、独叶草、中国沙棘、山莨菪，由于这些植物在调水河流广泛分布，由此工程建设不会对珍稀保护植物种群生存产生显著影响；坝址下游水文情势变化对两岸植被影响微弱，通过调查，坝址下游河漫滩植被主要是乌柳、沙棘灌丛，已有的样方调查点位中均未发现珍稀保护植物，因此，工程对坝址下游珍稀保护植物影响较小。总体来说，工程建设可能会造成珍稀保护植物种群资源量的损失，但不会对种群生存产生明显影响，工程建设对珍稀保护植物的影响程度是可以接受的。

3.3 陆生动物

3.3.1 陆生动物种类

(1) 鸟类

研究范围内分布有鸟类 14 目 34 科 196 种，野外调查到 85 种鸟类。属于国家Ⅰ级保护鸟类 9 种，Ⅱ级保护动物 26 种；观察到的鸟类占工程区 196 种鸟类的 43.36%。按照 196 种鸟类区划，古北界 136 种，东洋界 19 种，广布两界 41 种；分别占总种数的 69.4%，9.7%，20.9%。以古北界种类占有优势，其次为广布种，而东洋界种类占有比例很小。

鸟类中属于国家Ⅰ级保护动物的有金雕（*Aquila cgrysaetos daphanea*）、玉带海雕（*Haliaeetus leycoryphus*）、胡兀鹫（*Ccytmet barbatus hemachalanus*）、雉鹑（*Tetraophasis lpestris obscurus szechenyii*）、绿尾虹雉（*Lopaopaor lhuysii geoffroy*）、黑颈鹤（*Gms nigricollis*）等 9 种；Ⅱ级保护动物的有大天鹅（*Cygnuscunus*）、疣鼻天鹅（*Cygnus olor*）、鸢（*Milvus korschun lineatus*）、雀鹰（*Accipiter nisus melaschistos*）、松雀鹰（*Accipiter virgatus*）、大鵟（*Buteo hemilasius*）、草原雕（*Aquila rapax nipalensis*）、乌雕（*Aquila clanga*）、林雕（*Ictinaetus malayensis*）、秃鹫（*Aegypius monachus*）、猎隼（*Falco cherrug milvis*）、燕隼（*Falco subbuteo*）、红隼（*Falcotinnunculus interstinctus*）、斑尾榛鸡（*Tetrastes s. sewerzowi*）、淡腹雪鸡（*Tetraogallus tibetanus przewlskii*）、白马鸡（*C. c. dolani*）、蓝马鸡（*Crossoptilon auritum*）、灰鹤（*Gms grus*）等 26 种（附图 2）；属于国家Ⅰ级和Ⅱ级保护动物的鸟类占鸟类种数的 17.86%；其中雁形目 3 种，鹤形目 2 种，隼形目 15 种，鸡形目 10 种，鹳形目 2 种，鸮形目 2 种，鸳形目 1 种。隼形目的猛禽占比最大，其次为鸡形目鸟类，其余各目鸟类都少，最少的是鸳形目鸟类，只有 1 种。

中国特有种有鸡形目雉科的雉鹑、绿尾虹雉、蓝马鸡和红腹锦鸡，雀形目鸦科的褐背拟地鸡和鹟科的大噪鹛、橙翅噪鹛、高山雀鹛等 8 种,占鸟类种数的 4.08%。其中鸡形目鸟类 4 种,雀形目 4 种。

这些珍稀鸟类很难在野外看到,其中有些可能是由于区域地形条件复杂,沟壑纵横,水系发育,地域广阔,难以进行全面调查;也不排除确有一些种类可能因栖息地生境状况变化所致。

(2)兽类

兽类共分布有 7 目 17 科 56 种,按照 56 种动物的区划,各界的大致情况为:古北界 33 种,占种数的 58.9%,东洋界 18 种,占 32.1%,广布种 5 种,占 9.0%。其中以古北界占的比例为最大,其次为东洋界。

分布有国家保护种类 25 种,属于国家 Ⅰ 级保护种类的有雪豹(*Panthera uncia*)、豹(*Panthera pardus*)、白唇鹿(*Cervus albirostris*)、扭角羚(*Budorcas taxicolor*)、西藏野驴(*Equus kiang*)5 种,占兽类种数的 8.9%;属于国家 Ⅱ 级保护种类的有猕猴(*Macaca mulatta*)、藏酋猴(*Macaca thibelana*)、豺(*Cuon alpinus*)、黑熊(*Selenarctos thibetanus*)、小熊猫(*Ailurus fulgens styani*)、石貂(*Martes foina*)、小爪水獭(*Aonyx cinerea*)、水獭(*Lutra lutra*)、荒漠猫(*Felis bieti*)、兔狲(*Felis manul*)、猞猁(*Lynx lynx*)、林麝(*Moschus berezovskii*)、马麝(*Moschus sifanicus*)、马鹿(*Cervus elaphus*)、水鹿(*Cervus unicolor*)、藏原羚(*Procapra picticaudata*)、鬣羚(*Capricornis sumatraensis*)、斑羚(*Nemorhedus goral*)、盘羊(*Ovis ammon*)、岩羊(*Pseudois nayaur*)等 20 种,占兽类种数的 35.7%;属于国家 Ⅰ 级和 Ⅱ 级保护动物的兽类占兽类种数的 44.6%;其中食肉目 11 种,偶蹄目 11 种,灵长目 2 种,奇蹄目 1 种。

中国特有种有猕猴、狼、豺、藏狐、黑熊、小熊猫、石貂、水獭、狗獾、猪獾、荒漠猫、兔狲、林麝、马麝、白唇鹿、马鹿、藏原羚、盘羊、岩羊、喜马拉雅旱獭、西藏野驴 21 种,占兽类种数的 37.5%。其中食肉目 11 种,偶蹄目 7 种,啮齿目、奇蹄目和灵长目各 1 种。

(3)两栖爬行类

研究范围内缺少系统的两栖爬行类详细的调查资料。根据野外调查和有关文献资料,两栖类 2 目 4 科 9 种,爬行类初步记载 1 目,5 科,17 种,可能的实际种数更多。两栖爬行类科数和种数见表 3.3-1。

表 3.3-1　　　　　　　　　　　　研究范围内两栖爬行类名录

纲	目	科	种
两栖纲 Amphibia	有尾目 Caudata	小鲵科 Hynobiidae	西藏山溪鲵 Batrachuperux tibetanus
	无尾目 Anura	锄足蟾科 Pelobatidae	西藏齿突蟾 Scutigerboulengri
			胸腺齿突蟾 Scutiger glandulatus
			刺胸齿突蟾 Scutiger mammatus
		蛙科 Ranidae	倭蛙 Namorana pleskei
			高原林蛙 Rana kukunoris
		蟾蜍科 Bufonidae	中华蟾蜍 Bufo garffarizans
			岷山蟾蜍 Bufo minshanicus
			西藏蟾蜍 Bufo tibetanus
爬行纲 Reptilia	有鳞目 Squamata	鬣蜥科 Agamidae	草绿攀蜥 Japalura flaviceps
			红原沙蜥 Phrynocephalus hongyuanensis
		壁虎科 Gekkonidae	蹼趾壁虎 Gekko subpalmatu
		石龙子科 Scincidae	大渡石龙子 Eumeces tunganus
			蝘蜓 Lygosoma indicum
			康定滑蜥 Scincella potanini
		蛇蜥科 Ophisauridae	脆蛇蜥 Ophisauras harti
		游蛇科 Cohbridae	锈链腹链蛇 Amphiesma craspedogaster
			白条锦蛇 Elaphe dione
			翠青蛇 Opheodrys major
			颈槽游蛇 Rhabdophis nuchafis
			虎斑颈槽蛇 Rhabdophis lateralis
			乌梢蛇 Zaocys dhumnades
		蝰科 Viperidae	高原蝮 Gloydius strauchii
			菜花原矛头蝮 Protobothrops jerdonii
			菜花烙铁头 Trimeresurus jerdonii

3.3.2　珍稀保护动物种类

根据已有成果,结合补充调查,研究范围内有珍稀保护动物约 55 种。其中国家Ⅰ级保护动物有 12 种,国家Ⅱ级保护动物有 42 种。分布图见附图 2。

3.3.2.1　兽类

兽类中属于国家Ⅰ级保护种类的有雪豹、豹、白唇鹿 3 种;属于国家Ⅱ级保护种类的有猕猴、藏酋猴、豺、黑熊、石貂、小爪水獭、水獭、荒漠猫、兔狲、猞猁、林麝、马麝、马鹿、水鹿、藏原羚、鬣羚、斑羚、盘羊、岩羊 19 种;中国特有种有猕猴、豺、黑熊、石貂、水獭、荒漠猫、兔狲、林麝、马麝、白唇鹿、马鹿、藏原羚、盘羊、岩羊 14 种,珍稀保护及特有兽类详见表 3.3-2。

表 3.3-2 珍稀保护和特有兽类名录

科	种	保护级别	数据来源			备注
			文献整理	走访调查	现场调查	
猫科 Felidae	雪豹 Panthera uncia	Ⅰ级	√			
	豹 Panthera pardus	Ⅰ级	√			
鹿科 Cervidae	白唇鹿 Cervus albirostris	Ⅰ级	√			特有
猴科 Cercopithecida	猕猴 Macaca mulatta	Ⅱ级	√			特有
	藏酋猴 Macaca thibelana	Ⅱ级	√			
犬科 Canidae	豺 Cuon alpinus	Ⅱ级	√			特有
熊科 Ursidae	黑熊 Selenarctos thibetanus	Ⅱ级	√			特有
鼬科 Mustelidae	石貂 Martes foina	Ⅱ级	√			特有
	小爪水獭 Aonyx cinerea	Ⅱ级	√			
	水獭 Lutra lutra	Ⅱ级	√			特有
猫科 Felidae	荒漠猫 Felis bieti	Ⅱ级	√			特有
	兔狲 Felis manul	Ⅱ级	√			特有
	猞猁 Lynx lynx	Ⅱ级	√			
麝科 Moschidae	林麝 Moschus berezovskii	Ⅱ级	√			特有
	马麝 Moschus sifanicus	Ⅱ级	√			特有
鹿科 Cervidae	马鹿 Cervus elaphus	Ⅱ级	√			特有
	水鹿 Cervus unicolor	Ⅱ级	√			
牛科 Bovidae	藏原羚 Procapra picticaudata	Ⅱ级	√			特有
	鬣羚 Capricornis sumatraensis	Ⅱ级	√			
	斑羚 Nemorhedus goral	Ⅱ级	√			
	盘羊 Ovis ammon	Ⅱ级	√			特有
	岩羊 Pseudois nayaur	Ⅱ级	√			特有

3.3.2.2 鸟类

国家Ⅰ级保护鸟类有金雕、玉带海雕、胡兀鹫、雉鹑、绿尾虹雉、黑颈鹤等 9 种;Ⅱ级保护鸟类大天鹅、疣鼻天鹅、黑鸢、雀鹰、大鵟、秃鹫、猎隼、红隼、蓝马鸡等 23 种;中国特有种有鸡形目雉科的雉鹑、绿尾虹雉、蓝马鸡,雀形目鹟科的大噪鹛、橙翅噪鹛、高山雀鹛等 6 种,研究范围内珍稀保护及特有鸟类详见表 3.3-3。

表 3.3-3 研究范围内珍稀保护及特有鸟类名录

科	种	保护级别	数据来源			备注
			文献整理	走访调查	现场调查	
鹭科 Ardeidae	白鹳 Ciconia ciconia boycianan	Ⅰ级	√			
鹰科 Accipitridae	金雕 Aquila chrysaetos	Ⅰ级	√			
	玉带海雕 Haliaeerus leucoryphus	Ⅰ级	√			
	胡兀鹫 Gypaetuss barbatus hemachalanus	Ⅰ级	√			
松鸡科 Etraonidae	斑尾榛鸡 Bonasa sewerzowi	Ⅰ级	√			
雉科 Phasianidae	雉鹑 Tetraophasis obscurus	Ⅰ级	√			特有
	绿尾虹雉 Lophophorus lhuysii	Ⅰ级	√			特有
鹤科 Gruidae	黑颈鹤 Grus nigricollis	Ⅰ级	√			
鸭科 Anatidae	中华秋沙鸭 Mergus squamatus	Ⅰ级	√			
鸭科 Anatidae	小天鹅 Cygnus columbianus	Ⅱ级	√			
	大天鹅 Cygnus columbianus	Ⅱ级	√			
	疣鼻天鹅 Cygnus olor	Ⅱ级	√			
鹰科 Accipitridae	黑鸢 Milvus korschun linestus	Ⅱ级	√			
	雀鹰 Accipiter nisus	Ⅱ级	√			
	苍鹰 Accipiter gentiles	Ⅱ级	√			
	大鵟 Buteo hemilasius	Ⅱ级	√			
	普通鵟 Buteo buteo	Ⅱ级	√			
	秃鹫 Aegypius monachus	Ⅱ级	√			
	高山兀鹫 Gypaetuss himalayensis	Ⅱ级	√			
隼科 Falconidae	猎隼 Falco cherrug	Ⅱ级	√			
	游隼 Falco peregrinus	Ⅱ级	√			
	红隼 Falco tinnunculus	Ⅱ级	√			
雉科 Phasianidae	藏雪鸡 Tetraogallus tibetanus	Ⅱ级	√			
	血雉 Ithaginis cruentus	Ⅱ级	√			
	勺鸡 Pucrasia macrolopha	Ⅱ级	√			
	白马鸡 Crossoptilon crossoptilon	Ⅱ级	√			
	蓝马鸡 Crossoptilon auritum	Ⅱ级	√			特有
鸱鸮科 Tytonidae	雕鸮 Bubo bubo	Ⅱ级	√			
	纵纹腹小鸮 Athene noctua	Ⅱ级	√			
鹟科 Muscicapidae	大噪鹛 Garrulax maximus		√			特有
	橙翅噪鹛 Garrulax ellioti		√			特有
	高山雀鹛 Alcippe striaticollis		√			特有

3.3.3　珍稀保护动物生物学特征

（1）兽类

根据已有成果,结合最新收集资料及文献检索成果,对研究范围内珍稀保护兽类地理分布、生境特征、分布高程、生活习性、工程区种群规模统计,珍稀保护动物生物学特征详见表 3.3-4。

表 3.3-4　　　　　　　　　　　珍稀保护兽类生物学特征表

物种	地理分布	生境特征	分布高程	生活习性/活动范围	工程区种群数量
Ⅰ级保护动物及特有种					
雪豹	四川、青海、西藏、新疆、内蒙古、山西均有分布;四川省境内甘孜州、阿坝州有分布	栖息于雪线附近多岩石的草原和草甸	4000m以上	冬季追逐食物,下降到较低的山岭和沟谷,活动范围较广	+
豹	中国东北、南方、青藏高原均有分布	山地森林	2000～3000m	独栖,领域很大。食物丰富时,活动范围较固定;食物缺乏时,游荡数十公里觅食	+
白唇鹿	广泛分布于青藏高原东部、跨越甘肃省南部、青海省东部、四川省西部、西藏自治区东北部以及云南省北部;四川省境内石渠县种群数量约1000头;德格县种群数量约200头;白玉县种群数量约3000头;道孚、炉霍、甘孜、色达有少量	高原荒漠、高山草甸草原和高山灌丛	4000～5000m	迁徙能力很强,活动范围很大;夏季在5000m的高山草原度过;冬季向海拔较低的灌木林移动	+
Ⅱ级保护动物及特有种					
猕猴	河北、云南、贵州、四川、青海、陕西、广西、广东、福建、浙江、安徽	树栖性,石山峭壁	3000～4000m	群栖	+
藏酋猴	青藏高原	高山峡谷的阔叶林、针阔混交林或稀树多岩的地方	2540～3600m	群栖,一般40～50只	+
豹	北京、山西、内蒙古、辽宁、江苏、四川等	山地草原、亚高山草甸及山地疏林	2540～3800m	群栖,居住岩石缝隙、天然洞穴	+

物种	地理分布	生境特征	分布高程	生活习性/活动范围	工程区种群数量
黑熊	分布于我国西南区,主要分布在西藏,尤以藏东南为主	林栖动物,主要栖息于混交林或阔叶林中	1000~3000m	日活动范围0.5km²,年活动范围30~40km²;有冬眠习性,一般于11月至次年3月	+
石貂	分布在西北、华北、西南多省区	多石的高寒高原灌丛草甸、山林	3000~4000m	—	+
小爪水獭	—	河流	3400~4500m	—	+
水獭	广泛分布于国内南北各地	半水栖,也栖息在竹林、草灌丛中	—	—	+
荒漠猫	新疆、青海、甘肃、内蒙古、陕西、四川	高山草甸、高山灌丛、荒漠半荒漠和黄土丘陵干草原	3400~4500m	生活有规律,早晨、黄昏及夜间出来活动,白天休息。除繁殖期外,喜独居生活	+
兔狲	西藏、新疆、青海、甘肃、内蒙古、河北、四川西部	灌丛草原、荒漠草原、荒漠和戈壁森林的岩石缝隙或石洞	3400~4500m	常单独栖居于岩石缝隙或利用旱獭的洞穴;以野禽、旱獭或各种鼠类为食	+
猞猁	北方各省和青藏高原	山地森林、灌丛草甸	3400~4500m	独居	+
林麝	宁夏、陕西、四川、西藏、安徽、云南、贵州等	针阔混交林	2000~3800m	独居,有相对固定兽径;典型晨昏活动类型,每天天明前后和天黑前后各有一个活动高峰期	+
马麝	青海、甘肃、四川、西藏、陕西	林线上缘的高山灌丛、草甸	3300~4500m	一般采食、排粪、标记及栖息都有相对固定的地点,受惊后暂时逃离栖息地,不久又返回原地	+

续表

物种	地理分布	生境特征	分布高程	生活习性/活动范围	工程区种群数量
马鹿	四川、青海、西藏	山谷或向阳山坡	3500～5000m	集小群活动	＋
水鹿	四川、云南、江西等地；四川境内分布在四川北部和西北部	热带和亚热带林区、草原、阔叶林、稀树草原及高原地区	2000～3700m	群栖，夜间活动，来回在森林与高山灌丛之间；觅食和饮水路径比较固定	＋
藏原羚	四川、西藏、青海、新疆、甘肃、内蒙古；四川境内分布于川西北	高寒草甸和干草原地带	3000～5100m	群栖，活动范围广，无固定地	＋
鬣羚	甘肃、青海、四川、云南、西藏、江西等地	裸岩、陡岩、森林、灌丛草甸	3400～4000m	常独栖，偶有 2～5 只小群	＋
斑羚	黑龙江、吉林、河北、内蒙古、陕西、四川、云南等；四川境内分布于四川西部	林栖动物，最高不超过森林分布的上线	3000～3500m	清晨和黄昏觅食	＋
盘羊	新疆、青海、甘肃、西藏、四川、内蒙古等	半开阔的高山裸岩带及起伏的山间丘陵	3500～5500m	—	＋
岩羊	青海、新疆、甘肃、陕西、云南、四川	林线以上高原、丘原和高山裸岩与山谷间的草甸	4000～5500m	群居，清晨和黄昏觅食；无固定兽径和栖息场所	＋

注："—"表示未收集和检索到相关资料；"＋"表示数量稀少；"＋＋"表示数量较多；"＋＋＋"表示数量多

(2)鸟类

根据已有成果，结合最新收集资料及文献检索成果，对研究范围内珍稀保护鸟类地理分布、生境特征、分布高程、生活习性、工程区种群规模统计，珍稀保护动物生物学特征详见表 3.3-5。

表 3.3-5 　　　　　　　　　　　珍稀保护鸟类生物学特征表

物种	地理分布	生境特征	分布高程	生活习性/活动范围	工程区种群数量
Ⅰ级保护鸟类及特有种					
白鹳	东北、河北、四川、长江下游等地	湿地	3000～4000m	夏季繁殖,在大树高处以枝丫、茅草营巢;在研究范围属旅鸟	+
金雕	黑龙江、吉林、辽宁、内蒙古、新疆、青海、甘肃、四川等地	灌丛、草甸、裸岩	3000～5000m	性凶猛而力强,繁殖期2—3月,多营巢于难以攀登的悬崖峭壁的大树上;在研究范围属旅鸟	+
玉带海雕	新疆、青海、甘肃、内蒙古、黑龙江、西藏、四川等地;四川境内分布在红原、阿坝、石渠等地	灌丛、草甸	3000～5000m	繁殖期为11月至次年3月,营巢在湖泊、河流边高大乔木上;在研究范围属旅鸟	+
胡兀鹫	河北、山西、内蒙古、甘肃、青海、宁夏、新疆、云南、四川、西藏等地	灌丛、草甸、裸岩	3000～5000m	以大型动物尸体为食,筑巢在海拔4000m以上的峭壁上的缝隙、岩洞;在研究范围属留鸟	+
斑尾榛鸡	青海、甘肃、四川及西藏	高山灌丛、草地和冷云杉林缘地带	3600～4300m	繁殖期为5—7月,在研究范围属留鸟	+
雉鹑	川西高原东北部	针叶林、高山灌丛及林线以上的岩石苔原地带	3500～4500m	除繁殖期多成对或单独活动外,其余呈小群活动;善于地面行走,不善飞翔;在研究范围属留鸟	+
绿尾虹雉	青海东南部、甘肃南部山区、四川康定等地山区	高山、亚高山草甸、灌丛和裸岩地带	3300～5000m	常成对或小群活动;在研究范围内属留鸟	+

续表

物种	地理分布	生境特征	分布高程	生活习性/活动范围	工程区种群数量
黑颈鹤	青藏高原及边缘地区	沼泽、农田、河滩地	2200～5000m	越冬地在西藏中南部的雅鲁藏布江河谷地带、云南西部和东北部;繁殖地在青海、西藏、四川、甘肃、新疆五省(区),若尔盖湿地为其重要的繁殖地;繁殖期为 4—7 月,在研究范围属夏候鸟	+
中华秋沙鸭	长白山及大、小兴安岭地区、四川等地;四川境内在壤塘、石渠、阿坝有发现	沼泽、湿地		繁殖在我国长白山及大、小兴安岭地区,越冬在长江流域以南的广大地区	+
Ⅱ级保护鸟类及特有种					
小天鹅	欧洲、亚洲北部、中亚、中国及日本	水域、湿地	3000～3500m	每年 3 月份北迁,筑巢于河堤的芦苇丛中,研究范围属旅鸟	+
大天鹅	河北、山西、内蒙古、吉林、黑龙江、甘肃、青海、新疆、陕西、河南、四川、云南等地	水域、湿地	3000～3500m	除繁殖期外成群生活,昼夜均有活动;每年 4 月开始繁殖,筑巢在水流平缓的浅水,在研究范围属旅鸟	+
疣鼻天鹅	内蒙古、辽宁、黑龙江、山东、四川、青海、新疆、河北等地	水域、湿地	3000～3500m	芦苇丛中筑巢;在研究范围属旅鸟	+
黑鸢	广泛分布于国内各地	开阔草地、高山森林和林缘地带	3000～5000m	筑巢在高大树上,在研究范围属留鸟	+
雀鹰	欧亚大陆及非洲北部,我国的西南地区	山地森林和林缘地带	3000～3500m	春季于 4—5 月迁到繁殖地,秋季于 10—11 月离开繁殖地;在研究范围属夏候鸟	+

物种	地理分布	生境特征	分布高程	生活习性/活动范围	工程区种群数量
苍鹰	国内分布于河北、山西、内蒙古、辽宁、吉林、黑龙江、四川、贵州、云南、西藏、陕西、甘肃、新疆等地	灌丛、草甸	3000~4000m	4月下旬迁到研究范围,5月初配对,8月中旬迁飞;在研究范围属旅鸟	+
大鵟	国内分布于黑龙江、吉林、辽宁、内蒙古、西藏、新疆、青海、甘肃等地	山地、草原地带	3300~4500m	单独或成小群活动,繁殖期为5—7月;通常营巢于悬崖峭壁或树上;在研究范围属留鸟	+
普通鵟	欧亚大陆及非洲北部,国内分布于西南地区	针叶林、灌丛、草甸	3000~3500m	繁殖期为5—7月,营巢于林缘或森林中的高大树上;在研究范围属夏候鸟	+
秃鹫	河北、山西、内蒙古、辽宁、吉林、黑龙江、四川、西藏、陕西、甘肃、青海、新疆等地	灌丛、草甸、裸岩	3000~5000m	栖息于高山裸岩上,筑巢于高大乔木上;在研究范围属留鸟	++
高山兀鹫	甘肃、青海、宁夏、新疆、四川、西藏等地	高山、高原草地、荒漠和岩石地带	3000~5000m	以腐肉和尸体为食;在研究范围属留鸟	++
猎隼	新疆、青海、西藏、四川等地	森林、灌丛、草甸、荒漠	3000~4000m	繁殖期为4—6月,营巢在人迹罕至的悬崖峭壁的缝隙中;在研究范围属夏候鸟	+
Ⅱ级保护鸟类及特有种					
游隼	江苏、福建、四川、青海、山东	林间空地、河谷悬崖岩石	3000~4000m	营巢于悬崖、岩石缝隙、土洞;在研究范围属夏候鸟	+
红隼	全国各地均有分布	各种生境,尤以林缘、林间空地、疏林和有稀疏林木生长的旷野、河谷和农田地区	3000~4000m	喜欢单独活动,傍晚时最为活跃;繁殖期为5—7月,营巢于悬崖、山坡岩石缝隙;在研究范围属夏候鸟	+

续表

物种	地理分布	生境特征	分布高程	生活习性/活动范围	工程区种群数量
藏雪鸡	青海、新疆、西藏、四川、甘肃、云南等	裸岩和灌丛草甸带	3000～6000m	在研究范围属留鸟	＋
血雉	青藏高原东部至甘肃的祁连山和陕西的秦岭山脉	森林和灌丛草甸	3000～4500m	繁殖期为4月下旬至6月;在研究范围属留鸟	＋
勺鸡		阔叶林、针阔混交林或针叶林	1000～4000m	常成对或成群活动	＋
白马鸡	西藏、青海、云南、四川等地	高山、亚高山针叶林、针阔混交林	3500～3900m	—	＋
蓝马鸡	青海、甘肃、宁夏、西藏、四川等地	森林、灌丛、草甸	3200～3800m	3—6月繁殖;在研究范围属留鸟	＋
雕鸮		有林山区	—	营巢于岩崖,极少于地面	＋
纵纹腹小鸮	内蒙古、东北、华北、西北以及江苏、山东、河南、四川等地	森林、灌丛草甸、草甸	3000～4000m	主要在白天活动,繁殖期5—7月;在研究范围属留鸟	＋
大噪鹛	甘肃、青海、四川、云南、西藏	亚高山灌丛	—	—	＋
橙翅噪鹛	四川、青海、甘肃、陕西、湖北、云南、西藏等地	阔叶林带和灌丛	1500～3400m	—	＋
高山雀鹛	青海、甘肃、西藏、四川和云南	森林、灌丛中	2800～4100m	结小群栖于多荆棘栎树林及森林,冬季下迁	＋

注:"—"表示未收集和检索到相关资料;"＋"表示数量稀少;"＋＋"表示数量较多;"＋＋＋"表示数量多

3.4　对陆生动物的影响

3.4.1　对动物的影响

引水坝址蓄水后,水库蓄水将会淹没其栖息地。但由于动物的分布区域海拔较高,且有较强的迁徙能力,水库淹没不会对其种群的生存造成明显影响。同时,陆生野生动物对植被资源有较强的依赖性,其生长繁殖与气候条件和植被有关。西线调水对坝址下游地区的局地气候和植被条件不会产生明显的影响,因而,调水不会引起坝下区域动物栖息环境的变化,既不会影响其摄食需要,也不会影响其生存环境的分布和性质。由此预测,调水工程对陆生动物的区系组成、种群结构及资源量均不会产生较大影响,对物种多样性和生态系统多样性不会造成影响。

工程施工有可能影响到的珍稀保护动物中Ⅰ级保护动物有雪豹、豹、白唇鹿、金雕、玉带海雕、胡兀鹫等;Ⅱ级保护动物有蓝马鸡、灰鹤、猕猴、豺、黑熊、荒漠猫、兔狲、林麝、马麝、马鹿、水鹿、藏原羚、鬣羚、斑羚、盘羊、岩羊等。对施工造成的环境变化较为敏感的物种有雪豹、豹、白唇鹿、豺、荒漠猫、兔狲、林麝、马麝、马鹿、水鹿、藏原羚、鬣羚、斑羚、盘羊、岩羊等。工程施工机械产生的噪声会对动物产生一定影响,但此影响随着工程结束后逐渐消失,动物活动逐渐又可自我恢复。

引水枢纽和输水管线在修建完成后,进入调水运行期间,在此期间对动物活动基本不产生影响。在引水枢纽附近由于还存在一部分人类活动,可能会干扰动物的活动,但影响的范围和程度都很小。水库建成蓄水后,相对较大面积水域的出现,库区小气候的改善及库周地下水位的升高,加之水库水量季节性或经营性的调节,在库周局域尺度上微生态系统会发生相应的变化,尤其是植被生长条件的改善为野生动物创造了较好的栖息环境,使库区及库区周围野生动物的种类和数量均有所增加,也可能导致一些湿生植物的出现,进而招引一些鸟类来此栖息,并吸引一些猛禽类、小型动物、大型动物,从而形成一个新的生态系统。但对于工程区内大的生态系统不会产生深刻影响,尤其是在运行期间,人为活动显著减弱,活动强度、频度大大下降,大面积内动物又恢复往常的状态。工程完成后在地表并没有造成大空间隔离带(区),对动物的活动没有造成不可逾越的空间障碍,动物活动场所在空间上仍然是连续的,所以在工程完成后对动物的影响甚微。

总之,调水工程建设对动物没有产生深刻的影响,输水管线和引水枢纽的修建没有明显破坏动物栖息场所,对动物的活动也没造成明显的空间阻隔障碍。另外,野生动物具有主动适应环境变化的能力,它们可以通过调整自身行为的方式来主动适应变化了的环境。

3.4.2 对珍稀保护动物的影响

3.4.2.1 对珍稀保护兽类影响分析

工程建设对珍稀保护兽类的影响途径主要是水库淹没影响、施工期惊扰影响、坝址下游水文情势变化影响。但由于兽类的迁徙性,只要通过加强施工管理,避免人为捕猎,施工期对珍稀保护兽类的影响会降到最低;坝址下游水文情势变化对珍稀保护兽类影响轻微。因此,主要分析水库淹没对珍稀保护兽类的影响。

水库淹没植被类型有森林、灌丛、草甸、农田及水域,造成与植被类型相应的野生动物活动场所的损失。通过比对水库淹没高程与珍稀保护兽类生境条件、海拔高程来分析水库淹没对珍稀保护兽类栖息地的影响。

经分析,水库蓄水不会对雪豹、豹、白唇鹿、黑熊、岩羊栖息地造成淹没影响,可能淹没珍稀保护兽类栖息地的动物有猕猴、藏酋猴、豺、石貂、小爪水獭、水獭、荒漠猫、兔狲、猞猁、林麝、马麝、马鹿、水鹿、藏原羚、鬣羚、斑羚、盘羊,水库淹没对珍稀保护兽类影响分析详见表3.4-1。

表 3.4-1　　　　　　　　　　水库淹没对珍稀保护兽类影响分析

物种	生境特征	分布高程	坝址高程/正常蓄水位	是否影响
雪豹	栖息于雪线附近多岩石的草原和草甸	4000m 以上		否
豹	山地森林	2000～3000m		否
白唇鹿	高原荒漠、高山草甸草原和高山灌丛	4000～5000m		否
猕猴	树栖性,石山峭壁	3000～4000m		是
藏酋猴	高山峡谷的阔叶林、针阔混交林或稀树多岩的地方	2540～3600m		是
豺	山地草原、亚高山草甸及山地疏林	2540～3800m		是
黑熊	林栖动物,主要栖息于混交林或阔叶林中	1000～3000m		否
石貂	多石的高寒高原灌丛草甸、山林	3000～4000m		是
小爪水獭	河流	3400～4500m		是
水獭	半水栖,也栖息在竹林、草灌丛中	—	坝址高程 3470m（克柯Ⅱ）～3747m（洛若坝址）; 水库正常蓄水位范围:3565m（克柯Ⅱ库区）～3758m（洛若库区）	是
荒漠猫	高山草甸、高山灌丛、荒漠半荒漠和黄土丘陵干草原	3400～4500m		是
兔狲	灌丛草原、荒漠草原、荒漠和戈壁森林的岩石缝隙或石洞	3400～4500m		是
猞猁	山地森林、灌丛草甸	3400～4500m		是
林麝	针阔混交林	2000～3800m		是
马麝	林线上缘的高山灌丛、草甸	3300～4500m		是
马鹿	山谷或向阳山坡	3500～5000m		是
水鹿	热带和亚热带林区、草原、阔叶林、稀树草原及高原地区	2000～3700m		是
藏原羚	高寒草甸和干草原地带	3000～5100m		是
鬣羚	裸岩、陡岩、森林、灌丛草甸	3400～4000m		是
斑羚	林栖动物,最高不超过森林分布的上线	3000～3500m		是
盘羊	半开阔的高山裸岩带及起伏的山间丘陵	3500～5500m		是
岩羊	林线以上高原、丘原和高山裸岩与山谷间的草甸	4000～5500m		否

由于猕猴等动物栖息生境均具有多样性,且垂直分布范围较广,水库淹没只对其部分类型的部分栖息地造成损失;同时,这些珍稀保护兽类具有迁徙性,研究范围除水库淹没区外尚有较大面积的类似生境可作为它们的栖息生境。因此,水库淹没不会对猕猴等珍稀保护兽类在调水河流区种群生存产生显著影响。

3.4.2.2 对珍稀保护鸟类影响分析

工程建设对珍稀保护鸟类的影响途径主要是水库淹没影响、施工期惊扰影响、坝址下游水文情势变化影响。由于鸟类的迁徙性较兽类更强,通过加强施工人员管理,避免人为捕猎,施工期对珍稀保护鸟类的影响会降到最低;坝址下游水文情势变化对珍稀保护鸟类影响轻微。因此,主要分析水库淹没对珍稀保护鸟类的影响。

水库淹没植被类型有森林、灌丛、草甸、农田及水域,造成与植被类型相应的鸟类栖息场所的损失。通过比对水库淹没高程与珍稀保护鸟类生境条件、海拔高程来分析水库淹没对珍稀保护鸟类的影响。

经分析,水库蓄水不会对高山雀鹛产生淹没影响;不会对生境条件为水域、湿地、沼泽的白鹳、中华秋沙鸭、小天鹅、大天鹅、疣鼻天鹅产生不利影响;水库蓄水可能会造成以森林、灌丛、草甸为栖息环境的金雕、玉带海雕等鸟类生境条件的损失,水库淹没对珍稀保护鸟类影响分析详见表3.4-2。

表3.4-2 水库淹没对珍稀保护鸟类影响分析

物种	居留型	生境特征	分布高程	是否有影响
白鹳	旅鸟	湿地	3000～4000m	否
金雕	旅鸟	灌丛、草甸、裸岩	3000～5000m	有
玉带海雕	旅鸟	灌丛、草甸	3000～5000m	有
胡兀鹫	留鸟	灌丛、草甸、裸岩	3000～5000m	有
斑尾榛鸡	留鸟	高山灌丛、草甸和冷云杉林缘地带	3600～4300m	有
雉鹑	留鸟	针叶林、高山灌丛及林线以上的岩石苔原地带	3500～4500m	有
绿尾虹雉	留鸟	高山、亚高山草甸、灌丛和裸岩地带	3300～5000m	有
黑颈鹤	夏候鸟	沼泽、农田、河滩地	2200～5000m	有
中华秋沙鸭		沼泽、湿地		否
小天鹅	旅鸟	水域、湿地	3000～3500m	否
大天鹅	旅鸟	水域、湿地	3000～3500m	否
疣鼻天鹅	旅鸟	水域、湿地	3000～3500m	否
黑鸢	留鸟	开阔草地、高山森林和林缘地带	3000～5000m	有
雀鹰	夏候鸟	山地森林和林缘地带	3000～3500m	有
苍鹰	旅鸟	灌丛、草甸	3000～4000m	有

续表

物种	居留型	生境特征	分布高程	是否有影响
大鵟	留鸟	山地、草原地带	3300~4500m	有
普通鵟	夏候鸟	针叶林、灌丛、草甸	3000~3500m	有
秃鹫	留鸟	灌丛、草甸、裸岩	3000~5000m	有
高山兀鹫	留鸟	高山、高原草地、荒漠和岩石地带	3000~5000m	有
猎隼	夏候鸟	森林、灌丛、草甸、荒漠	3000~4000m	有
游隼	夏候鸟	林间空地、河谷悬岩	3000~4000m	有
红隼	夏候鸟	各种生境,尤以林缘、林间空地、疏林和有稀疏林木生长的旷野、河谷和农田地区	3000~4000m	有
藏雪鸡	留鸟	裸岩和灌丛草甸带	3000~6000m	有
血雉	留鸟	森林和灌丛草甸	3000~4500m	有
勺鸡		阔叶林、针阔混交林或针叶林	1000~4000m	有
白马鸡	留鸟	高山、亚高山针叶林、针阔混交林	3500~3900m	有
蓝马鸡	留鸟	森林、灌丛、草甸	3200~3800m	有
雕鸮	留鸟	有林山区	—	有
纵纹腹小鸮	留鸟	森林、灌丛草甸、草甸	3000~4000m	有
大噪鹛	留鸟	亚高山灌丛	—	有
橙翅噪鹛	留鸟	阔叶林带和灌丛	1500~3400m	否
高山雀鹛	留鸟	森林、灌丛中	2800~4100m	有

由于金雕、玉带海雕等鸟类栖息生境均具有多样性,且垂直分布范围较广,水库淹没只对其部分类型的部分栖息地造成损失;同时鸟类具有迁徙性,除水库淹没区外有较大面积的类似生境可作为珍稀保护鸟类的栖息生境。因此,水库淹没不会对珍稀保护鸟类在调水河流区种群生存产生显著影响。

3.4.2.3　珍稀保护动物影响分析小结

水库淹没会导致一部分珍稀保护动物生境损失,由于珍稀保护动物生境均具有多样性,且垂直分布范围较广;同时,动物具有迁徙性,在水库淹没区外可以找到较大面积的类似生境。因此,水库淹没不会对珍稀保护动物种群生存产生显著影响,工程建设对珍稀保护动物的影响程度是可接受的。

3.5　自然系统稳定性影响分析

3.5.1　景观生态体系质量现状评价

景观生态系统的质量现状由生态评价区域内自然环境、各种生物以及人类社会之间复杂的相互作用来决定。从景观生态学结构与功能相匹配的理论来说,结构是否合理决定了景观功能的优劣,在组成景观生态系统的各类组分中,模地是景观的背景区域,它在很大程度上决定了景观的性质,对景观的动态起着主导作用。本评价区模地主要采用传统的生态学方法来确定,即计算组成景观的各类拼块的优势度值(Do),优势度值大的就是模地,优势度值通过计算评价区内各拼块的重要值的方法判定某拼块在景观中的优势,由以下三种参数计算:

密度 Rd = 嵌块 I 的数目/嵌块总数 ×100%

频度 Rf = 嵌块 I 出现的样方数/总样方数 ×100%(样方面积 500×500m^2,覆盖整个评价区,共 16528 个样方)

景观比例(Lp) = 嵌块 I 的面积/样地总面积×100%

并通过以上三个参数计算出优势度值(Do)。

优势度值(Do) = [(Rd+Rf)/2+Lp]/2×100%

运用上述参数计算研究范围内各类拼块优势度值,其结果见表 3.5-1。

表 3.5-1　　　　　　　　　各类拼块优势度值计算结果表

类别	斑块数	面积(km^2)	样方数	密度(%)	频度(%)	景观比例(%)	优势度值(%)
耕地	1311	309.37	6536	10.7	39.5	10.1	17.6
针叶林	1384	803.74	10126	11.3	61.3	26.2	31.3
阔叶林	85	18.99	401	0.7	2.4	0.6	1.1
针阔混交林	77	96.39	1015	0.6	6.1	3.1	3.3
灌丛	3941	1235.15	14473	32.2	87.6	40.3	50.1
草甸	1998	419.94	7693	16.3	46.5	13.7	22.6
工矿仓储用地	99	6.02	246	0.8	1.5	0.2	0.7
住宅用地	2742	58.65	5025	22.4	30.4	1.9	14.2
水域及水利设施用地	259	104.87	5590	2.1	33.8	3.4	10.7
其他用地	336	10.15	799	2.7	4.8	0.3	2.1

经计算,灌丛优势度值最高,达 50.1%,其密度、频度、景观比例也最高,其次为针叶林,优势度值为 31.3%,灌丛和针叶林优势度值之和达 81.4%;灌丛在景观结构中占有明显优势,灌丛连通性好,面积大,是模地,也是景观生态系统的控制性成分。由于灌丛在景观结构中具有较高生产力(大于草甸等其他斑块生产力),因此研究范围内景观生态体系具有较强的稳定性。

3.5.2　景观生态体系预测评价

工程实施后由于水库蓄水研究范围内水域面积将会增加,同时水库淹没导致库区内植被面积减少,经过计算,工程建设后水域斑块优势度值有所增加,草甸优势度值减少,灌丛优势度值有所降低,但优势度值仍然最大,是模地,对景观生态系统起控制性作用。所以,工程建设后对生态系统完整性和稳定性影响很小,工程实施后各拼块优势度值计算见表3.5-2。

表 3.5-2　　　　　　　工程实施后各拼块优势度值计算表

类别	斑块数	面积(km²)	样方数	密度(%)	频度(%)	景观比例(%)	优势度值(%)
耕地	1276	301.48	6363	11.4	38.5	9.8	17.4
针叶林	1240	783.47	9557	11.1	57.8	25.6	30.0
阔叶林	79	17.94	370	0.7	2.2	0.6	1.0
针阔混交林	63	92.72	931	0.6	5.6	3.0	3.1
灌丛	3705	1204.31	13814	33.0	83.6	39.3	48.8
草甸	1781	345.23	6565	15.9	39.7	11.3	19.5
工矿仓储用地	92	5.89	233	0.8	1.4	0.2	0.7
住宅用地	2505	55.17	4620	22.3	28.0	1.8	13.5
水域及水利设施用地	147	247.10	5934	1.3	35.9	8.1	13.3
其他用地	331	9.98	787	3.0	4.8	0.3	2.1

3.6　陆生生态环境影响分析小结

工程建设可能会造成珍稀保护植物种群资源量的损失,但不会对种群生存产生明显影响,工程建设对珍稀保护植物的影响程度是可以接受的。

水库淹没会导致一部分珍稀保护动物生境损失,由于动物具有迁徙性,并且珍稀保护动物在调水河流区分布较广,是周边自然保护区的重点保护对象,现状保护条件较好。因此,工程建设不会对珍稀保护动物种群生存产生显著影响,工程建设对珍稀保护动物的影响程度是可接受的。

通过景观优势度法分析,项目区景观生态体系具有较强的稳定性,工程建设后对生态系统的完整性、稳定性影响很小。

第4章 南水北调西线工程水生生态环境及影响

4.1 水生生态现状概述

4.1.1 水生生态现状调查概述

(1)已有调查情况

项目建议书阶段委托中国科学院水生生物研究所于 2005 年秋季和 2006 年春季对南水北调西线一期工程影响区进行了两次野外调查,采样时间分别是 2005 年 9 月 15 日至 10 月 12 日,历时 28 天;2006 年 4 月 18 日至 5 月 8 日,历时 21 天。

调查范围包括各调水河流库区和坝址下游河段,对代表性河流开展春秋两季全面深入的调查,雅砻江水系以雅砻江干流为调查重点,大渡河水系以玛柯河为调查重点。雅砻江干流调查了甘孜县扎科乡至新龙县乐安乡,共计约 180km 河段;达曲调查了甘孜县然允乡至炉霍县旦都乡,共计约 110km 河段;泥曲调查了甘孜县然允乡至炉霍县泥巴乡,共计约 120km 河段[1];色曲调查了色达县城至歌乐沱以下,共计约 150km 河段;杜柯河调查了壤塘县上杜柯乡至歌乐沱以下,共计约 100km 河段;玛柯河调查了班玛县多贡玛至柯河乡,共计约 100 km 河段;阿柯河调查了阿坝县克柯乡至茸安乡,共计约 120km 河段,调查点位见图 4.1-1。

调查内容包括水域生态背景资料调查(环境理化因子、河流水文、水动力学特征调查)、水生生物现状调查(浮游生物、底栖生物及水生植物等的种类组成和生物量调查;鱼类种类组成和地理分布、栖息地特征、鱼类密度、鱼类繁殖期、产卵场分布和鱼类早期资源)。

(2)补充调查情况

于 2015 年 6 月 26 日至 7 月 30 日开展了外业补充调查工作,调查范围为整个研究范围内调水河流河段,调查内容包括调水河流河段开发现状、水生生物现状调查,其中水生生物现状调查以走访管理部门、搜集资料、文献检索为主。

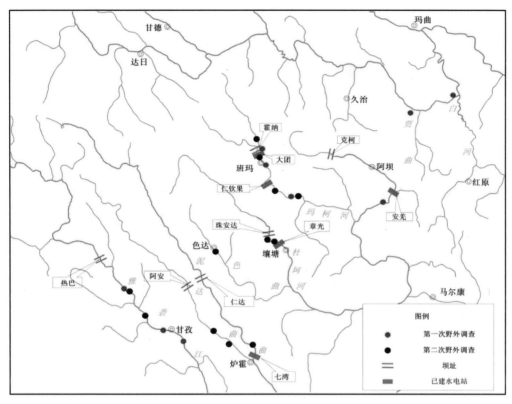

图 4.1-1　水生生态调查点位图

4.1.2　调水河流河段开发现状

（1）雅砻江干流

两河口水电站运行后,水库回水至新龙县和平乡附近,回水长度114km,研究范围内雅砻江干流从源头至在建两河口水电站坝址区882km河段被现有水电站分割为两段连续河段,其中最长连续河段602.54km,最短连续河段279.86km,研究范围内雅砻江干流连续河段分布情况详见表4.1-1。

表 4.1-1　　　　　　　　　雅砻江干流连续河段情况表

电站	区间长度（km）	累计长度（km）
源头	0	0
石渠电站	279.86	279.86
热巴坝址	252.54	532.4
两河口水电站运行后库尾	236	768
两河口水电站坝址	114	882.4

电站	区间长度(km)	累计长度(km)
连续河段数量		2
最长连续河段长度(km)		602.54
最短连续河段长度(km)		279.86

（2）达曲

调水河流达曲从源头至两河口电站 473.25km 河段被现有电站分割为 7 个连续河段，其中最长连续河段 183.17km，最短连续河段 11.8km，研究范围内达曲连续河段情况详见表4.1-2。

表 4.1-2 　　　　　　　　　　　达曲源头至两河口电站连续河段情况表

电站	区间长度(km)	累计长度(km)
达曲源头	0	0
阿安坝址	167.5	167.5
夺多电站	15.67	183.17
炉霍城区电站	91.39	274.56
达曲泥曲汇口	4.5	279.06
秀罗海电站	8.1	287.16
中广核鲜水河电站	25.7	312.86
道孚电站	44.6	357.46
孟拖电站	11.8	369.26
鲜水河河口	101	470.26
两河口电站	2.99	473.25
连续河段段数（段）		7
最长连续河段长度(km)		183.17
最短连续河段长度(km)		11.8

（3）泥曲

调水河流泥曲从源头至两河口水电站 559.5km 河段被现有电站分割为 7 个连续河段，其中最长连续河段 258.41km，最短连续河段 11.8km，研究范围内达曲连续河段情况详见表 4.1-3。

表 4.1-3 　　　　　　　　　　泥曲源头至两河口电站连续河段情况表

电站	区间长度（km）	累计长度（km）
泥曲源头	0	0
仁达坝址	250.2	250.2
日格电站	8.21	258.41
七湾电站	104.09	362.5
达曲泥曲汇口	2.81	365.31
秀罗海电站	8.1	373.41
中广核鲜水河电站	25.7	399.11
道孚电站	44.6	443.71
孟拖电站	11.8	455.51
鲜水河河口	101	556.51
两河口电站	2.99	559.5
连续河段段数（段）		7
最长连续河段长度（km）		258.41
最短连续河段长度（km）		11.8

（4）色曲

调水河流色曲从源头至双江口水电站 300.76km 河段被现有电站分割为 6 个连续河段，其中最长连续河段 88.8km，最短连续河段 10.6km，色曲连续河段情况详见表 4.1-4。

表 4.1-4 　　　　　　　　　　色曲源头至双江口连续河段情况表

电站	区间长度（km）	累计长度（km）
色曲源头	0	0
洛若坝址	74.6	74.6
霍西电站	14.2	88.8
未知电站	53.92	142.72
翁达电站	10.7	153.42
曾达电站	10.6	164.02
色曲杜柯河汇口	19.5	183.52
绰斯甲水电站	44.9	228.42
绰斯甲足木足河汇口	71	299.42
双江口电站	1.34	300.76
连续河段段数（段）		6
最长连续河段长度（km）		88.8
最短连续河段长度（km）		10.6

（5）杜柯河

调水河流杜柯河从源头至双江口水电站 421.45km 河段被现有电站分割为 4 个连续河段，其中最长连续河段 256.61km，最短连续河段 19.7km，杜柯河连续河段情况详见表 4.1-5。

表 4.1-5　　　　　　　　杜柯河源头至双江口水电站连续河段情况统计表

电站	区间长度（km）	累计长度（km）
杜柯河源头	0	0
珠安达坝址	200.2	200.2
章光电站	56.41	256.61
明达电站	19.7	276.31
色曲杜柯河汇口	27.9	304.21
绰斯甲水电站	44.9	349.11
绰斯甲足木足河汇口	71	420.11
双江口电站	1.34	421.45
连续河段段数（段）		1
最长连续河段长度（km）		256.61
最短连续河段长度（km）		19.7

（6）玛柯河

调水河流玛柯河从源头至双江口水电站 433.86km 河段被现有电站分割为 4 个连续河段，其中最长连续河段 272.41km，最短连续河段 25.43km，玛柯河连续河段情况详见表 4.1-6。

表 4.1-6　　　　　　　　玛柯河源头至双江口水电站连续河段情况表

电站	区间长度（km）	累计长度（km）
玛柯河源头	0	0
霍那坝址	108.2	108.2
大团水电站	0.37	108.57
红军沟电站	25.43	134
仁钦果电站	26.18	160.18
玛柯河阿柯河汇口	122.04	282.22
绰斯甲足木足河汇口	150.3	432.52
双江口电站	1.34	433.86
连续河段段数（段）		4
最长连续河段长度（km）		272.41
最短连续河段长度（km）		25.43

（7）阿柯河

调水河流阿柯河从源头至双江口水电站 332.96km 河段被现有电站分割为 2 个连续河段，其中最长连续河段 203.94km，最短连续河段 129.02km，阿柯河连续河段情况详见表 4.1-7。

表 4.1-7 　　　　　　　　　阿柯河源头至双江口水电站连续河段情况表

电站	区间长度（km）	累计长度（km）
阿柯河源头	0	0
克柯Ⅱ坝址	54.2	54.2
安羌电站	74.82	129.02
玛柯河阿柯河汇口	52.3	181.32
绰斯甲足木足河汇口	150.3	331.62
双江口电站	1.34	332.96
连续河段段数（段）		2
最长连续河段长度（km）		203.94
最短连续河段长度（km）		129.02

4.2 水生生态现状调查

4.2.1 水生植物与水生无脊椎动物

通过 2005 年、2006 年两次现场调查，结合搜集的资料，调水河流水生植物与水生无脊椎动物情况总结如下。

（1）藻类

7 条河流共采集到藻类 91 种（变种），主要是硅藻门、蓝藻门和绿藻门的普生种类。主要的优势种群都隶属硅藻门（*Bacillariophyta*），尤其以脆杆藻科（*Fragilariaceae*）、舟形藻科（*Naviculaceae*）、异极藻科（*Gomphonemaceae*）、桥弯藻科（Cymbellaceae）的种类居多。

（2）原生动物

7 条河流共采集到原生动物 2 门 15 目 18 科 28 属 59 种（亚种）。肉足虫有 32 种，纤毛虫有 27 种。常见种为片口匣壳虫（*Centropyxis platystoma*）、旋匣壳虫（*Centropyxis aerophila aerophila*）、馍状圆壳虫（*Cyclopyxis deflandrei*）和透明坛状曲颈虫（*Cyphoderia ampulla vitrrara*）。

（3）轮虫与甲壳动物

7 条河流共采集到轮虫 3 目 13 科 22 属 37 种。常见种为旋轮虫（*Philodina*）、巨头轮虫

（*Cephalodella*）和叶轮虫（*Notholca*），调水河流中浮游甲壳动物非常稀少。

（4）水生维管束植物与底栖生物

外业调查中各采样点均未采集到水生维管束植物，各河流的底栖动物种类数不多，优势种类为蜉、钩虾、端足类等，是河流中动物食性鱼类的主要食物来源。

4.2.2　鱼类

4.2.2.1　鱼类组成

根据已有调查成果，结合搜集的资料，调水河流区鱼类组成如下。

（1）雅砻江干流

研究范围内雅砻江干流共有鱼类 2 目 3 科 14 种，其中鲤形目 2 科 13 种，鲇形目 1 科 1 种。在鲤形目鱼类中，鲤科 6 种，占鱼类总种数的 42.86%；鳅科 7 种，占鱼类总种数的 50%；鲇形目鮡科鱼类 1 种，占鱼类总种数的 7.14%；研究范围内雅砻江干流鱼类组成详见表 4.2-1。

表 4.2-1　　　　　　　　　　　研究范围内雅砻江干流鱼类组成

种类	现场捕获	调查访问文献整理	保护类别	备注
鲤形目				
鲤科				
短须裂腹鱼 *Schizothorax wangchiachii*（Fang）	√	√		优势种
长丝裂腹鱼 *Schizothorax dolichonema Herzenstein*		√	青海、四川省级保护鱼类	
四川裂腹鱼 *Schizothorax kozlovi Nikolsky*		√		
裸腹叶须鱼 *Ptychobarbus kaznakovi Nikolsky*	√	√	易危鱼类	
厚唇裸重唇鱼 *Gymnodiptychus pachycheilus Herzenstein*	√	√		优势种
软刺裸裂尻鱼 *Schizopygopsis malacanthus malacanthus Herzenstein*	√	√		优势种
鳅科				
拟硬刺高原鳅 *Triplophysa pseudoscleroptera*（Zhu et Wu）	√	√		
麻尔柯河高原鳅 *Triplophysa markehensis*（Zhu et Wu）		√		
安氏高原鳅 *Triplophysa angeli*（Fang）		√		
短尾高原鳅 *Triplophysa brevicauda*（Herzenstein）		√		
修长高原鳅 *Triplophysa leptosoma*（Herzenstein）		√		

种类	现场捕获	调查访问文献整理	保护类别	备注
斯氏高原鳅 *Triplophysa stoliczkae*（Steindachner）		√		
细尾高原鳅 *Triplophysa stenura*（Herzenstein）	√	√		
鲇形目				
鮡科				
青石爬鮡 *Euchiloglanis davidi*（Sauvage）	√	√	四川省保护鱼类	优势种
合计 14 种				

（2）达曲、泥曲

研究范围内达曲、泥曲共有鱼类两目 3 科 7 种，其中鲤形目 2 科 6 种，鲇形目 1 科 1 种。在鲤形目鱼类中，鲤科 2 种，占鱼类总种数的 28.57%；鳅科 4 种，占鱼类总种数的 57.14%；鲇形目鮡科 1 种，占鱼类总种数的 14.29%；研究范围内达曲鱼类组成详见表 4.2-2。

表 4.2-2　　　　　　　　　　研究范围内达曲、泥曲鱼类组成

种类	现场捕获	调查访问文献整理	保护类别	备注
鲤形目				
鲤科				
厚唇裸重唇鱼 *Gymnodiptychus pachycheilus* Herzenstein	√	√		优势种
软刺裸裂尻鱼 *Schizopygopsis malacanthus malacanthus* Herzenstein	√	√		优势种
鳅科				
东方高原鳅 *Triplophysa orientalis*（Herzenstein）		√		
麻尔柯河高原鳅 *Triplophysa markehensis*（Zhu et Wu）		√		
斯氏高原鳅 *Triplophysa stoliczkae*（Steindachner）		√		
细尾高原鳅 *Triplophysa stenura*（Herzenstein）		√		
鲇形目				
鮡科				
青石爬鮡 *Euchiloglanis davidi*（Sauvage）		√	四川省保护鱼类	
合计 7 种				

（3）色曲

研究范围内色曲共有鱼类两目 3 科 4 种，其中鲤形目 2 科 3 种，鲇形目 1 科 1 种。在鲤形目鱼类中，鲤科 2 种，占鱼类总种数的 50%；鳅科 1 种，占鱼类总种数的 25%；鲇形目 1 科 1 种，占鱼类总种数的 25%；研究范围内色曲鱼类组成详见表 4.2-3。

表 4.2-3　　　　　　　　　　　　研究范围内色曲鱼类组成

种类	现场捕获	调查访问文献整理	保护类别	备注
鲤形目				
鲤科				
齐口裂腹鱼 Schizothorax prenanti（Tchang）		√	青海省保护鱼类	
大渡软刺裸裂尻鱼 Schizopygopsis malacanthus chengi（Fang）	√	√	大渡河特有鱼类	优势种
鳅科				
麻尔柯河高原鳅 Triplophysa markehensis（Zhu et Wu）	√	√		
鲇形目				
鮡科				
青石爬鮡 Euchiloglanis davidi（Sauvage）		√	四川省保护鱼类	
合计 4 种				

（4）杜柯河

研究范围内杜柯河共有鱼类 3 目 4 科 6 种，其中鲑形目 1 科 1 种，鲤形目 2 科 4 种，鲇形目 1 科 1 种。在鲑形目鱼类中，鲑科鱼类 1 种，占鱼类总种数的 16.67%；鲤形目鱼类中，鲤科鱼类 3 种，占鱼类总种数的 50%；鳅科鱼类 1 种，占鱼类总种数的 16.67%；鲇形目 1 科 1 种，占鱼类总种数的 16.67%；研究范围内杜柯河鱼类组成详见表 4.2-4。

表 4.2-4　　　　　　　　　　　　研究范围内杜柯河鱼类组成

种类	现场捕获	调查访问文献整理	保护类别	备注
鲑形目				
鲑科				
虎嘉鱼 Hucho bleekeri Kimura		√	国家Ⅱ级	
鲤形目				

种类	现场捕获	调查访问文献整理	保护类别	备注
鲤科				
齐口裂腹鱼 Schizothorax prenanti（Tchang）		√	青海省级保护鱼类	
重口裂腹鱼 Schizothorax davidi（Sauvage）		√	青海省、四川省级保护鱼类	
大渡软刺裸裂尻鱼 Schizopygopsis malacanthus chengi（Fang）	√	√	大渡河特有鱼类	优势种
鳅科				
麻尔柯河高原鳅 Triplophysa markehensis（Zhu et Wu）		√		
鲇形目				
鮡科				
青石爬鮡 Euchiloglanis davidi（Sauvage）		√	四川省级保护鱼类	
合计6种				

（5）玛柯河

研究范围内玛柯河共有鱼类3目4科6种,其中鲑形目1科1种,鲤形目2科4种,鲇形目1科1种。在鲑形目鱼类中,鲑科鱼类1种,占鱼类总种数的16.67%;鲤形目中,鲤科鱼类3种,占鱼类总种数的50%;鳅科鱼类1种,占鱼类总种数的16.67%;鲇形目1科1种,占鱼类总种数的16.67%;研究范围内玛柯河鱼类组成详见表4.2-5。

表4.2-5　　　　　　　　　　研究范围内玛柯河鱼类组成

种类	现场捕获	调查访问文献整理	保护类别	备注
鲑形目				
鲑科				
虎嘉鱼 Hucho bleekeri Kimura		√	国家Ⅱ级	
鲤形目				
鲤科				
齐口裂腹鱼 Schizothorax prenanti（Tchang）	√	√	青海省级保护鱼类	
重口裂腹鱼 Schizothorax davidi（Sauvage）		√	青海省、四川省级保护鱼类	
大渡软刺裸裂尻鱼 Schizopygopsis malacanthus chengi（Fang）	√	√	大渡河特有鱼类	优势种
鳅科				

种类	现场捕获	调查访问文献整理	保护类别	备注
麻尔柯河高原鳅 *Triplophysa markehensis*（Zhu et Wu）	√	√		
鲇形目				
鮡科				
青石爬鮡 *Euchiloglanis davidi*（Sauvage）		√	四川省级保护鱼类	
合计 6 种				

（6）阿柯河

研究范围内阿柯河共有鱼类两目 3 科 6 种,其中鲑形目 1 科 1 种,鲤形目 2 科 4 种,鲇形目 1 科 1 种。在鲑形目鱼类中,鲑科鱼类 1 种,约占鱼类总种数的 16.7%;鲤形目鱼类中,鲤科鱼类 3 种,占鱼类总种数的 60%;鳅科鱼类 1 种,约占鱼类总种数的 16.7%;鲇形目鮡科鱼类 1 种,约占鱼类总种数的 16.7%;研究范围内阿柯河鱼类组成详见表 4.2-6。

表 4.2-6　　　　　　　研究范围内阿柯河鱼类区系组成

种类	现场捕获	调查访问文献整理	保护类别	备注
鲑形目				
鲑科				
虎嘉鱼 *Hucho bleekeri Kimura*		√	国家Ⅱ级	
鲤形目				
鲤科				
齐口裂腹鱼 *Schizothorax prenanti*（Tchang）		√	青海省保护鱼类	
重口裂腹鱼 *Schizothorax davidi*（Sauvage）		√	青海省、四川省级保护鱼类	
大渡软刺裸裂尻鱼 *Schizopygopsis malacanthus chengi*（Fang）	√	√	大渡河特有鱼类	优势种
鳅科				
麻尔柯河高原鳅 *Triplophysa markehensis*（Zhu et Wu）		√		
鲇形目				
鮡科				
青石爬鮡 *Euchiloglanis davidi*（Sauvage）		√	四川省级保护鱼类	
合计 6 种				

4.2.2.2　主要渔获物

(1)雅砻江干流

通过现场调查,雅砻江干流共捕获鱼类7种,分别为软刺裸裂尻鱼、厚唇裸重唇鱼、短须裂腹鱼、青石爬鳅、裸腹叶须鱼、细尾高原鳅和拟硬刺高原鳅。其中软刺裸裂尻鱼、厚唇裸重唇鱼、短须裂腹鱼、青石爬鳅4种鱼类占捕获物重量的90.68%;软刺裸裂尻鱼、厚唇裸重唇鱼、青石爬鳅、短须裂腹鱼和裸腹叶须鱼5种鱼类占捕获数量比例分别为35.26%、20.4%、18.14%、12.59%、10.08%。雅砻江干流甘孜河段鱼类调查成果见表4.2-7。

表 4.2-7　　　　　　　　　　雅砻江干流鱼类调查成果表

种类	体长范围(mm)	体重范围(g)	尾均重(g)
软刺裸裂尻鱼	67～245	5～200	79.1
厚唇裸重唇鱼	99～335	11～487	94.7
短须裂腹鱼	60～292	4～310	105.0
青石爬鳅	146～222	51～179	76.8
裸腹叶须鱼	121～239	20～156	58.5
细尾高原鳅	142～173	22～36	28.5
拟硬刺高原鳅	106～147	15～24	18.7

(2)达曲

达曲炉霍县境内河段捕获到鱼类2种,为软刺裸裂尻鱼(10尾)和厚唇裸重唇鱼(6尾)。

(3)泥曲

泥曲炉霍县境内河段捕获到鱼类2种,为软刺裸裂尻鱼(2尾)和厚唇裸重唇鱼(3尾)。

(4)色曲

色曲捕获鱼类2种,为大渡软刺裸裂尻鱼(1尾)和麻尔柯河高原鳅(1尾)。

(5)杜柯河

杜柯河壤塘县境内河段捕获到鱼类1种,为大渡软刺裸裂尻鱼(24尾)。

(6)玛柯河

玛柯河班玛河段共捕获鱼类3种,为大渡软刺裸裂尻鱼(66尾)、麻尔柯河高原鳅(6尾)和齐口裂腹鱼(1尾)。其中大渡软刺裸裂尻鱼重量占比为92.2%,数量占比为90.41%,是该河段的优势种。玛柯河班玛河段鱼类调查成果见表4.2-8。

表 4.2-8 玛柯河班玛河段鱼类调查成果表

种类	体长范围(mm)	体重范围(g)	尾均重(g)
大渡软刺裸裂尻鱼	70～280	6～421	86.7
麻儿柯河高原鳅	102～130	12～25	15.7
齐口裂腹鱼	282	390	282.0

(7)阿柯河

阿柯河克柯Ⅱ坝址下游河段捕获鱼类 1 种,为大渡软刺裸裂尻鱼。

4.2.2.3 鱼类产卵场调查

经两次现场调查,共调查到鱼类产卵场 3 处;经文献整理,确认鱼类产卵场 1 处。

(1)现场调查产卵场

1)大渡软刺裸裂尻鱼

中科院水生生物所 2006 年实际调查到大渡软刺裸裂尻鱼产卵场 1 处,位于班玛县城下游几公里支沟更大沟,产卵场生境条件为:水深 0.35m,流速 0.45m/s。

2)齐口裂腹鱼

中科院水生生物所 2006 年实际调查到齐口裂腹鱼产卵场 1 处,位于班玛县友谊桥至阿坝县团结桥河段,产卵场生境条件为:水深 2.5m,流速 0.1m/s。

3)软刺裸裂尻鱼

中科院水生生物所 2005 年 9 月实际调查到软刺裸裂尻鱼产卵场 1 处,位于雅砻江干流甘孜扎柯乡河段。

(2)文献确认产卵场

自 2003 年以来,四川省水产研究所等专业科研单位先后对大渡河流域及绰斯甲流域水域进行了多次实地调查,结果表明:足木足河干流茶堡河汇口至柯河乡附近长约 150km 的河段(含垮沙乡上游的麻尔曲河段)为虎嘉鱼集中分布水域。

搜集资料表明:虎嘉鱼的产卵场曾分布较广,近年来受人为干扰、资源量锐减及生境破坏等影响,变化较大。目前,大渡河干流虎嘉鱼产卵场主要集中分布在双江口以上河段,现存有 9 处(足木足河干流 8 处,支流阿柯河 1 处)产卵场[2]。足木足河流域现存产卵场分布见表 4.2-9 和图 4.2-1。

表 4.2-9   大渡河流域现存虎嘉鱼产卵场情况表

所在河段	位置	纬度	经度	高程(m)
阿柯河	茸安乡	32°32.364′	101°36.743′	2988
足木足河干流	诺普	32°37.794′	101°32.023′	2968
	阿柯河河口上游	32°29.958′	101°32.664′	2950
	色尔吉	32°26.997′	101°32.594′	2906
	色江	32°19.858′	101°36.950′	2842
	日部上游4km	32°14.376′	101°36.055′	2702
	日部下游	32°12.566′	101°37.148′	2682
	康山	32°08.872′	101°42.249′	2643
	草登	32°12.588′	101°49.903′	2605

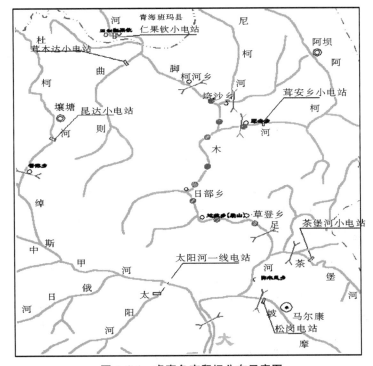

图 4.2-1   虎嘉鱼产卵场分布示意图

4.2.2.4   鱼类洄游及路线

根据外业调查,工程影响区内无长距离的河—河洄游鱼类,但许多鱼类均有短距离的河—河洄游习性。

(1)虎嘉鱼

在外业调查期间未采集到虎嘉鱼,故其生物学和生态学部分主要依据历史文献。据访问调查和文献记载,其越冬场所距离繁殖场所并不远。虎嘉鱼目前主要是分布在玛柯河的仁钦果水电站至四川省阿坝县的柯河乡河段。

(2)齐口裂腹鱼

齐口裂腹鱼春季从下游上溯到上游进行短距离繁殖洄游,在4月份主要分布在玛柯河仁钦果水电站以下几处河道窄、流速大、水深的水域,如仁钦果水电站下游5km处和幸福桥附近水域都是齐口裂腹鱼的产卵场,是其洄游路线的终点。

(3)重口裂腹鱼

目前,此种类已少见,外业调查中未能获得样本,故不能判断其洄游路线。据文献记载,其产卵时也是向上游迁徙,具有短距离河—河洄游习性。

(4)大渡软刺裸裂尻鱼

大渡软刺裸裂尻鱼兼有向干流和支流洄游的习性,大渡软刺裸裂尻鱼从越冬场所向干流上游或支流上游进行短距离繁殖洄游。其产卵场分布较广泛,干流各段和支流的下游是其主要产卵场。因其个体分布极广,故其并无集中的进行繁殖洄游的起始水域。

(5)青石爬鮡

两次调查均未调查到青石爬鮡产卵场,不能确定青石爬鮡洄游路线。

(6)麻尔柯河高原鳅

麻尔柯河高原鳅兼有向干流和支流洄游的习性,即从越冬场所,向干流上游或支流上游进行短距离繁殖洄游。其产卵场分布应较广泛,干流各段和支流的下游是其主要产卵场。因其个体分布极广,故其并无集中的进行繁殖洄游的起始水域。

4.2.3 珍稀保护鱼类

4.2.3.1 珍稀保护鱼类种类

调水河流内共有国家级保护鱼类1种,省级保护鱼类4种,特有鱼类1种,列入红皮书鱼类1种。各调水河流珍稀保护鱼类组成及分布详见表4.2-10,分布图见附图3。

表4.2-10　　　　　　　　各调水河流珍稀保护鱼类组成及分布表

鱼类	保护级别	分布						
		雅砻江干流	达曲	泥曲	色曲	杜柯河	玛柯河	阿柯河
虎嘉鱼	国家Ⅱ级					√	√	√
齐口裂腹鱼	青海省级保护鱼类				√	√	√	√
长丝裂腹鱼	青海、四川省级保护鱼类	√						

鱼类	保护级别	分布						
		雅砻江干流	达曲	泥曲	色曲	杜柯河	玛柯河	阿柯河
重口裂腹鱼	青海、四川省级保护鱼类					√	√	√
青石爬鮡	四川省级保护鱼类	√	√	√	√	√	√	√
大渡软刺裸裂尻鱼	大渡河特有种					√	√	√
裸腹叶须鱼	列入红皮书易危种	√						

4.2.3.2　珍稀保护鱼类主要生物学特征

各调水河流内珍稀保护鱼类按类群可分为峡谷河流型和宽谷河流型,其中峡谷河流型鱼类有 6 种,宽谷河流型鱼类有 1 种;按食性划分,以杂食性鱼类为主(6 种);所有鱼类均产沉性卵,无产漂流性卵鱼类;除青石爬鮡产卵期为 8—9 月外,其余鱼类产卵期在 3—6 月;均为短距离河—河洄游鱼类,珍稀保护鱼类生物学特征详见表 4.2-11。

(1)珍稀保护鱼类生境水力学指标统计

①虎嘉鱼

茹辉军等人通过实地调查和资料分析,对历史和现有川陕哲罗鲑分布河流生境进行统计,提出虎嘉鱼不同生活史阶段栖息地微生境需求[3],见表 4.2-12。

②齐口裂腹鱼

王玉蓉等对西南山区几种常见裂腹鱼(短须裂腹鱼、长丝裂腹鱼、齐口裂腹鱼、重口裂腹鱼等)生境的水力学特征进行统计,提出不同规模河流的鱼类最低生境需求[4],见表 4.2-13。夏娟等归纳总结了齐口裂腹鱼对水力学特征的适应性,提出齐口裂腹鱼在丰水月 7 月份平均流速主要集中在 1.5~3.5m/s;枯水月 2 月份齐口裂腹鱼分布水域平均流速主要集中在 0.36~1.2m/s[5]。

齐口裂腹鱼分布在调水河流色曲、杜柯河、玛柯河上,色曲坝址处多年平均流量 13.35m³/s,属于小型河流;杜柯河、玛柯河坝址处多年平均流量分别为 46.99m³/s、34.5m³/s,属于中型河流。

因此,齐口裂腹鱼在色曲最低生境要求为:平均流速 0.4~1.2m/s,水面宽 20~60m,平均水深 0.3~0.65m;在杜柯河、玛柯河最低生境要求为:平均流速 0.36~0.9m/s,水面宽 30~120m,平均水深 0.44~2.6m。

表4.2-11　珍稀保护鱼类生物学特征表

鱼类	调水河河流分布	类群	食性	索饵场生境条件	产卵类型	产卵期	产卵场生境条件	越冬场生境条件	洄游习性
虎嘉鱼	杜柯河/玛柯河/阿柯河	峡谷河流	肉食性鱼类，以鱼类和水生昆虫为主	河滩下方；深水潭	沉性卵	3—4月	峡谷干流；缓流水域；砂底质	干流深潭、石隙	短距离河—河洄游
齐口裂腹鱼	色曲/杜柯河/玛柯河/阿柯河	峡谷河流	杂食性（着生藻类为主）	峡谷干支流；急流；砾石底质	沉性卵	3—4月	峡谷干支流；急流；砾石底质	干流深潭、石隙	短距离河—河洄游
长丝裂腹鱼	雅砻江干流	峡谷河流	底栖动植物	峡谷干支流；急流；砾石底质	沉性卵	5—6月	峡谷干支流；急流；砾石底质	干流深潭、石隙	短距离河—河洄游
重口裂腹鱼	杜柯河/玛柯河/阿柯河	峡谷河流	水生昆虫为主，食少量幼鱼和小虾	峡谷干支流；急流；砾石底质	沉生卵	8—9月	峡谷干支流；急流；砾石底质	干流深潭、石隙	短距离河—河洄游
青石爬鮡	达曲/泥曲/色曲/杜柯河/玛柯河/阿柯河	山洞溪流急流	杂食性（水生昆虫为主）	石块、石砾底质	沉性卵	8—9月	急流；砾石底质	干流深潭、石隙	短距离河—河洄游
大渡软刺裸裂尻鱼	色曲/杜柯河/玛柯河/阿柯河	宽谷河流	杂食性（着生藻类、水生植物为主，也食水生昆虫）	宽谷；缓流；砂、泥底质	沉性卵	5月	宽谷；缓流；砂、泥底质	干流深潭、泥洞	短距离河—河洄游（兼有干支流洄游习性）
裸腹叶须鱼	雅砻江干流	峡谷河流	以水生昆虫为主，兼食硅藻	峡谷干支流；急流；砾石底质	沉性卵	4月前后	峡谷干支流；急流；砾石底质	干流深潭、石隙	短距离河—河洄游

表 4.2-12 虎嘉鱼不同生活阶段栖息地环境需求

项目	幼鱼期	成鱼期	繁殖期
河宽(m)	5～10	10～30	>20
水深(m)	0.5～2	1～5	0.5～1
流速(m/s)	>0.5	1～2	0.38～0.75
水温(℃)	无数据	7～14	4～10
食物类型	水生昆虫和小型鱼类	鱼类	水生昆虫和鱼类
洄游通道	—	—	需要

表 4.2-13 枯水月 2 月份不同规模河流断面水力学参数统计

河流规模	流量(m³/s)	平均流速(m/s)	水面宽(m)	平均水深(m)	备注
大型	>150	0.4～1	65～180	1.5～5.8	
中型	15～150	0.36～0.9	30～120	0.44～2.6	杜柯河、玛柯河
小型	<15	0.4～1.2	20～60	0.3～0.65	色曲

③长丝裂腹鱼

长丝裂腹鱼分布在调水河流雅砻江干流上,雅砻江干流坝址处多年平均流量 192.48m³/s,属于大型河流。雅砻江干流长丝裂腹鱼最低生境要求为:平均流速 0.4～ 1.0m/s,水面宽 65～180m,平均水深 1.5～5.8m。

④重口裂腹鱼

宋旭燕等在四川省水产研究所和武汉水工程生态研究所等单位对四川省境内山区河流鱼类生境调研结果基础上,提出重口裂腹鱼繁殖期最适宜水深范围为 0.5～1.5m[6]。重口裂腹鱼分布在调水河流杜柯河和玛柯河两个中型河流上,调水河流上重口裂腹鱼最低生境要求为:平均流速 0.3～1.2m/s,水面宽 30～120m,平均水深 0.44～2.6m。综上所述,重口裂腹鱼在调水河流上不同生活阶段栖息地环境要求见表 4.2-14。

表 4.2-14 杜柯河、玛柯河上重口裂腹鱼不同生活阶段栖息地环境要求

项目	成鱼期	繁殖期
河宽(m)	30～120	>20
水深(m)	0.44～2.6	0.5～1.5
流速(m/s)	0.3～1.2	0.3～1.2
洄游通道	—	需要

⑤青石爬鮡

根据中科院水生生物所调查结果,青石爬鮡成鱼在雅砻江干流的生境条件为水深 1～

3m,平均流速为0.45~0.8m/s;蒋红霞等提出青石爬鮡不同生活阶段的适宜生境条件[7],见表4.2-15。

表 4.2-15 青石爬鮡不同生活阶段适宜生境条件

项目	产卵期	育幼期	成年期
水深(m)	0.45~1	0.45~3	1~3
流速(m/s)	1~1.74	0.8~1.1	0.45~0.8

综上所述,青石爬鮡产卵期适宜水深0.45~1m,平均流速1~1.74m/s;育幼期适宜水深0.45~3m,平均流速0.8~1.1m/s;成年期适宜水深1~3m,平均流速0.45~0.8m/s。

⑥大渡软刺裸裂尻鱼

根据中科院水生生物所调查结果,大渡软刺裸裂尻鱼在玛柯河上不同生活阶段生境条件:成鱼期平均水深0.5~2.3m,平均流速0~0.99m/s;幼鱼期平均水深0.1~0.5m,平均流速0~0.32m/s;产卵期平均水深0.35m,平均流速0.45m/s,大渡软刺裸裂尻鱼不同生活阶段生境条件见表4.2-16。

表 4.2-16 大渡软刺裸裂尻鱼不同生活阶段适宜生境条件

项目	产卵期	育幼期	成年期
水深(m)	0.35	0.1~0.5	0.5~2.3
流速(m/s)	0.45	0~0.32	0~0.99

⑦裸腹叶须鱼

根据中科院水生生物所调查结果,裸腹叶须鱼成鱼在雅砻江干流的生境条件为水深1~3m,平均流速为0.45~1.74m/s。

4.2.3.3 珍稀保护鱼类保护现状及人工繁殖技术进展

(1)虎嘉鱼

地理分布:广泛分布于川西北岷江上游;秦岭南麓汉江上游支流的湑水、太白河等水系。

保护现状:目前,青海、四川境内以虎嘉鱼为主要保护对象的保护区有玛柯河重口裂腹鱼国家级水产种质资源保护区[8]、大渡河上游川陕哲罗鲑等特殊鱼类保护区[9]。

人工繁殖技术:陕西省太白河上川陕哲罗鲑人工繁殖技术取得成功[10]。

(2)齐口裂腹鱼

地理分布:广泛分布于长江上游的金沙江、岷江、大渡河、青衣江及乌江下游[11]等。

保护现状:目前,青海、四川境内以齐口裂腹鱼为主要保护对象的保护区有玛柯河重口裂腹鱼国家级水产种质资源保护区(2008)[8]、清江河特有鱼类国家级水产种质资源保护区[12]等。

人工繁殖技术：齐口裂腹鱼人工繁殖技术取得成功[13]。

（3）长丝裂腹鱼

地理分布：分布于我国金沙江、雅砻江上游。

保护现状：目前，青海、四川境内以长丝裂腹鱼为主要保护对象的保护区有沱沱河特有鱼类国家级水产种质资源保护区（2011）、楚玛尔河特有鱼类国家级水产种质资源保护区（2012）[8]等。

人工繁殖技术：长丝裂腹鱼人工繁殖技术取得成功[14]。

（4）重口裂腹鱼

地理分布：广泛分布于西藏江达、四川巴塘、云南石鼓、富民等金沙江水系，四川芦山、雅安、灌县等岷江水系，甘肃武都嘉陵江水系及贵州黔西乌江等水系。

保护现状：目前，青海、四川境内以重口裂腹鱼为重点保护对象的保护区有玛柯河重口裂腹鱼国家级水产种质资源保护区（2008）[8]、龙潭河特有鱼类国家级水产种质资源保护区、后河特有鱼类国家级水产种质资源保护区、焦家河重口裂腹鱼国家级水产种质资源保护区、清江河特有鱼类国家级水产种质资源保护区[12]等。

人工繁殖技术：重口裂腹鱼人工繁殖技术取得成功[15]。

（5）青石爬鮡

地理分布：广泛分布于金沙江、青衣江、岷江上游、雅砻江上游。

保护现状：目前，青海、四川尚没有以青石爬鮡为主要保护对象的保护区。

人工繁殖技术：青石爬鮡人工繁殖技术取得成功。

（6）大渡软刺裸裂尻鱼

地理分布：分布于青海久治、班玛玛柯河、四川阿坝大渡河水系。

保护现状：目前，青海、四川尚没有以大渡软刺裸裂尻鱼为主要保护对象的保护区。

人工繁殖技术：大渡软刺裸裂尻鱼人工繁殖技术取得成功[16]。

（7）裸腹叶须鱼

地理分布：广泛分布于金沙江、澜沧江、怒江、青海通天河等水系。

保护现状：目前，青海、四川境内以裸腹叶须鱼为主要保护对象的保护区有沱沱河特有鱼类国家级水产种质资源保护区（2011）、楚玛尔河特有鱼类国家级水产种质资源保护区（2012）等。

人工繁殖技术：未检索到关于裸腹叶须鱼人工繁殖技术成功的文献。

调水河流研究范围内珍稀保护鱼类地理分布、保护现状及人工繁殖技术见表 4.2-17。

表 4. 2-17   调水河流研究范围内珍稀保护鱼类保护现状及人工繁殖技术

鱼类	地理分布		四川省、青海省保护现状	人工繁殖技术是否取得进展
	全国分布	四川省、青海省分布		
虎嘉鱼	川西北岷江上游；秦岭南麓汉江上游支流的湑水、太白河等水系	杜柯河、玛柯河、绰斯甲河、则曲河、茶堡河、梭磨河、足木足河	玛柯河重口裂腹鱼国家级水产种质资源保护区(2008)、大渡河上游川陕哲罗鲑等特殊鱼类保护区(2015)等	是
齐口裂腹鱼	长江上游的金沙江、岷江、大渡河、青衣江及乌江下游	色曲、杜柯河、玛柯河、大渡河、岷江、青衣江	玛柯河重口裂腹鱼国家级水产种质资源保护区(2008)、清江河特有鱼类国家级水产种质资源保护区等	是
长丝裂腹鱼	金沙江及雅砻江上游	青海玉树、四川江达、巴塘、岗拖、甘孜、雅江、道孚和新都桥等	沱沱河特有鱼类国家级水产种质资源保护区(2011)、楚玛尔河特有鱼类国家级水产种质资源保护区(2012)等	是
重口裂腹鱼	西藏江达、四川巴塘、云南石鼓、富民等金沙江水系，四川芦山、雅安、灌县等岷江水系，甘肃武都嘉陵江水系及贵州黔西乌江水系	杜柯河、玛柯河、阿柯河、四川芦山、雅安、灌县等岷江水系	玛柯河重口裂腹鱼国家级水产种质资源保护区(2008)、龙潭河特有鱼类国家级水产种质资源保护区、后河特有鱼类国家级水产种质资源保护区、焦家河重口裂腹鱼国家级水产种质资源保护区、清江河特有鱼类国家级水产种质资源保护区等	是
青石爬鮡	金沙江、青衣江、岷江上游、雅砻江上游	雅砻江、达曲、泥曲、色曲、杜柯河、玛柯河、阿柯河、青衣江等	—	是
大渡软刺裸裂尻鱼	青海久治、班玛玛柯河、四川阿坝大渡河水系	色曲、杜柯河、玛柯河、阿柯河等	—	是
裸腹叶须鱼	金沙江水系、澜沧江水系、怒江水系均有分布，青海通天河流域分布	雅砻江干流、青海通天河	沱沱河特有鱼类国家级水产种质资源保护区(2011)、楚玛尔河特有鱼类国家级水产种质资源保护区(2012)等	否

4.3　水生生态影响

4.3.1　水生生物的生境变化

4.3.1.1　计算断面选择

根据水文资料的完整性,选取雅砻江甘孜(二)站、达曲东谷站、泥曲泥柯站、杜柯河壤塘站、玛柯河班玛站及阿柯河安斗站 6 个水文站作为计算断面,各计算断面情况见表 4.3-1。

表 4.3-1　　　　　　　　坝址下游水文情势分析计算断面情况表

河流及坝址	计算断面	断面处河道形态	距离坝址长度(km)	调水后多年平均径流量占调水前比例(%)
雅砻江干流热巴坝址	甘孜(二)站	宽谷河段	102.02	50.32
达曲阿安坝址	东谷水文站	峡谷河段	36.12	40.42
泥曲仁达坝址	泥柯水文站	峡谷河段	3.77	35.95
杜柯河珠安达坝址	壤塘水文站	峡谷河段	29.46	36.87
玛柯河霍那坝址	班玛水文站	宽谷河段	9.67	41.37
阿柯河克柯Ⅱ坝址	安斗水文站	宽谷河段	18.18	43.18

4.3.1.2　计算断面处水深变化分析

(1)甘孜(二)站水深

1)平均水深

雅砻江干流分布有青海、四川省级保护鱼类长丝裂腹鱼,四川省级保护鱼类青石爬鮡,列入红皮书易危鱼类裸腹叶须鱼。根据甘孜(二)站各典型年工程实施前后逐月平均水深变化统计结果,工程实施后甘孜(二)站计算断面长丝裂腹鱼繁殖期 5—6 月平均水深为 1.1～1.83m,青石爬鮡繁殖期 8—9 月平均水深为 1.14～1.82m,裸腹叶须鱼繁殖期 4 月前后(按3—4月计)平均水深为 0.87～0.99m;鱼类越冬期 11 月至次年 2 月平均水深为 0.74～1.07m;甘孜(二)站各典型年逐月平均水深统计情况详见表 4.3-2。

表 4.3-2　　　　甘孜(二)站各典型年逐月平均水深变化情况统计表　　　　(单位:m)

项目	1 月	2 月	3 月	4 月	5 月	6 月	7 月	8 月	9 月	10 月	11 月	12 月
最大平均水深减少量	0.16	0.14	0.10	0.58	0.51	0.58	0.80	0.64	0.43	0.57	0.38	0.18
最大减水比例	15%	14%	9%	40%	28%	30%	34%	35%	20%	34%	30%	16%
最小平均水深减少量	0.06	0.05	−0.02	0.22	0.30	0.23	0.56	0.32	0.30	0.25	0.20	0.09

项目	1月	2月	3月	4月	5月	6月	7月	8月	9月	10月	11月	12月
最小减水比例	6%	6%	−2%	18%	21%	11%	27%	20%	15%	19%	18%	10%
调水后最大平均水深	0.88	0.87	0.93	0.99	1.32	1.83	1.57	1.81	1.82	1.42	1.07	0.97
调水后最小平均水深	0.74	0.76	0.91	0.87	1.10	1.31	1.41	1.14	1.17	1.08	0.90	0.81

2)最大水深

工程实施后甘孜(二)站计算断面长丝裂腹鱼繁殖期5—6月最大水深为2.15~3.17m,青石爬鮡繁殖期8—9月最大水深为2.18~3.16m,裸腹叶须鱼繁殖期4月前后(按3—4月计)最大水深为2.03~2.08m;鱼类越冬期11月至次年2月最大水深为1.98~2.13m;甘孜(二)站各典型年逐月最大水深统计情况详见表4.3-3。

表4.3-3　　　　　甘孜(二)站各典型年逐月最大水深变化情况统计表　　　　(单位:m)

项目	1月	2月	3月	4月	5月	6月	7月	8月	9月	10月	11月	12月
最大水深减少量(最大)	0.08	0.07	0.05	0.45	0.85	1.51	2.63	2.69	1.48	0.92	0.35	0.11
最大减水比例	4%	3%	2%	18%	27%	37%	50%	46%	32%	27%	14%	5%
最大水深减少量(最小)	0.02	0.02	−0.01	0.14	0.27	0.70	1.33	0.40	0.31	0.21	0.11	0.04
最小减水比例	1%	1%	0%	7%	11%	18%	34%	15%	12%	9%	5%	2%
调水后最大水深(最大)	2.03	2.03	2.05	2.08	2.33	3.17	2.66	3.14	3.16	2.44	2.13	2.07
调水后最大水深(最小)	1.98	1.99	2.05	2.03	2.15	2.33	2.44	2.18	2.20	2.14	2.04	2.00

(2)东谷水文站

1)平均水深

达曲分布有四川省级保护鱼类青石爬鮡,根据东谷水文站各典型年工程实施前后逐月平均水深统计结果,工程实施后东谷水文站计算断面青石爬鮡繁殖期8—9月平均水深为0.41~1.03m;鱼类越冬期11月至次年2月平均水深为0.34~0.35m,东谷水文站各典型年平均水深统计情况详见表表4.3-4。

表 4.3-4　　　　　　　　　东谷站各典型年逐月平均水深变化情况统计表　　　　　　（单位:m）

项目	1月	2月	3月	4月	5月	6月	7月	8月	9月	10月	11月	12月
最大平均水深减少量	0.06	0.03	0.04	0.23	0.16	0.31	0.57	0.44	0.32	0.19	0.13	0.08
最大减水比例	14%	9%	10%	38%	29%	42%	55%	50%	42%	30%	28%	19%
最小平均水深减少量	0.01	0.01	0.02	0.05	0.01	0.18	0.29	0.20	0.10	0.06	0.07	0.03
最小减水比例	4%	3%	5%	11%	3%	30%	40%	32%	9%	14%	16%	8%
调水后最大平均水深	0.34	0.34	0.36	0.38	0.41	0.43	0.47	0.66	1.03	0.44	0.35	0.34
调水后最小平均水深	0.34	0.34	0.35	0.36	0.40	0.41	0.43	0.41	0.41	0.40	0.34	0.34

2)最大水深

工程实施后东谷水文站计算断面青石爬鮡繁殖期 8—9 月最大水深为 0.61~1.35m;鱼类越冬期 11 月至次年 2 月最大水深为 0.52~0.54m;东谷水文站各典型年逐月最大水深变化统计情况详见表 4.3-5。

表 4.3-5　　　　　　　　　东谷站各典型年逐月最大水深变化情况统计表　　　　　　（单位:m）

项目	1月	2月	3月	4月	5月	6月	7月	8月	9月	10月	11月	12月
最大水深减少量（最大）	0.07	0.04	0.05	0.29	0.21	0.39	0.68	0.54	0.39	0.24	0.17	0.10
最大减水比例	12%	8%	9%	34%	25%	38%	50%	45%	37%	27%	24%	16%
最大水深减少量（最小）	0.02	0.01	0.02	0.06	0.02	0.22	0.36	0.24	0.11	0.08	0.08	0.04
最小减水比例	3%	3%	4%	10%	3%	27%	36%	28%	7%	12%	14%	7%
调水后最大水深（最大）	0.53	0.53	0.54	0.57	0.62	0.64	0.69	0.92	1.35	0.66	0.54	0.53
调水后最大水深（最小）	0.52	0.52	0.54	0.55	0.60	0.62	0.63	0.62	0.61	0.60	0.53	0.53

（3）泥柯水文站

1)平均水深

泥曲分布有四川省级保护鱼类青石爬鮡,根据泥柯水文站各典型年工程实施前后逐月平均水深统计结果,工程实施后泥柯水文站计算断面青石爬鮡繁殖期 8—9 月平均水深为 0.54~0.88m;鱼类越冬期 11 月至次年 2 月平均水深为 0.49m;泥柯水文站各典型年平均水深统计情况详见表 4.3-6。

表 4.3-6　　　　　　**泥柯站各典型年逐月平均水深变化情况统计表**　　　　（单位：m）

项目	1月	2月	3月	4月	5月	6月	7月	8月	9月	10月	11月	12月
最大平均水深减少量	0.08	0.05	0.04	0.13	0.10	0.42	0.42	0.23	0.30	0.15	0.13	0.07
最大减水比例	13%	9%	7%	20%	16%	44%	44%	30%	32%	20%	21%	12%
最小平均水深减少量	0.01	0.01	0.02	0.06	0.08	0.14	0.17	0.13	0.07	0.04	0.05	0.02
最小减水比例	3%	3%	4%	11%	13%	20%	18%	15%	11%	6%	9%	4%
调水后最大平均水深	0.49	0.49	0.49	0.49	0.54	0.54	0.80	0.72	0.88	0.62	0.49	0.49
调水后最小平均水深	0.49	0.49	0.49	0.49	0.54	0.54	0.54	0.54	0.54	0.54	0.49	0.49

2）最大水深

工程实施后泥柯水文站计算断面青石爬鮡繁殖期8—9月最大水深为 0.82～1.49m；鱼类越冬期11月至次年2月最大水深为0.72m；泥柯水文站各典型年逐月最大水深变化统计情况详见表 4.3-7。

表 4.3-7　　　　　　**泥柯站各典型年逐月最大水深变化情况统计表**　　　　（单位：m）

项目	1月	2月	3月	4月	5月	6月	7月	8月	9月	10月	11月	12月
最大水深减少量（最大）	0.15	0.10	0.08	0.26	0.21	0.79	0.79	0.46	0.55	0.29	0.27	0.13
最大减水比例	18%	12%	9%	26%	20%	49%	49%	36%	35%	24%	27%	16%
最大水深减少量（最小）	0.03	0.03	0.04	0.12	0.16	0.27	0.29	0.24	0.14	0.07	0.10	0.05
最小减水比例	4%	4%	6%	14%	16%	25%	18%	17%	11%	8%	12%	6%
调水后最大水深（最大）	0.72	0.72	0.74	0.74	0.82	0.82	1.34	1.19	1.49	0.99	0.72	0.72
调水后最大水深（最小）	0.72	0.72	0.74	0.74	0.82	0.82	0.82	0.82	0.82	0.82	0.72	0.72

（4）壤塘水文站

1）平均水深

杜柯河分布有国家Ⅱ级保护鱼类虎嘉鱼，省级保护鱼类齐口裂腹鱼、重口裂腹鱼和青石爬鮡，大渡河特有种大渡软刺裸裂尻鱼。根据壤塘水文站各典型年工程实施前后平均水深变化统计结果，工程实施后壤塘水文站计算断面虎嘉鱼、齐口裂腹鱼繁殖3—4月平均水深为0.49m；大渡软刺裸裂尻鱼繁殖期5月平均水深为0.57m；重口裂腹鱼、青石爬鮡繁殖期8—9月平均水深为 0.57～0.96m；鱼类越冬期11月至次年2月平均水深为0.48～0.5m，壤塘水文站各典型年逐月平均水深变化统计情况详见表 4.3-8。

表 4.3-8　　　　　壤塘水文站各典型年逐月平均水深变化情况统计表　　　　　（单位：m）

项目	1月	2月	3月	4月	5月	6月	7月	8月	9月	10月	11月	12月
最大平均水深减少量	0.07	0.06	0.07	0.11	0.21	0.54	0.68	0.64	0.56	0.35	0.25	0.12
最大减水比例	13%	12%	13%	19%	27%	48%	53%	51%	37%	37%	33%	20%
最小平均水深减少量	0.05	0.04	0.06	0.10	0.18	0.20	0.22	0.21	0.26	0.24	0.15	0.07
最小减水比例	9%	8%	11%	17%	24%	26%	28%	27%	32%	21%	24%	13%
调水后最大平均水深	0.49	0.48	0.49	0.49	0.57	0.59	0.61	0.60	0.96	0.89	0.50	0.49
调水后最小平均水深	0.49	0.48	0.49	0.49	0.57	0.57	0.57	0.57	0.57	0.57	0.49	0.49

2）最大水深

工程实施后壤塘水文站计算断面虎嘉鱼、齐口裂腹鱼繁殖期 3—4 月最大水深为 0.74～0.75m；大渡软刺裸裂尻鱼繁殖期 5 月最大水深为 0.9m；重口裂腹鱼、青石爬鮡繁殖期 8—9 月最大水深为 0.89～1.58m；鱼类越冬期 11 月至次年 2 月平均水深为 0.74～0.76m，壤塘水文站各典型年逐月最大水深变化统计情况详见表 4.3-9。

表 4.3-9　　　　　壤塘水文站各典型年逐月最大水深变化情况统计表　　　　　（单位：m）

项目	1月	2月	3月	4月	5月	6月	7月	8月	9月	10月	11月	12月
最大水深减少量（最大）	0.13	0.12	0.13	0.21	0.37	0.90	1.10	1.04	0.77	0.60	0.45	0.22
最大减水比例	15%	14%	15%	22%	29%	49%	53%	52%	35%	40%	37%	23%
最大水深减少量（最小）	0.08	0.08	0.11	0.18	0.32	0.36	0.39	0.37	0.47	0.38	0.28	0.14
最小减水比例	10%	10%	13%	19%	26%	29%	31%	29%	33%	20%	27%	15%
调水后最大水深（最大）	0.74	0.74	0.74	0.75	0.90	0.94	0.96	0.95	1.58	1.46	0.76	0.75
调水后最大水深（最小）	0.74	0.74	0.74	0.74	0.90	0.89	0.90	0.89	0.90	0.90	0.75	0.74

（5）班玛水文站

1）平均水深

玛柯河分布有国家Ⅱ级保护鱼类虎嘉鱼，省级保护鱼类齐口裂腹鱼、重口裂腹鱼和青石爬鮡，大渡河特有种大渡软刺裸裂尻鱼。根据班玛水文站各典型年工程实施前后平均水深变化统计结果，工程实施后班玛水文站计算断面虎嘉鱼、齐口裂腹鱼繁殖期 3—4 月平均水深为 0.19～0.2m；大渡软刺裸裂尻鱼繁殖期 5 月平均水深为 0.28～0.3m；重口裂腹鱼、青

石爬鮡繁殖期8—9月平均水深为0.29～0.98m;鱼类越冬期11月至次年2月平均水深为
0.17～0.19m,班玛水文站各典型年逐月平均水深变化统计情况详见表4.3-10。

表4.3-10　　　　　　班玛水文站各典型年逐月平均水深变化情况统计表　　　　　　（单位:m）

项目	1月	2月	3月	4月	5月	6月	7月	8月	9月	10月	11月	12月
最大平均水深减少量	0.07	0.06	0.06	0.10	0.18	0.38	0.44	0.36	0.35	0.28	0.22	0.12
最大减水比例	29%	27%	24%	33%	37%	54%	57%	53%	52%	48%	53%	40%
最小平均水深减少量	0.02	0.02	0.01	0.07	0.06	0.29	0.30	0.09	0.09	0.11	0.11	0.05
最小减水比例	11%	11%	7%	28%	18%	48%	49%	23%	8%	23%	37%	22%
调水后最大平均水深	0.17	0.17	0.19	0.20	0.30	0.33	0.33	0.41	0.98	0.51	0.19	0.18
调水后最小平均水深	0.17	0.17	0.19	0.19	0.28	0.31	0.31	0.29	0.32	0.29	0.18	0.17

2)最大水深

工程实施后班玛水文站计算断面虎嘉鱼、齐口裂腹鱼繁殖期3—4月最大水深为0.32～
0.34m;大渡软刺裸裂尻鱼繁殖期5月最大水深为0.48～0.49m;重口裂腹鱼、青石爬鮡繁
殖期8—9月最大水深为0.48～0.93m;鱼类越冬期11月至次年2月平均水深为0.29～
0.34m,班玛水文站各典型年逐月最大水深变化统计情况详见表4.3-11。

表4.3-11　　　　　　班玛水文站各典型年逐月最大水深变化情况统计表　　　　　　（单位:m）

项目	1月	2月	3月	4月	5月	6月	7月	8月	9月	10月	11月	12月
最大水深减少量（最大）	0.12	0.11	0.10	0.15	0.17	0.29	0.31	0.28	0.27	0.24	0.27	0.19
最大减水比例	29%	28%	23%	30%	26%	35%	36%	35%	34%	32%	45%	38%
最大水深减少量（最小）	0.04	0.04	0.03	0.12	0.07	0.24	0.25	0.10	0.03	0.09	0.17	0.09
最小减水比例	12%	13%	8%	26%	13%	32%	33%	17%	3%	12%	36%	24%
调水后最大水深（最大）	0.30	0.30	0.33	0.34	0.49	0.53	0.54	0.61	0.93	0.69	0.34	0.31
调水后最大水深（最小）	0.29	0.29	0.32	0.33	0.48	0.51	0.51	0.48	0.51	0.48	0.31	0.29

(6)安斗水文站

1)平均水深

阿柯河分布有国家Ⅱ级保护鱼类虎嘉鱼,省级保护鱼类齐口裂腹鱼、重口裂腹鱼、青石
爬鮡和大渡河特有鱼类大渡软刺裸裂尻鱼。根据安斗水文站各典型年工程实施前后平均水

深变化统计结果,工程实施后安斗水文站计算断面虎嘉鱼、齐口裂腹鱼繁殖期3—4月平均水深为0.49~0.55m;大渡软刺裸裂尻鱼繁殖期5月平均水深为0.58~0.64m;重口裂腹鱼、青石爬鮡繁殖期8—9月平均水深为0.58~0.98m;鱼类越冬期11月至次年2月平均水深为0.45~0.49m,安斗水文站各典型年逐月平均水深变化统计情况详见表4.3-12。

表4.3-12 安斗水文站各典型年逐月平均水深变化情况统计表 （单位:m）

项目	1月	2月	3月	4月	5月	6月	7月	8月	9月	10月	11月	12月
最大平均水深减少量	0.08	0.07	0.11	0.25	0.30	0.37	0.37	0.19	0.17	0.21	0.20	0.12
最大减水比例	15%	13%	18%	31%	32%	36%	36%	25%	23%	26%	29%	21%
最小平均水深减少量	0.05	0.05	0.02	0.07	0.17	0.32	0.23	0.14	0.09	0.15	0.14	0.08
最小减水比例	9%	10%	4%	12%	23%	33%	21%	14%	8%	16%	23%	14%
调水后最大平均水深	0.46	0.45	0.50	0.55	0.64	0.67	0.83	0.85	0.98	0.75	0.49	0.47
调水后最小平均水深	0.45	0.45	0.49	0.49	0.58	0.64	0.64	0.59	0.58	0.58	0.47	0.46

2）最大水深

工程实施后安斗水文站计算断面虎嘉鱼、齐口裂腹鱼繁殖期3—4月最大水深为0.59~0.64m;大渡软刺裸裂尻鱼繁殖期5月最大水深为0.67~0.72m;重口裂腹鱼、青石爬鮡繁殖期8—9月最大水深为0.67~1.1m;鱼类越冬期11月至次年2月最大水深为0.57~0.6m,安斗水文站各典型年逐月最大水深变化统计情况详见表4.3-13。

表4.3-13 安斗水文站各典型年逐月最大水深变化情况统计表 （单位:m）

项目	1月	2月	3月	4月	5月	6月	7月	8月	9月	10月	11月	12月
最大水深减少量（最大）	0.06	0.04	0.09	0.29	0.35	0.37	0.37	0.22	0.19	0.24	0.19	0.10
最大减水比例	9%	7%	13%	31%	33%	33%	33%	25%	22%	26%	24%	14%
最大水深减少量（最小）	0.03	0.03	0.01	0.05	0.20	0.34	0.14	0.12	−0.01	0.18	0.12	0.05
最小减水比例	5%	5%	2%	8%	23%	31%	13%	11%	−1%	17%	17%	9%
调水后最大水深（最大）	0.58	0.57	0.61	0.64	0.72	0.76	0.96	0.99	1.10	0.86	0.60	0.58
调水后最大水深（最小）	0.57	0.57	0.59	0.60	0.67	0.73	0.73	0.68	0.67	0.67	0.58	0.58

4.3.1.3 水面宽变化分析

（1）甘孜（二）站

工程实施后甘孜（二）站计算断面长丝裂腹鱼繁殖期5—6月水面宽为93.54~

132.33m,青石爬鮡繁殖期 8—9 月水面宽为 94.87～131.93m,裸腹叶须鱼繁殖期 4 月前后（按 3—4 月计）水面宽为 88.54～90.87m;鱼类越冬期 11 月至次年 2 月水面宽为 86.5～92.73m,甘孜(二)水文站各典型年逐月水面宽统计情况详见表 4.3-14。

表 4.3-14　　　　甘孜(二)站各典型年逐月水面宽变化分析表　　　　（单位:m）

项目	1月	2月	3月	4月	5月	6月	7月	8月	9月	10月	11月	12月
水面宽最大减少量	3.31	2.90	2.11	18.50	31.81	49.93	75.66	67.93	43.94	33.41	14.31	4.69
水面宽最大减小比例	4%	3%	2%	17%	24%	31%	40%	34%	25%	24%	13%	5%
水面宽最小减少量	0.92	0.89	—0.29	6.01	10.89	22.47	45.17	15.55	12.54	8.37	4.55	1.58
水面宽最小减少比例	1%	1%	0%	6%	10%	15%	29%	14%	12%	8%	5%	2%
调水后最大水面宽	88.71	88.54	89.52	90.87	100.94	132.33	113.84	131.21	131.93	105.33	92.73	90.33
调水后最小水面宽	86.50	86.72	89.24	88.54	93.54	100.88	105.21	94.87	95.70	93.15	88.96	87.48

（2）东谷水文站

工程实施后东谷水文站计算断面青石爬鮡繁殖期 8—9 月水面宽为 47.63～50.09m;鱼类越冬期 11 月至次年 2 月水面宽为 46.45～46.69m,东谷水文站各典型年逐月水面宽变化统计情况详见表 4.3-15。

表 4.3-15　　　　东谷水文站各典型年逐月水面宽变化分析表　　　　（单位:m）

项目	1月	2月	3月	4月	5月	6月	7月	8月	9月	10月	11月	12月
水面宽最大减少量	0.98	0.61	0.71	3.36	2.39	3.83	4.72	4.52	3.71	2.53	2.21	1.36
水面宽最大减小比例	2%	1%	2%	7%	5%	7%	9%	9%	7%	5%	5%	3%
水面宽最小减少量	0.25	0.21	0.35	0.70	0.02	2.56	3.63	2.74	1.66	1.02	1.17	0.57
水面宽最小减少比例	1%	0%	1%	1%	0%	5%	7%	5%	3%	2%	2%	1%
调水后最大水面宽	46.53	46.49	46.76	47.12	47.73	48.02	49.31	49.35	50.09	48.69	46.69	46.57
调水后最小水面宽	46.45	46.45	46.73	46.81	47.61	47.75	47.96	47.78	47.63	47.55	46.55	46.48

（3）泥柯水文站

工程实施后泥柯水文站计算断面青石爬鮡繁殖期 8—9 月水面宽为 44.94～63.41m;鱼类越冬期 11 月至次年 2 月水面宽为 39.75～39.79m,泥柯水文站各典型年逐月水面宽变化统计情况详见表 4.3-16。

表 4.3-16　　　　　　　　　泥柯水文站各典型年逐月水面宽变化分析表　　　　　　　（单位：m）

项目	1 月	2 月	3 月	4 月	5 月	6 月	7 月	8 月	9 月	10 月	11 月	12 月
水面宽最大减少量	7.57	4.97	3.82	11.34	8.34	19.67	19.63	15.02	10.85	9.00	11.99	6.64
水面宽最大减小比例	16%	11%	9%	22%	16%	30%	30%	25%	17%	15%	23%	14%
水面宽最小减少量	1.55	1.40	2.26	6.00	6.54	10.42	3.75	4.65	1.81	3.23	5.09	2.47
水面宽最小减少比例	4%	3%	5%	13%	13%	19%	6%	7%	3%	7%	11%	6%
调水后最大水面宽	39.77	39.76	40.75	40.77	44.96	45.07	61.15	58.10	63.41	51.89	39.79	39.77
调水后最小水面宽	39.75	39.75	40.75	40.75	44.96	44.97	45.03	44.96	44.94	44.94	39.76	39.75

（4）壤塘水文站

工程实施后壤塘水文站计算断面虎嘉鱼、齐口裂腹鱼繁殖期 3—4 月水面宽为 33.88～33.94m；大渡软刺裸裂尻鱼繁殖期 5 月水面宽为 37.37～37.45m；重口裂腹鱼、青石爬𩾌繁殖期 8—9 月水面宽为 37.32～48.51m；鱼类越冬期 11 月至次年 2 月水面宽为 33.73～34.34m，壤塘水文站各典型年逐月水面宽变化统计情况详见表 4.3-17。

表 4.3-17　　　　　　　　　壤塘水文站各典型年逐月水面宽变化分析表　　　　　　　（单位：m）

项目	1 月	2 月	3 月	4 月	5 月	6 月	7 月	8 月	9 月	10 月	11 月	12 月
水面宽最大减少量	3.05	2.71	2.97	4.67	6.94	12.70	13.48	13.33	8.53	10.03	9.03	4.97
水面宽最大减小比例	8%	7%	8%	12%	16%	25%	26%	26%	19%	21%	21%	13%
水面宽最小减少量	1.94	1.87	2.51	4.06	6.14	6.83	7.32	7.02	4.17	3.79	6.07	3.10
水面宽最小减少比例	5%	5%	7%	11%	14%	15%	16%	16%	8%	7%	15%	8%
调水后最大水面宽	33.89	33.79	33.91	33.94	37.45	38.26	38.74	38.58	48.51	47.17	34.34	34.04
调水后最小水面宽	33.81	33.73	33.88	33.89	37.37	37.30	37.35	37.32	37.47	37.53	34.05	33.90

（5）班玛水文站

工程实施后班玛水文站计算断面虎嘉鱼、齐口裂腹鱼繁殖期 3—4 月水面宽为 40.61～41.05m；大渡软刺裸裂尻鱼繁殖期 5 月水面宽为 45.18～45.66m；重口裂腹鱼、青石爬𩾌繁殖期 8—9 月水面宽为 45.27～62.23m；鱼类越冬期 11 月至次年 2 月水面宽为 39.6～40.97m，班玛水文站各典型年逐月水面宽变化统计情况详见表 4.3-18。

表 4.3-18　　　　　　　　　班玛水文站各典型年逐月水面宽变化分析表　　　　　　　（单位：m）

项目	1 月	2 月	3 月	4 月	5 月	6 月	7 月	8 月	9 月	10 月	11 月	12 月
水面宽最大减少量	3.63	3.29	3.00	4.44	5.84	10.43	11.39	9.98	9.83	8.44	8.69	5.66
水面宽最大减小比例	8%	8%	7%	10%	11%	18%	19%	18%	17%	15%	18%	12%

项目	1月	2月	3月	4月	5月	6月	7月	8月	9月	10月	11月	12月
水面宽最小减少量	1.16	1.26	0.77	3.55	2.39	8.53	8.83	3.18	1.39	3.59	5.16	2.65
水面宽最小减少比例	3%	3%	2%	8%	5%	16%	16%	7%	2%	6%	11%	6%
调水后最大水面宽	39.87	39.83	40.84	41.05	45.66	46.82	47.17	49.56	62.23	52.51	40.97	40.21
调水后最小水面宽	39.60	39.60	40.61	40.92	45.18	46.25	46.33	45.27	46.45	45.35	40.12	39.75

(6)安斗水文站

工程实施后安斗水文站计算断面虎嘉鱼、齐口裂腹鱼繁殖期3—4月水面宽为26.19～26.55m;大渡软刺裸裂尻鱼繁殖期5月水面宽为26.75～27.13m;重口裂腹鱼、青石爬鳅繁殖期8—9月水面宽为26.72～30.25m;鱼类越冬期11月至次年2月水面宽为26.04～26.23m,安斗水文站各典型年逐月水面宽变化统计情况详见表4.3-19。

表4.3-19   **安斗水文站各典型年逐月水面宽变化分析表**   （单位:m）

项目	1月	2月	3月	4月	5月	6月	7月	8月	9月	10月	11月	12月
水面宽最大减少量	0.39	0.30	0.66	2.20	2.90	3.03	3.01	1.72	1.44	1.89	1.38	0.69
水面宽最大减小比例	1%	1%	2%	8%	10%	10%	10%	6%	5%	7%	5%	3%
水面宽最小减少量	0.20	0.22	0.10	0.36	1.51	2.87	1.21	1.04	−0.09	1.38	0.84	0.37
水面宽最小减少比例	1%	1%	0%	1%	5%	9%	4%	3%	0%	5%	3%	1%
调水后最大水面宽	26.07	26.05	26.28	26.55	27.13	27.42	29.02	29.24	30.25	28.19	26.23	26.12
调水后最小水面宽	26.05	26.04	26.19	26.23	26.75	27.19	27.21	26.78	26.72	26.72	26.14	26.07

4.3.1.4 平均流速变化分析

(1)甘孜(二)站

工程实施后甘孜(二)站计算断面长丝裂腹鱼繁殖期5—6月平均流速为1.09～1.51m/s,青石爬鳅繁殖期8—9月平均流速为1.12～1.51m/s,裸腹叶须鱼繁殖期4月前后(按3—4月计)平均流速为0.94～1.02m/s;鱼类越冬期11月至次年2月平均流速为0.85～1.07m/s,甘孜(二)站各典型年逐月平均流速统计情况详见表4.3-20。

表4.3-20   **甘孜(二)站各典型年逐月平均流速变化统计表**   （单位:m/s）

项目	1月	2月	3月	4月	5月	6月	7月	8月	9月	10月	11月	12月
流速最大降幅	0.10	0.10	0.06	0.36	0.29	0.31	0.41	0.36	0.22	0.34	0.24	0.12
流速最大降低比例	10%	9%	6%	28%	19%	20%	23%	24%	14%	23%	20%	11%
流速最小降幅	0.04	0.04	−0.01	0.14	0.18	0.12	0.30	0.19	0.16	0.15	0.13	0.07

续表

项目	1月	2月	3月	4月	5月	6月	7月	8月	9月	10月	11月	12月
流速最小降低比例	4%	4%	-1%	12%	14%	7%	18%	13%	10%	12%	12%	7%
调水后最大流速	0.95	0.94	0.98	1.02	1.23	1.51	1.37	1.51	1.51	1.29	1.07	1.01
调水后最小流速	0.85	0.86	0.97	0.94	1.09	1.23	1.28	1.12	1.14	1.08	0.96	0.90

（2）东谷水文站

工程实施后东谷水文站计算断面青石爬鮡繁殖期8—9月平均流速为0.75～1.8m/s；鱼类越冬期11月至次年2月平均流速为0.63～0.65m/s，东谷水文站各典型年逐月平均流速变化统计情况详见表4.3-21。

表4.3-21　　　　　　东谷水文站各典型年逐月平均流速变化统计表　　　（单位：m/s）

项目	1月	2月	3月	4月	5月	6月	7月	8月	9月	10月	11月	12月
流速最大降幅	0.10	0.06	0.07	0.40	0.29	0.55	0.97	0.76	0.55	0.33	0.24	0.14
流速最大降低比例	13%	9%	10%	37%	28%	41%	53%	48%	40%	29%	27%	18%
流速最小降幅	0.02	0.02	0.03	0.08	0.02	0.31	0.50	0.34	0.16	0.11	0.12	0.06
流速最小降低比例	4%	3%	5%	11%	3%	29%	39%	31%	8%	13%	16%	8%
调水后最大流速	0.64	0.63	0.66	0.70	0.76	0.79	0.86	1.19	1.80	0.82	0.65	0.64
调水后最小流速	0.63	0.63	0.66	0.66	0.73	0.76	0.78	0.77	0.75	0.74	0.64	0.63

（3）泥柯水文站

工程实施后泥柯水文站计算断面青石爬鮡繁殖期8—9月平均流速为0.58～1.35m/s；鱼类越冬期11月至次年2月平均流速为0.47m/s，泥柯水文站各典型年逐月平均流速变化统计情况详见表4.3-22。

表4.3-22　　　　　　泥柯水文站各典型年逐月平均流速变化统计表　　　（单位：m/s）

项目	1月	2月	3月	4月	5月	6月	7月	8月	9月	10月	11月	12月
流速最大降幅	0.16	0.10	0.08	0.28	0.23	0.93	0.93	0.51	0.67	0.32	0.29	0.14
流速最大降低比例	26%	18%	14%	36%	28%	62%	61%	47%	45%	32%	38%	23%
流速最小降幅	0.03	0.03	0.05	0.13	0.17	0.30	0.38	0.29	0.15	0.08	0.11	0.05
流速最小降低比例	6%	5%	9%	21%	23%	34%	25%	23%	16%	12%	18%	9%
调水后最大流速	0.47	0.47	0.49	0.49	0.58	0.58	1.16	0.99	1.35	0.76	0.47	0.47
调水后最小流速	0.47	0.47	0.49	0.49	0.58	0.58	0.58	0.58	0.58	0.58	0.47	0.47

（4）壤塘水文站

工程实施后壤塘水文站计算断面虎嘉鱼、齐口裂腹鱼繁殖期3—4月平均流速为

0.83m/s;大渡软刺裸裂尻鱼繁殖期 5 月平均流速为 0.96～0.97m/s;重口裂腹鱼、青石爬鳅繁殖期 8—9 月平均流速为 0.96～1.53m/s;鱼类越冬期 11 月至次年 2 月平均流速为 0.83～0.85m/s,壤塘水文站各典型年逐月平均流速变化统计情况详见表 4.3-23。

表 4.3-23　　　　　　　　　壤塘水文站各典型年逐月平均流速变化统计表　　　　　　（单位:m/s）

项目	1月	2月	3月	4月	5月	6月	7月	8月	9月	10月	11月	12月
流速最大降幅	0.11	0.10	0.11	0.18	0.31	0.74	0.89	0.85	0.56	0.50	0.38	0.19
流速最大降低比例	12%	11%	12%	18%	25%	43%	47%	46%	29%	34%	31%	19%
流速最小降幅	0.07	0.07	0.09	0.15	0.27	0.31	0.33	0.32	0.39	0.30	0.24	0.12
流速最小降低比例	8%	8%	10%	16%	22%	24%	26%	25%	27%	17%	22%	12%
调水后最大流速	0.83	0.83	0.83	0.83	0.97	1.00	1.02	1.01	1.53	1.44	0.85	0.84
调水后最小流速	0.83	0.83	0.83	0.83	0.96	0.96	0.96	0.96	0.97	0.97	0.84	0.83

(5)班玛水文站

工程实施后班玛水文站计算断面虎嘉鱼、齐口裂腹鱼繁殖期 3—4 月平均流速为 0.97～0.98m/s;大渡软刺裸裂尻鱼繁殖期 5 月平均流速为 1.03m/s;重口裂腹鱼、青石爬鳅繁殖期 8—9 月平均流速为 1.03～1.94m/s;鱼类越冬期 11 月至次年 2 月平均流速为 0.97～0.98m/s,班玛水文站各典型年逐月平均流速变化统计情况详见表 4.3-24。

表 4.3-24　　　　　　　　　班玛水文站各典型年逐月平均流速变化统计表　　　　　　（单位:m/s）

项目	1月	2月	3月	4月	5月	6月	7月	8月	9月	10月	11月	12月
流速最大降幅	0.03	0.03	0.03	0.05	0.15	0.42	0.51	0.38	0.37	0.28	0.14	0.07
流速最大降低比例	3%	3%	3%	5%	12%	29%	33%	27%	26%	21%	13%	6%
流速最小降幅	0.01	0.01	0.01	0.04	0.04	0.28	0.30	0.06	0.18	0.08	0.06	0.02
流速最小降低比例	1%	1%	1%	4%	4%	21%	22%	6%	8%	7%	6%	2%
调水后最大流速	0.97	0.97	0.98	0.98	1.03	1.05	1.06	1.12	1.94	1.22	0.98	0.97
调水后最小流速	0.97	0.97	0.97	0.98	1.03	1.04	1.05	1.03	1.05	1.03	0.97	0.97

(6)安斗水文站

工程实施后安斗水文站计算断面虎嘉鱼、齐口裂腹鱼繁殖期 3—4 月平均流速为 0.46～0.54m/s;大渡软刺裸裂尻鱼繁殖期 5 月平均流速为 0.58～0.66m/s;重口裂腹鱼、青石爬鳅繁殖期 8—9 月平均流速为 0.57～1.55m/s;鱼类越冬期 11 月至次年 2 月平均流速为 0.43～0.47m/s,安斗水文站各典型年逐月平均流速变化统计情况详见表 4.3-25。

表4.3-25 安斗水文站各典型年逐月平均流速变化统计表 （单位：m/s）

项目	1月	2月	3月	4月	5月	6月	7月	8月	9月	10月	11月	12月
流速最大降幅	0.08	0.06	0.14	0.49	0.76	1.05	1.03	0.49	0.36	0.42	0.29	0.14
流速最大降低比例	16%	13%	22%	48%	54%	59%	59%	39%	35%	41%	38%	24%
流速最小降幅	0.04	0.05	0.02	0.07	0.33	0.84	0.72	0.38	0.31	0.30	0.17	0.08
流速最小降低比例	9%	10%	4%	14%	36%	56%	40%	27%	17%	31%	28%	15%
调水后最大流速	0.44	0.43	0.48	0.54	0.66	0.72	1.09	1.15	1.55	0.89	0.47	0.45
调水后最小流速	0.43	0.43	0.46	0.47	0.58	0.67	0.67	0.58	0.57	0.57	0.45	0.44

4.3.1.5 水温

用工程的相关参数对各水库水温结构进行判断，结果显示各引水枢纽水库均为 $\alpha < 10$，即均为水温稳定分层型水库。这类水库水温基本分为3层：上层（水面10m左右）是变温层，温度随气温而变化；中层（水面10～30m）是温跃层；水温随水深而变化，下层（水面30m以下）是滞温层，水温保持常年稳定。

采用东北水电勘测设计院方法对水库垂向水温进行估算，同时结合相邻地区湖泊的实测资料，判断水库在水深30m以下时，年水温变动在5℃～10℃，即夏季水温在10℃左右，冬季水温在5℃左右。

因各调水枢纽的引水发电洞、泄洪洞均在水面30m以下，处于水库的滞温层，因此生态电站引水的水温多在10℃左右，而夏季泄洪的水温则至少在10℃。

水库蓄水后，库区水温和坝下水温较原来都会发生变化，坝上表现为夏季库区的表层水温将明显高于成库前该河段的水温，坝下表现为夏季下泄水温较原河段水温下降，冬季发电尾水下泄水温较原河段水温升高。

4.3.2 对水生植物和水生无脊椎动物的影响

蓄水后，原有的河流将形成河道型水库，由于流速减缓，泥沙沉降，水体透明度将增大，被淹没区域内植被的分解、土壤内营养物质的渗出，使水中有机物质和矿物质增加，这些变化有利于浮游生物的生长繁殖。预计蓄水后库区浮游植物生物量会有较大的增加，但主要优势种类仍将是硅藻。浮游植物在水库不同的区段增加的程度不一样，在库尾江段和干流部分增加相对较少，而在流速小的库湾及坝前河段，生物量会增加较多。

浮游植物增加后，以浮游植物为食的浮游动物相应增加，其变化趋势与浮游植物相似。由于水文状况的改变，水库中适应流水性的原生动物匣壳虫、圆壳虫种类将减少，喜静水的纤毛虫种类将增加；同时由于敞水区的增加，喜浮游的原生动物、轮虫种类增加；在种类组成上，大型浮游动物增加得较显著。在密度和生物量方面，小型浮游动物轮虫增长速度较快，但它受水库调度影响较大；大型浮游动物密度增加虽然没有小型浮游动物快，但由于其生物量较大,在生物量组成中的比重会增加。浮游动物总的趋势是种类和数量较建坝前有大幅增长,库湾及沿岸带水域增加的比例较水库深水区大。

在密度和生物量方面,由于水流减缓,更适合浮游甲壳动物的生存和繁殖,数量上会较建坝前有较大的增加;库湾及沿岸带水域增加的比例较水库的深水区大。由于蓄水水体的水流减缓,水体与岩体的作用造成水中有机物和矿物质增加,条件合适时,有可能在缓流区、库湾或回水区形成小范围水华。

综合两次调查结果,南水北调各引水河流以及受水水体现有浮游甲壳动物的种类和数量均较少,因此在引水后对受水水体流水环境内浮游甲壳动物的种类数将不会有大的影响。但在水库蓄水和运行后,水的流速大大减缓,一些适宜于缓流水域生活的种类会大量繁衍,因淹没区带来一定的营养物质,使水体营养物质大量增加,故浮游甲壳动物在密度上会有较大增加,但种类数不会有很明显的增加。

随着库区缓流水域面积扩大和初级生产力增加,底栖动物生物量会相应增加。但同时由于水深较大、水位变幅相对频繁,底栖生物增加的量不会太多。预计在库湾、入库支流河口及被淹没的平坝等较浅的地方,底栖生物量会比较丰富,一些适宜于静水、沙生的软体动物、水蚯蚓和摇蚊幼虫的种类和生物量将增加。近岸水域,由于光照、水深、流速及营养条件适宜,固着类生物、周丛生物也将占一定优势。

库区水生维管束植物很少,在电站运行后,一些库湾地区可能会出现一些水草,但由于水库水位变化以及库岸多为岩石等原因,建库后水生高等植物的增加量预计非常有限。

总的看来,水库建成运行后,随着生境条件的转变,预计各库区水体初级生产力将提高,浮游生物资源量较建库前会有较大的增加,浮游生物中的硅藻类和底栖动物将成为库区饵料生物的主要组成部分。

4.3.3 对鱼类的影响

4.3.3.1 对鱼类不同生活史阶段栖息地的影响

栖息地受影响的种类包括引水区内的所有种类。坝上游是原栖息地被不同程度地缩小,坝下游则是水深和流速的下降以及浅水河滩面积的减少。

鱼类的繁殖需要适宜的水温、流速等水文条件。

水库蓄水后,因对坝址年径流量的调节将显著影响坝址下游的水位,随着下泄流量的减少、近坝河段水面变窄和水深减小等水文条件的变化,坝址下游鱼类的繁殖将受到影响,其影响程度依据逐月下泄流量的大小而不同。多种鱼类在有一定流速的浅滩或洄水区繁殖,坝址下泄流量的减少将使下游浅滩的面积萎缩,使鱼类找不到足够的适宜产卵场所。同时也依据繁殖时间的不同对鱼类产卵的影响亦不同,繁殖较早的鱼类,由于春季过低的水位不能产生足够大的流速和水深,可能会使需在较深水域繁殖的短须裂腹鱼和齐口裂腹鱼等鱼类的繁殖延后,待下泄水量增大到满足其产卵需求时再开始繁殖。对繁殖期稍晚的种类,由于众多支流的流量也已较大,能够满足一些鱼类的产卵条件,这些鱼类就可以上溯到支流进行产卵。如大渡软刺裸裂尻鱼和麻尔柯河高原鳅会在干流和支流洄游,即性成熟个体在繁殖季节从越冬或索饵场所的干流水域向干流上游或自干流水域向支流迁徙,到达具有产卵场条件的水域完成繁殖。据现场调查,玛柯河班玛县城以下的揭纳沟即有可能成为大渡软刺裸裂尻鱼上溯产卵的支流。大渡软刺裸裂尻鱼的产卵场分布较广泛,揭纳沟流速较缓,沙和砾石底质,卵产出后在砾石缝隙中孵化(图 4.3-1)。

图 4.3-1　玛柯河支流揭纳沟

3—4 月繁殖的虎嘉鱼、短须裂腹鱼、齐口裂腹鱼、四川裂腹鱼和裸腹叶须鱼;5—6 月繁殖的长丝裂腹鱼、大渡软刺裸裂尻鱼、拟硬刺高原鳅和修长高原鳅;9—10 月繁殖的青石爬鮡,平均水深和流速都较原来减小,但在不同的河段,多数鱼类还是可以找到合适的产卵场所。

7—8 月繁殖的软刺裸裂尻鱼和细尾高原鳅,这些种类可能会由于水库的泄洪使产卵场的水深和流速得以改善。

此外,发电低温尾水排入坝址下游河段后,将改变原河流的水温条件,这将对鱼类的繁殖产生影响,会造成一些鱼类的繁殖时间延后。3—4 月繁殖的鱼类需要 10℃左右的水温,这与该期间发电尾水的水温是接近的,5—6 月繁殖的鱼类需要 14℃左右的水温,而同期发电尾水的水温达不到这个要求,这些种类的繁殖可能要略延迟或在更下游段水温适宜的河段。7—8 月繁殖的鱼类可能要求 16℃的水温,而该时期处于水库的泄洪期,下泄洪水的水温也已明显升高,同时支流水量的汇入也能使坝下一定距离内水温接近原河段的水温,因此对该时期鱼类繁殖影响应不会太大。

4.3.3.2　对不同水系主要鱼类的影响

(1)工程对雅砻江水系鱼类的影响

雅砻江水系共分布有 14 种鱼类,不同鱼类受工程影响的程度与其生活习性及对栖息地的要求相关。

雅砻江干流热巴坝址、支流达曲阿安坝址和泥曲仁达坝址上游都有较长距离的峡谷河段，其生境是喜栖息于急流水体鱼类良好的繁殖场所以及鱼卵、鱼苗发育和幼鱼的摄食场所。热巴大坝、阿安大坝和仁达大坝水库的蓄水将在较长的河段内淹没这些鱼类原有的繁殖场所以及鱼卵、鱼苗发育和幼鱼的摄食场所。

此外，喜在湍流水环境中繁殖的鱼类其成熟个体通常在春季要向上游做短距离的生殖洄游，在适宜的产卵场所产卵繁殖。因产出的鱼卵不是漂流性卵，并不随水流漂向下游，故孵出的鱼苗和幼鱼均在产卵河段附近水体栖息和摄食。秋季水温逐渐下降后这些鱼类要逐渐向水体较深、水温较高的下游做短距离越冬洄游。热巴大坝、阿安大坝和仁达大坝的修建将对这些鱼类的春季上溯和秋季降河产生阻隔作用，对这些鱼类的繁殖和摄食产生不利影响。受上述因素影响较大的鱼类包括短须裂腹鱼、长丝裂腹鱼、四川裂腹鱼、裸腹叶须鱼、厚唇裸重唇鱼、软刺裸裂尻鱼和青石爬鮡。其余分布在雅砻江水系的鱼类也受一定影响，但影响程度不是很大。

同样，坝址下游的峡谷河段也是喜在湍流水环境中繁殖鱼类的良好繁殖场所，调水后坝址下游流量的减少将使水位降低、流速下降，会对这些鱼类的繁殖产生不利影响。由于下游近坝河段逐月的下泄流量是不同的，因此在不同时间繁殖的鱼类受到的影响程度也有所不同。

同时，下游流量的减少将使着生藻类和底栖动物等鱼类主要饵料生物的总生物量下降，这也将使下游以着生藻类和底栖动物为主要食物的鱼类种群容纳量下降。分布于雅砻江水系的 14 种鱼类都将不同程度地受此因素的影响。

冬季坝址下游河段的流量基本维持原来同期流量，这样，坝址下游鱼类的越冬将不会受到不利的影响。

工程对雅砻江水系优势种鱼类的影响详见表 4.3-26。

表 4.3-26　　工程不同因素对雅砻江水系优势种鱼类的影响程度及工程运行后鱼类种群发展趋势

种类	坝址以上栖息地损失影响	坝上繁殖场所损失影响	坝下水文变化对繁殖的影响	坝下水文变化对栖息地的影响	工程长期运行后坝上种群发展趋势	工程长期运行后坝下种群发展趋势
短须裂腹鱼	影响	影响	影响	影响	维持小规模	维持一定规模
长丝裂腹鱼	影响	影响	影响	影响	维持小规模	维持一定规模
四川裂腹鱼	影响	影响	影响	影响	维持小规模	维持一定规模
裸腹叶须鱼	影响	影响	影响	影响	维持小规模	维持一定规模
厚唇裸重唇鱼	影响	影响	影响	影响	维持一定规模	维持一定规模
软刺裸裂尻鱼	影响	影响	影响	影响	维持一定规模	维持一定规模
麻尔柯河高原鳅	影响	影响	影响	影响	维持一定规模	维持一定规模
青石爬鮡	影响	影响	影响	影响	维持小规模	维持一定规模

（2）工程对大渡河水系鱼类的影响

大渡河水系分布有6种鱼类，不同鱼类受工程影响的程度与其生活习性及对栖息地的要求相关。

大渡河水系色曲的洛若坝址和杜柯河的上杜柯坝址上游有一定长度的峡谷河段，同样也是喜栖息于急流水体鱼类良好的繁殖场所以及鱼卵、鱼苗发育和幼鱼的摄食场所。洛若大坝和上杜柯大坝水库的蓄水将在较长的河段内淹没这些鱼类原有的繁殖场所以及鱼卵、鱼苗发育和幼鱼的摄食场所。受此因素影响较大的是齐口裂腹鱼和重口裂腹鱼。

玛柯河的霍那坝址和阿柯河的克柯坝址上游是宽谷河段，是喜栖息于缓流水体鱼类良好的繁殖场所以及鱼卵、鱼苗发育和幼鱼的摄食场所。春季这些种类的成熟个体要向上游做短距离的生殖洄游，在适宜的产卵场所产卵繁殖。因产出的鱼卵不是漂流性卵并不随水流漂向下游，故孵出的鱼苗和幼鱼均在产卵河段附近水体栖息和摄食。秋季水温逐渐下降后这些鱼类要逐渐向水体较深、水温较高的下游做短距离越冬洄游。洛若大坝、珠安达大坝、霍那大坝和克柯大坝的修建将对这些鱼类的春季上溯和秋季降河产生阻隔作用，对这些鱼类的繁殖和摄食产生不利影响。受上述因素影响较大的鱼类包括大渡软刺裸裂尻鱼和麻尔柯河高原鳅。其余分布在大渡河水系的鱼类也受一定影响，但影响程度不是很大。

其中阿柯河的克柯坝址下游有已建的安羌电站，属于坝式水电站，已经先于克柯大坝形成了对河流的阻隔作用，所以克柯大坝只存在对安羌电站以上这一较小河段内的鱼类起阻隔作用，其产生的影响不大。

同样，坝址下游的峡谷河段也是喜在湍流水环境中繁殖鱼类的良好繁殖场所，调水后坝址下游流量的减少将使水位降低、流速下降，会对一些鱼类的繁殖产生不利影响。

同时，下游流量的减少将使着生藻类和底栖动物等鱼类主要饵料生物的总生物量下降，这也将使下游以着生藻类和底栖动物为主要食物的鱼类种群容纳量下降。分布于大渡河水系的6种鱼类都将不同程度地受此因素的影响。

冬季坝址下游河段的流量与原同期流量相当，这样，坝址下游鱼类的越冬将不会受到不利的影响。

工程对大渡河水系鱼类的影响详见表4.3-27。

综合分析，工程对引水水域鱼类影响的主要表现形式是繁殖场所、摄食场所的损失，而对越冬的影响不大。各河流建坝后，雅砻江水系和大渡河水系的珍稀和保护鱼类仍能在坝下维持一定的规模，但鱼类栖息地面积的缩小和饵料生物总量的减少都会导致水体环境对鱼类种群容纳量的减小，使各鱼类种群的总资源量有所下降。

表 4.3-27 工程不同因素对大渡河水系鱼类的影响程度及工程运行后鱼类种群发展趋势预测

种类	坝址以上栖息地损失影响	坝上繁殖场所损失影响	坝下水文变化对繁殖的影响	坝下水文变化对栖息地的影响	工程运行后坝上种群发展趋势	工程运行后坝下种群发展趋势
虎嘉鱼	非主要栖息地	非繁殖场	影响	影响	非主要栖息地	维持一定规模
齐口裂腹鱼	非主要栖息地	非繁殖场	影响	影响	非主要栖息地	维持一定规模
重口裂腹鱼	非主要栖息地	非繁殖场	影响	影响	非主要栖息地	维持一定规模
大渡软刺裸裂尻鱼	影响	影响	影响	影响	维持一定规模	维持一定规模
麻尔柯河高原鳅	影响	影响	影响	影响	维持一定规模	维持一定规模
青石爬鮡	非主要栖息地	非繁殖场	影响	影响	非主要栖息地	维持一定规模

4.3.4 对水生生物多样性的影响

调水工程对水生动植物的影响则较为复杂,不仅限于库区的淹没和生物栖息地环境改变,还存在阻隔洄游性鱼类洄游通道,影响物质交流,以及影响坝址下游河段水生动植物及其栖息地环境等。

4.3.4.1 水库蓄水对水生生物多样性的影响

大坝建成后,库区浮游植物的种类和数量将会增多。水热条件改善,饵料的增加,为库区两栖类,如大鲵、倭蛙、高原林蛙、西藏蟾蜍、爬行类,如青海沙蜥的发展提供了有利条件。建库后,将破坏部分鱼类的洄游、栖息、索饵和繁殖的生态条件,坝址上下游鱼类将处在生态隔离状态,某些洄游鱼类洄游路线受阻;坝址附近江段喜欢生活在急流水中的鱼类,如齐口裂腹鱼、厚唇裂腹鱼、青石爬鮡、软刺裸裂尻鱼等,在建坝后可能会因不适应新的环境而将在库区消失,或迁往库尾或支流,其数量会相应减少,但不至于影响其种群的生存,也不会有绝灭的危险;库区鱼类种群将逐渐发生变化,喜缓流水或静水生活的鱼类,如长须裂腹鱼、大渡软刺裸裂尻鱼、重口裂腹鱼、厚唇裂腹鱼、红尾副鳅、短体副鳅、山鳅等,将逐渐发展为库区鱼类的优势种。原有水体中的鱼类种群数将会减少,生态类型日趋简单化。

浮游生物喜欢较缓及至静止的水流条件。湍急的水流条件不适合浮游生物的生长繁殖。因此,调水前,雅砻江(达曲、泥曲)在坝址附近的江段不适合浮游生物的生活,其种类和生物量都较少。大坝建成后,库区的水流速度减缓,水体透明度有所提高,库水变得清澈,有利于浮游植物的光合作用,种类和数量将会增多。大渡河(色曲、杜柯河、玛柯河、阿柯河)江段由于地势相对平坦,水流缓慢,建坝后对浮游生物的影响较小。

水库蓄水后,由于库水交换频繁且水位变幅较大,水库的环境仍不利于水草生长,因此,建库对库内高等水生植物的生长环境不会有明显改善。在大坝以下江段,水草的生长环境变化不大,建库的影响不明显,对其他江段的水草生长环境影响更小。

　　水库淹没、库水透明度增大和浮游生物的增多有利于底栖生物的繁殖,但水库水位的变化对它们的大量繁殖是限制因素之一,因此,建库后库区底栖生物增加有限。水库蓄水后,水流的流速变缓将有利于分布在雅砻江支流达曲、泥曲内的四川裂腹鱼、厚唇裸重唇鱼、鲤等在每年春天(3—6月)的产卵,以及产卵后的亲鱼和幼鱼在水库中育肥,但是大坝修建后可能限制了产卵后成鱼每年9月开始向下游的迁游,会影响此种鱼类的生活习性。

　　蛴合鱼主要生活在平均海拔 3250~3500m 之间的高山小溪、沼泽等地的石缝中,以摄食草根为主,也摄食少量的泥土及小虫。水库蓄水后,对它的生境改变很小,因此,调水对蛴合鱼的影响很小。大渡河(色曲、杜柯河、玛柯河、阿柯河)江段由于水文条件变化相对小一些,所产生的影响也小一些。

　　综上所述,调水工程对影响区域内水生生物的影响相对较大,但坝址上下游的水生生物种类多为该水域常见种,在调水河流下游江段或长江其他支流均有分布,某些鱼类在库区或局部江段会减少,乃至消失,但不会对其种群的生存造成影响,不会有绝灭的危险。因此,调水工程对水生生物的物种多样性和生态系统多样性不会造成明显的不利影响。

4.3.4.2　工程对引水区鱼类群落结构的影响

　　各调水河流水库蓄水运行后,库区内因流速减小、水深增加和底质沙化等水文情势改变,对原来适应于流水、石质底质的鱼类是不利的,其种群生存空间会由于形成的河道型水库而减少,种群的总资源量将下降。软刺裸裂尻鱼和大渡软刺裸裂尻鱼是分布广、适应能力强的种类,较高原鳅更能适应库区的环境,因此,雅砻江水系的库区将主要以软刺裸裂尻鱼为主,大渡河水系则以大渡软刺裸裂尻鱼为主。

　　坝下河段的水深会因水库下泄流量较小而下降,齐口裂腹鱼、长丝裂腹鱼、需要较大流量的种类将向下游迁徙,而高原鳅等能适应小流量的种类仍在坝下有适宜的栖息地。

4.3.4.3　调水对坝址下游水生生物多样性的影响

　　引水坝址以下至支流汇入江段,河道中流量骤减,河段内水生生物栖息环境随之明显缩小,将导致浮游生物、底栖生物、水生植物的种群结构改变,生物量降低,整个食物链及生态平衡将被打破、重组,从而引起鱼类生产力降低。由于栖息环境变化,鱼类区系组成、种群结构等皆有可能受到影响。

　　坝址上下游鱼类种群基因交流受阻,即河道被大坝阻隔后形成两段,使上下游鱼类个体之间的交流受阻,会加剧上下游河段鱼类的近亲交配,减弱种群的生存力;大坝下泄的低温水对喜温水的水生生物的种类多样性和种群量的发展有抑制作用;进水口附近之鱼卵、幼仔鱼及浮游生物将被吸入。调水对鱼类的影响主要还表现在某些鱼类的产卵场和洄游路线上,由于调水使坝址以下河段的水量和水位在一定范围有较大变化,不同河流由于调水后对河流水量及水位所产生的影响有差异,因此不同蓄水河流其坝址以下对鱼类的影响程度不同。

坝下的河段将由于水深的减小,不适合较大个体鱼类的栖息,其生物多样性指数也会由于种类数的减少和群落均匀度的下降而较小。

4.3.5 施工活动对水生生物的影响

施工期工程对引水区的影响主要在大坝、电站施工工地周围。开挖和爆破等会使河流内的泥沙含量增加,这对那些视觉在捕食中起重要作用的鱼类(如虎嘉鱼)有较大影响,其他鱼类也会受一定影响(见表 4.3-28)。此外,爆破会对邻近鱼类产卵场的鱼类产生惊吓,对其繁殖活动有影响。但工程完成后,这些影响因素不复存在。

表 4.3-28　　　　　　　　　　　引水区施工期影响类型和范围

影响区域名称	影响原因	影响类型	生物表现
电站厂房工程	噪声、泥沙	可恢复	邻近区生物减少
挡水建筑物工程区	噪声、泥沙	可恢复	邻近区生物减少
砂石料加工区	噪声、泥沙	可恢复	邻近区生物减少
渡槽	噪声、泥沙	可恢复	邻近区生物减少

4.3.6 对珍稀保护鱼类影响

4.3.6.1 对国家级保护鱼类影响

研究范围内有国家级保护鱼类 1 种,即虎嘉鱼,分布在调水河流杜柯河和玛柯河上。

(1)对虎嘉鱼索饵影响分析

根据现状调查,虎嘉鱼为凶猛肉食性动物,食鱼类和水生昆虫,索饵场生境条件为河滩下方,深水潭。

1)水库淹没对虎嘉鱼索饵影响

虎嘉鱼属峡谷型鱼类,水库淹没后库区流速减缓,虎嘉鱼喜急流,库区范围将不适宜虎嘉鱼生活,导致原位于库区范围内的索饵生境损失。

①杜柯河

根据遥感解译成果结合现场考察,杜柯河珠安达库区 20km 回水范围全部为峡谷段。在最不利情况下,珠安达水库蓄水会造成约 20km 河道范围内虎嘉鱼索饵场所损失,占库尾至杜柯河河口峡谷段总长度的 17.9%。

②玛柯河

根据遥感解译成果结合现场考察,玛柯河霍那库区 18km 回水范围峡谷段与宽谷河段相间分布,两段峡谷段长 3.9km,两段宽谷河段长 15.1km。在最不利情况下,霍那库区蓄水会造成约 3.9km 河道范围内虎嘉鱼索饵场所损失,占库尾至玛柯河河口峡谷段总长度的 2.6%。

③阿柯河

根据遥感解译成果结合现场考察,阿柯河克柯Ⅱ库区 10km 回水范围全部为峡谷段。在最不利情况下,克柯Ⅱ库区蓄水会造成约 10km 河道范围内虎嘉鱼索饵场所损失,占库尾至阿柯河河口峡谷段总长度的 11.75%。

2)大坝阻隔对虎嘉鱼索饵影响

①杜柯河

杜柯河珠安达坝址最大坝高 123.2m,珠安达坝址建成会使虎嘉鱼被迫在坝址上下游各自完成索饵活动,现在位于坝址上下游的虎嘉鱼索饵生境被大坝压缩,坝址上游压缩至从源头至珠安达库尾 180.2km 河段,坝址下游被压缩至从坝址至杜柯河河口的 104.2km 河段。

②玛柯河

玛柯河霍那坝址最大坝高 109.1m,霍那坝址建成会使虎嘉鱼被迫在坝址上下游各自完成索饵活动,现在位于坝址上下游的虎嘉鱼索饵生境被大坝压缩,坝址上游压缩至从源头至霍那库尾 90km 河段,坝址下游被压缩至从坝址至玛柯河河口的 174km 河段。

③阿柯河

阿柯河克柯Ⅱ坝址最大坝高 104.6km,克柯Ⅱ坝址建成会使虎嘉鱼被迫在坝址上下游各自完成索饵活动,现在位于坝址上下游的虎嘉鱼索饵生境被大坝压缩,坝址上游压缩至从源头至克柯Ⅱ库尾 44.2km 河段,坝址下游被压缩至从坝址至阿柯河河口的 127.12km 河段。

3)坝址下游水文情势变化对虎嘉鱼索饵影响

南水北调西线工程实施后,调水会导致坝址下游水量和水面宽度减少,从而对坝址下游河段水生生物生境条件产生影响,进而对虎嘉鱼索饵产生影响。

①杜柯河

杜柯河从珠安达坝址往下游至河口河道形态分别为峡谷段(2.6km)、宽谷段(12.1km)、峡谷段(89.31km)。

工程实施后,多年平均情况下,珠安达坝址处 3—10 月下泄量为 6～37.35m³/s,减少比例为 50.17%～80.73%。

调水后近坝河段为峡谷段,调水引起的水面宽变化较小,因水面宽变化造成的虎嘉鱼饵料食物量减少的影响也较小;但 2.6km 峡谷段水深变化将较大,最不利情况下,会造成 2.6km 长的索饵场所损失,占坝址下游峡谷段总长度的 2.83%。

经过计算,工程实施后,坝址下游 29.5km 的计算断面壤塘水文站虎嘉鱼繁殖期 3—4 月平均水深为 0.49m,最大水深为 0.74～0.75m;水面宽 33.88～33.94m,基本满足虎嘉鱼不同生活阶段生境条件要求,因此工程建设对虎嘉鱼在壤塘水文站附近及壤塘水文站断面下游河段索饵影响较小。

②玛柯河

玛柯河从霍那坝址往下游至河口河道形态分别为宽谷段（26.69km）、峡谷段（147.33km）。

工程实施后，多年平均情况下，霍那坝址处3—10月下泄量为5.5～31.22m³/s，减少比例为38.75%～80.85%。

坝址下游距离坝址26.69km的147.33km长峡谷段，水面宽变化较小，因水面宽变化造成的虎嘉鱼饵料食物量减少的影响也较小，工程建设对虎嘉鱼在玛柯河霍那坝下距离26.69km的147.33km峡谷河段索饵影响较小。

③阿柯河

阿柯河从克柯Ⅱ坝址往下游至河口河道形态分别为峡谷段（14.06km）、宽谷段（52km）、峡谷段（61.05km）。

工程实施后，多年平均情况下，克柯Ⅱ坝址处3—10月下泄量为3.0～20.22m³/s，减少比例为29.08%～84.84%。

调水后近坝河段为峡谷段，调水引起的水面宽变化较小，因水面宽变化造成的虎嘉鱼饵料食物量减少的影响也较小；但14.06km峡谷段水深变化将较大，最不利情况下，会造成14.06km长索饵场所损失，占坝址下游峡谷段总长度的18.72%。

经过计算，工程实施后坝址下游18.18km的计算断面克柯水文站（宽谷段）虎嘉鱼繁殖期3—4月平均水深为0.49～0.55m，最大水深0.59～0.64m；水面宽26.19～26.55m，基本满足虎嘉鱼繁殖期及幼鱼生境条件。

调水后对虎嘉鱼在阿柯河距离坝址66.06km以下约61.05km长峡谷段索饵影响较小。

(2)对虎嘉鱼繁殖影响分析

根据现状调查，虎嘉鱼产沉性卵，繁殖期为3—4月，产卵场生境条件为峡谷干流、缓流水域、砂底质。

1)水库淹没对虎嘉鱼繁殖影响

水库淹没对虎嘉鱼繁殖影响方式和程度与对索饵影响方式和程度相同。

2)大坝阻隔对虎嘉鱼产卵影响

水库淹没对虎嘉鱼产卵影响方式和程度与对索饵影响方式和程度相同。

3)坝址下游水文情势变化对虎嘉鱼产卵影响

南水北调西线工程实施后，调水会导致坝址下游水量减少，造成水面加宽、水深减少；流速变化，会对坝址下游河段水生生物生境条件产生影响，进而对虎嘉鱼产卵产生影响。

①杜柯河

工程实施后，多年平均情况下，珠安达坝址处3—4月下泄量为6m³/s，减少比例50.17%～71.55%。

坝下临近河段为峡谷段(2.6km),调水引起的水深、流速变化将较大,在最不利情况下,会造成 2.6km 长产卵场所损失,占坝址下游峡谷段总长度的 2.83%。

经过计算,工程实施后坝址下游 29.5km 的壤塘水文站计算断面虎嘉鱼繁殖期 3—4 月平均水深为 0.49m,最大水深为 0.74~0.75m;水面宽 33.88~33.94m,基本满足虎嘉鱼不同生活阶段生境条件要求,因此工程建设对虎嘉鱼在壤塘水文站附近及壤塘水文站断面下游河段繁殖影响较小。

②玛柯河

工程实施后,多年平均情况下,霍那坝址处 3—4 月下泄量为 5.5m³/s,减少比例 38.75%~80.85%。坝址距离下游最近的峡谷段 26.69km,此时水量有所恢复,预计基本满足虎嘉鱼产卵生境条件要求,工程建设对虎嘉鱼在坝下 26.69km 以下 147.33km 峡谷段繁殖影响较小。

③阿柯河

工程实施后,多年平均情况下,克柯Ⅱ坝址处 3—4 月下泄量为 4.0m³/s,减少比例 29.08%~61.32%。调水后近坝河段为峡谷段,流量减少对流速、水深变化影响较大,最不利情况下,会造成 14.06km 长繁殖场所损失,占坝址下游峡谷段总长度的 18.72%。

经过计算,工程实施后坝址下游 18.18km 的克柯水文站(宽谷段)计算断面虎嘉鱼繁殖期 3—4 月平均水深为 0.49~0.55m,最大水深 0.59~0.64m;水面宽 26.19~26.55m,基本满足虎嘉鱼繁殖期及幼鱼生境条件。

调水后对虎嘉鱼在阿柯河距离克柯Ⅱ坝址 66.06km 以下约 61.05km 峡谷段繁殖影响较小。

4)对虎嘉鱼已查明产卵场影响分析

自 2003 年以来,四川省水产研究所等专业科研单位先后对大渡河流域及绰斯甲河流域水域进行了多次实地调查,结果表明:足木足河干流茶堡河汇口至柯河乡附近长约 150km 的河段(含垮沙乡上游的麻尔曲河段)为虎嘉鱼集中分布水域。

搜集资料表明:虎嘉鱼的产卵场曾分布较广,近年来受人为干扰、资源量锐减及生境破坏等影响,变化较大。目前,大渡河干流虎嘉鱼产卵场主要集中分布在双江口以上河段,现存有 9 处(足木足河干流 8 处,支流阿柯河 1 处)产卵场。

拟建霍那坝址距离最近的虎嘉鱼产卵场(诺普产卵场)河道距离大于 150km(相对位置关系见图 4.3-2),根据前面的分析,工程建设后,坝址下游水文情势变化对虎嘉鱼在坝下 26.69km 以下峡谷段(147.33km)繁殖影响较小,因此坝址下游水文情势变化对诺普产卵场影响轻微;拟建克柯Ⅱ坝址距离最近的虎嘉鱼产卵场(茸安乡产卵场)河道距离大于 110km,根据前面的分析,坝址下游水文情势变化对虎嘉鱼在阿柯河距离克柯Ⅱ坝址 66.06km 以下峡谷段(约 61.05km)繁殖影响较小;综上所述,工程建设对已查明产卵场影响较小。

图 4.3-2　霍那坝址及克柯Ⅱ坝址与虎嘉鱼产卵场位置关系图

（3）对虎嘉鱼越冬影响分析

根据现状调查，虎嘉鱼越冬场生境条件为干流深潭、石隙。工程实施后，多年平均情况下，杜柯河珠安达坝址处 11 月至次年 2 月下泄量为 6m³/s，12 月、次年 1 月、次年 2 月下泄量大于历史同期最小流量（5.0m³/s、4.2m³/s、4.3m³/s）；玛柯河霍那坝址处 11 月至次年 2 月下泄量为 4.5m³/s，次年 1 月、次年 2 月下泄量大于历史同期最小流量（4.2m³/s、3.4m³/s）；阿柯河克柯Ⅱ坝址 11 月至次年 2 月下泄量为 3.0m³/s，次年 1 月、次年 2 月下泄流量大于历史同期最小流量（1.9m³/s、2.3m³/s），越冬期间下泄流量与现状流量相比变化较小；同时，虎嘉鱼越冬场所在石隙中，工程运行后杜柯河、玛柯河、阿柯河坝址上下游还有较长连续河段为虎嘉鱼提供越冬场所，工程建设对虎嘉鱼越冬影响较小。

（4）对虎嘉鱼洄游影响分析

杜柯河珠安达坝址、玛柯河霍那坝址、阿柯河克柯Ⅱ坝址均为高坝，最大坝高分别为 123.2m、109.1m、104.6m。由于虎嘉鱼具有短距离河—河洄游习性，大坝会阻断位于珠安达坝址、霍那坝址、克柯Ⅱ坝址附近虎嘉鱼的短距离洄游。

自 2003 年以来,四川省水产研究所等专业科研单位先后对大渡河流域及绰斯甲河流域水域进行了多次实地调查,结果表明:足木足河干流茶堡河汇口至柯河乡附近长约 150km 的河段(含垮沙乡上游的麻尔曲河段)为虎嘉鱼集中分布水域。

玛柯河霍那坝址、阿柯河克柯Ⅱ坝址建设不会对玛柯河仁钦果水电站以下、阿柯河安羌水电站以下虎嘉鱼的短距离洄游产生影响。

(5)对虎嘉鱼种群规模影响分析

在最不利情况下,工程建设会造成虎嘉鱼在杜柯河、玛柯河、阿柯河的种群数量有所减少,但工程建设区域已查明不是虎嘉鱼的集中分布区,同时工程运行后坝址上下游均有较长河段(90km 以上)为虎嘉鱼提供了生活条件,因此,工程运行后虎嘉鱼在杜柯河、玛柯河、阿柯河仍能维持一定的种群规模。

(6)对虎嘉鱼影响分析小结

经过以上分析,工程建设会造成杜柯河、玛柯河、阿柯河水源水库库区及坝下部分索饵、产卵场所的损失,但对于已经查明的虎嘉鱼产卵场影响较小;调水后虎嘉鱼生境条件会被进一步分割、压缩;珠安达、霍那坝址、克柯Ⅱ对坝址附近虎嘉鱼洄游产生阻隔影响,但对虎嘉鱼集中分布区域的虎嘉鱼短距离洄游影响较小。

已经查明工程建设区域不是虎嘉鱼所在河段的集中分布区域;虎嘉鱼本身分布较广;玛柯河虎嘉鱼集中分布区域已经被划定为水产种质资源保护区,保护现状较好;虎嘉鱼人工繁殖技术取得重大进展。因此,南水北调西线工程不会使虎嘉鱼在调水河流上的种群规模明显减少,不会对虎嘉鱼种群生存产生显著影响,对虎嘉鱼的影响程度是可接受的。

4.3.6.2　省级保护鱼类影响分析

研究范围内省级保护鱼类 4 种,即齐口裂腹鱼、长丝裂腹鱼、重口裂腹鱼和青石爬鮡。齐口裂腹鱼(青海省级保护鱼类)分布在色曲、杜柯河、玛柯河、阿柯河;长丝裂腹鱼(青海、四川省级保护鱼类)分布在雅砻江干流;重口裂腹鱼(青海、四川省级保护鱼类)分布在杜柯河、玛柯河、阿柯河;青石爬鮡(四川省级保护鱼类)在 7 条调水河流上均有分布。

(1)齐口裂腹鱼影响分析

1)对齐口裂腹鱼索饵影响分析

根据现状调查,齐口裂腹鱼为杂食性鱼类,以着生藻类为食,偶食水生昆虫和植物种子,索饵生境为峡谷干支流、急流、砾石底质。

①水库淹没对齐口裂腹鱼索饵影响分析

齐口裂腹鱼属峡谷型鱼类,喜急流,水库淹没后库区流速减缓,将不适宜齐口裂腹鱼生活,导致原位于库区范围内的索饵生境损失。

A 色曲

根据遥感解译成果结合现场考察,色曲以上洛若库区 1km 回水范围全部为宽谷河段,不是齐口裂腹鱼的索饵场所,色曲水库淹没对齐口裂腹鱼的索饵几乎没有影响。

B 杜柯河

杜柯河珠安达库区 20km 回水范围全部为峡谷段,最不利情况下,珠安达水库蓄水会造成约 20km 齐口裂腹鱼索饵场所损失,占库尾至杜柯河河口峡谷段总长度的 17.9%。

C 玛柯河

最不利情况下,霍那库区蓄水会造成约 3.9km 齐口裂腹鱼索饵场所损失,占库尾至玛柯河河口峡谷段总长度的 2.6%。

D 阿柯河

根据遥感解译成果结合现场考察,阿柯河克柯Ⅱ库区 10km 回水范围全部为峡谷段,最不利情况下,克柯Ⅱ库区蓄水会造成约 10km 齐口裂腹鱼索饵场所损失,占库尾至阿柯河河口峡谷段总长度的 11.75%。

②大坝阻隔对齐口裂腹鱼索饵影响

A 色曲

色曲洛若坝址最大坝高 30m,洛若坝址建成会使现生活在坝址下游齐口裂腹鱼被迫在坝址下游完成索饵活动,索饵活动空间被压缩至从坝址至色曲河口 108.92km 河段。

B 杜柯河

杜柯河珠安达坝址最大坝高 123.2m,珠安达坝址建成会使齐口裂腹鱼被迫在坝址上下游各自完成索饵活动,现在位于坝址上下游的齐口裂腹鱼索饵生境被压缩至坝址上下游两段,坝址上游压缩至从源头至珠安达库尾 180.2km 河段,坝址下游被压缩至从坝址至杜柯河河口的 104.2km 河段。

C 玛柯河

玛柯河霍那坝址最大坝高 109.1m,霍那坝址建成会使齐口裂腹鱼被迫在坝址上下游各自完成索饵活动,现在位于坝址上下游的齐口裂腹鱼索饵生境被压缩至坝址上下游两段,坝址上游压缩至从源头至霍那库尾 90km 河段,坝址下游被压缩至坝址至从玛柯河河口的 174km 河段。

D 阿柯河

阿柯河克柯Ⅱ坝址最大坝高 104.6km,克柯Ⅱ坝址建成会使齐口裂腹鱼被迫在坝址上下游各自完成索饵活动,现在位于坝址上下游的齐口裂腹鱼索饵生境被压缩至坝址上下游两段,坝址上游压缩至从源头至克柯Ⅱ库尾 44.2km 河段,坝址下游被压缩至从坝址至玛柯河河口的 127.12km 河段。

③下游水文情势变化对齐口裂腹鱼索饵影响

A 色曲

色曲从洛若坝址往下游至河口河道形态分别为宽谷段(20.6km)、峡谷段(27.4km)、宽谷段(13.8km)、峡谷段(47.2km)。

工程实施后,多年平均情况下,洛若坝址处 3—10 月下泄量为 2.0~12.69m³/s,减少比例 1.94%~70.11%。

距离坝址最近的峡谷段位于坝址下游 20.6km,径流有所恢复,调水对水面宽影响较小,对齐口裂腹鱼饵料食物量影响较小,对其索饵影响也较小。

B 杜柯河

杜柯河从珠安达坝址往下游至河口河道形态分别为峡谷段(2.6km)、宽谷段(12.1km)、峡谷段(89.31km)。

工程实施后,多年平均情况下,珠安达坝址处 3—10 月下泄量为 6~37.35m³/s,减少比例 50.17%~80.73%。

调水后近坝河段为峡谷段,调水引起的水面宽变化较小,因水面宽变化造成的齐口裂腹鱼饵料食物量减少的影响也较小;但 2.6km 峡谷段水深变化将较大,最不利情况下,会造成 2.6km 长索饵场所损失,占坝址下游峡谷段总长度的 2.83%。

经过计算,工程实施后坝址下游 29.5km 的计算断面壤塘水文站齐口裂腹鱼繁殖期 3—4 月平均水深为 0.49m,最大水深为 0.74~0.75m;水面宽 33.88~33.94m,满足齐口裂腹鱼最低生境条件要求,因此工程建设对齐口裂腹鱼在壤塘水文站附近及壤塘水文站断面下游河段索饵影响较小。

C 玛柯河

玛柯河从霍那坝址往下游至河口河道形态分别为宽谷段(26.69km)、峡谷段(147.33km)。

工程实施后,多年平均情况下,霍那坝址处 3—10 月下泄量为 5.5~31.22m³/s,减少比例 38.75%~80.85%。

坝址下游距离坝址 26.69km 的峡谷段(长 147.33km),水面宽变化较小,因水面宽变化造成的齐口裂腹鱼饵料食物量减少的影响也较小,工程建设对齐口裂腹鱼在玛柯河霍那坝下距离 26.69km 的峡谷河段(长 147.33km)索饵影响较小。

D 阿柯河

阿柯河从克柯Ⅱ坝址往下游至河口河道形态分别为峡谷段(14.06km)、宽谷段(52km)、峡谷段(61.05km)。

工程实施后,多年平均情况下,克柯Ⅱ坝址处 3—10 月下泄量为 3.0~20.22m³/s,减少比例 29.08%～84.84%。

调水后近坝河段为峡谷段,调水引起的水面宽变化较小,因水面宽变化造成的齐口裂腹鱼饵料食物量减少的影响也较小;但 14.06km 峡谷段水深变化将较大,最不利情况下,会造成 14.06km 长索饵场所损失,占坝址下游峡谷段总长度的 18.72%。

经过计算,工程实施后坝址下游 18.18km 的计算断面克柯水文站(宽谷段)齐口裂腹鱼繁殖期 3—4 月平均水深为 0.49～0.55m,最大水深 0.59～0.64m;水面宽 26.19～26.55m,满足齐口裂腹鱼最低生境条件要求。调水后对齐口裂腹鱼在阿柯河距离坝址 66.06km 以下峡谷段(长 61.05km)索饵影响较小。

2)对齐口裂腹鱼繁殖影响分析

根据现状调查,齐口裂腹鱼产沉性卵,繁殖期为 3—4 月,产卵场生境条件为峡谷干支流、急流、砾石底质。

①水库淹没对齐口裂腹鱼繁殖影响

各水库淹没对齐口裂腹鱼繁殖影响方式和程度与对索饵影响方式和程度相同。

②大坝阻隔对齐口裂腹鱼繁殖影响

各坝址阻隔对齐口裂腹鱼繁殖影响方式和程度与对索饵影响方式和程度相同。

③下游水文情势变化对齐口裂腹鱼繁殖影响

A 色曲

工程实施后,多年平均情况下,洛若坝址处 3—4 月下泄量为 2.0～6.57m³/s,减少比例 50.17%～71.55%。

距离坝址最近的峡谷段位于坝址下游 20.6km,径流有所恢复,调水对水深、河面宽、流速影响减小,对齐口裂腹鱼繁殖影响较小。

B 杜柯河

工程实施后,多年平均情况下,珠安达坝址处 3—4 月下泄量为 6m³/s,减少比例 50.17%～71.55%。

坝下临近河段为峡谷段(2.6km),调水引起的水深、流速变化将较大,在最不利情况下,会造成 2.6km 长产卵场所损失,占坝址下游峡谷段总长度的 2.83%。

经过计算,工程实施后坝址下游 29.5km 的壤塘水文站计算断面齐口裂腹鱼繁殖期 3—4 月平均水深为 0.49m,最大水深为 0.74～0.75m;水面宽 33.88～33.94m,满足齐口裂腹鱼最低生境条件要求,因此工程建设对齐口裂腹鱼在壤塘水文站附近及壤塘水文站断面下游河段繁殖影响较小。

C 玛柯河

工程实施后,多年平均情况下,霍那坝址处 3—4 月下泄量为 5.5m³/s,减少比例

38.75%～80.85%。坝址距离下游最近的峡谷段26.69km,此时水量有所恢复,预计基本满足齐口裂腹鱼生境条件要求,工程建设对齐口裂腹鱼在坝下 26.69km 以下峡谷段(长147.33km)繁殖影响较小。

D 阿柯河

工程实施后,多年平均情况下,克柯Ⅱ坝址处 3—4 月下泄量为 4.0m³/s,减少比例29.08%～61.32%。调水后近坝河段为峡谷段,流量减少对流速、水深变化影响较大,最不利情况下,会造成 14.06km 长繁殖场所损失,占坝址下游峡谷段总长度的 18.72%。

经过计算,工程实施后坝址下游 18.18km 的克柯水文站(宽谷段)计算断面齐口裂腹鱼繁殖期 3—4 月平均水深为 0.49～0.55m,最大水深 0.59～0.64m;水面宽 26.19～26.55m,满足齐口裂腹鱼最低生境条件要求。

调水后对齐口裂腹鱼在阿柯河距离克柯Ⅱ坝址 66.06km 以下峡谷段(长 61.05km)繁殖影响较小。

④对已查明齐口裂腹鱼产卵场影响分析

中科院水生生物所 2006 年实际调查到齐口裂腹鱼产卵场 1 处,位于班玛县友谊桥至阿坝县团结桥河段,产卵场生境条件为:水深 2.5m,流速 0.1m/s。已调查到齐口裂腹鱼产卵场位于玛柯河仁钦果电站坝址下游,霍那坝址距离的齐口裂腹鱼产卵场约 70km。根据以上分析,坝址下游水文情势变化对齐口裂腹鱼在玛柯河霍那坝下 26.69km 以下峡谷段(长147.33km)繁殖影响较小。因此,坝址下游水文情势变化对已查明齐口裂腹鱼产卵场影响微弱。

3)对齐口裂腹鱼越冬影响分析

根据现状调查,齐口裂腹鱼越冬场生境条件为干流深潭、石隙。工程实施后,多年平均情况下,色曲洛若坝址 11 月至次年 2 月下泄月均流量为 2m³/s,12 月、次年 1 月、次年 2 月下泄量大于历史同期最小流量(1.5m³/s、1m³/s、1m³/s);杜柯河珠安达坝址处 11 月至次年2 月下泄量为 6m³/s,12 月、次年 1 月、次年 2 月下泄量大于历史同期最小流量(5.0m³/s、4.2m³/s、4.3m³/s);玛柯河霍那坝址处 11 月至次年 2 月下泄量为 4.5m³/s,次年 1 月、次年2 月下泄量大于历史同期最小流量(4.2m³/s、3.4m³/s);阿柯河克柯Ⅱ坝址 11 月至次年 2月下泄量为 3.0m³/s,次年 1 月、次年 2 月下泄流量大于历史同期最小流量(1.9m³/s、2.3m³/s),越冬期下泄流量相比现状流量变化较小;同时齐口裂腹鱼越冬场所在石隙中,调水河流库区及坝址下游峡谷段可以为齐口裂腹鱼提供越冬场所,因此工程建设对齐口裂腹鱼越冬影响较小。

4)对齐口裂腹鱼洄游影响分析

除色曲洛若坝址外,杜柯河珠安达坝址、玛柯河霍那坝址、阿柯河克柯Ⅱ坝址均为高坝,最大坝高分别为 123.2m、109.1m、104.6m,大坝建设会对坝址附近齐口裂腹鱼的短距离洄游产生阻隔影响。

根据调查,玛柯河仁钦果水电站下游 5km 处和幸福桥附近水域是齐口裂腹鱼的产卵场,是其洄游路线的终点。工程建设对玛柯河仁钦果电站坝址下游齐口裂腹鱼洄游不会产生影响。

5)对齐口裂腹鱼种群规模影响分析

经过以上分析,最不利情况下,工程建设会造成色曲、杜柯河、玛柯河水源水库库区及坝址下游局部索饵场、产卵场所损失,但对目前已查明的齐口裂腹鱼产卵场影响轻微;调水后齐口裂腹鱼生境条件会被进一步分割、压缩;工程建设对齐口裂腹鱼越冬影响较小;大坝建设会对坝址附近齐口裂腹鱼的短距离洄游产生影响,但对于已查明的玛柯河仁钦果电站下游齐口裂腹鱼短距离洄游不产生影响。因此,工程建设会对齐口裂腹鱼种群规模产生影响,由于工程运行后各水库及坝址下游均有较长(40km 以上)河段,可以为齐口裂腹鱼生活提供条件,齐口裂腹鱼仍然能在调水河流上维持一定的种群规模。

(2)长丝裂腹鱼影响分析

1)对长丝裂腹鱼索饵影响分析

根据现状调查,长丝裂腹鱼以底栖动植物为食,索饵生境为峡谷干支流、急流、砾石底质。

①水库淹没对长丝裂腹鱼索饵影响分析

长丝裂腹鱼属峡谷型鱼类,水库淹没后库区流速减缓,长丝裂腹鱼喜急流,库区范围将不适宜长丝裂腹鱼生活,导致原位于库区范围内的索饵生境损失。

根据遥感解译成果结合现场考察,雅砻江干流以上热巴库区 90km 回水范围有 18km 宽谷河段,72km 峡谷河段。最不利情况下,热巴水库蓄水会造成约 72km 长丝裂腹鱼索饵场所损失,占库尾至河口总峡谷段的 17.4%。

②大坝阻隔对长丝裂腹鱼索饵影响分析

雅砻江干流热巴坝址最大坝高 194.1m,坝址建成会使长丝裂腹鱼被迫在坝址上下游各自完成索饵活动,现在位于坝址上下游的长丝裂腹鱼索饵生境被压缩至从坝址上下游两段,坝址上游压缩至从石渠电站至热巴库尾 162.5km 河段,坝址下游被压缩至从坝址至两河口的 236km 连续河段。

③坝址下游水文情势变化对长丝裂腹鱼索饵影响分析

雅砻江干流从热巴坝址至下游两河口水电站河道形态分别是峡谷段(92km)、宽谷段(9km)、峡谷段(249km)。

工程实施后,多年平均情况下,热巴坝址处 3—10 月下泄量为 40～128.77m³/s,减少比例 28.57%～84.19%。

调水后近坝河段为峡谷段,调水引起的水面宽变化较小,因水面宽变化造成的长丝裂腹鱼饵料食物量减少的影响也较小;但坝下临近河段水深变化将比较大,会造成临近河段长丝裂腹鱼索饵场损失。

经计算,工程实施后热巴坝址下游 102.02km 的计算断面甘孜(二)站(宽谷河段)长丝裂腹鱼繁殖期 5—6 月平均水深为 1.1～1.83m,最大水深为 2.15～3.17m;水面宽 93.54～132.33m;平均流速为 1.09～1.51m/s;满足长丝裂腹鱼在雅砻江干流的生境条件要求。因此工程建设后对长丝裂腹鱼在甘孜(二)水文站断面下游峡谷段(长 249km)索饵影响较小。

2)对长丝裂腹鱼繁殖影响分析

根据现状调查,长丝裂腹鱼产沉性卵,繁殖期 5—6 月,产卵场生境条件为峡谷干支流、急流、砾石底质。

①水库淹没对长丝裂腹鱼繁殖影响分析

水库淹没对长丝裂腹鱼繁殖影响方式和程度与对索饵影响方式和程度相同。

②大坝阻隔对长丝裂腹鱼繁殖影响分析

大坝阻隔对长丝裂腹鱼繁殖影响方式和程度与对索饵影响方式和程度相同。

③坝址下游水文情势变化对长丝裂腹鱼繁殖影响分析

工程实施后,多年平均情况下,热巴坝址处 5—6 月下泄量为 52m³/s,减少比例 70.13%～83.61%。调水后近坝河段为峡谷段,坝下临近河段水深变化将比较大,会造成临近河段长丝裂腹鱼产卵场损失。经计算,工程实施后热巴坝址下游 102.02km 的计算断面甘孜(二)站(宽谷河段)长丝裂腹鱼繁殖期 5—6 月平均水深为 1.1～1.83m,最大水深为 2.15～3.17m;水面宽 93.54～132.33m;平均流速为 1.09～1.51m/s;满足长丝裂腹鱼在雅砻江干流的生境条件要求。因此工程建设后对长丝裂腹鱼在甘孜(二)水文站断面下游峡谷段(长 249km)繁殖影响较小。

3)对长丝裂腹鱼越冬影响分析

根据现状调查,长丝裂腹鱼越冬场生境条件为干流深潭、石隙。工程实施后,多年平均情况下,雅砻江干流热巴坝址 11 月至次年 2 月下泄月均流量为 30m³/s,2 月下泄量大于历史同期最小流量(29.1m³/s);长丝裂腹鱼越冬场所在石隙中,坝址下游 101.02km 峡谷段及上游 162.05km 河段可以为长丝裂腹鱼提供较充足的越冬场所,预计工程建设对长丝裂腹鱼越冬影响较小。

4)对长丝裂腹鱼洄游影响分析

长丝裂腹鱼具有短距离河—河洄游习性,热巴大坝最大坝高 194.1m,将对坝址附近长丝裂腹鱼短距离洄游产生阻隔影响。工程建设对长丝裂腹鱼在雅砻江干流热巴坝址下游

101km 峡谷段(长 249km)短距离洄游不产生影响。

5)对长丝裂腹鱼种群规模影响分析

根据以上分析,水库淹没、坝址下游水文情势变化会对雅砻江干流水源水库及坝址下游局部长丝裂腹鱼索饵、产卵场所造成损失;工程建设会对坝址附近长丝裂腹鱼短距离洄游造成阻隔影响;对长丝裂腹鱼越冬影响较小;工程建设会使长丝裂腹鱼种群规模有所减少,由于坝址下游有 92km 和 249km 的连续峡谷河段,可以为鱼类提供较充足的栖息环境,所以工程运行后长丝裂腹鱼在雅砻江干流仍能维持一定的种群规模。

(3)重口裂腹鱼影响分析

1)对重口裂腹鱼索饵影响分析

根据现状调查,重口裂腹鱼以食水生昆虫为主,也食少量幼鱼和小虾,索饵场生境条件为峡谷干支流、急流、砾石底质。

①水库淹没对重口裂腹鱼索饵影响分析

重口裂腹鱼属峡谷型鱼类,杜柯河、玛柯河水库淹没对重口裂腹鱼索饵影响方式和程度与对齐口裂腹鱼索饵影响方式和程度相同。

②大坝阻隔对重口裂腹鱼索饵影响分析

杜柯河、玛柯河大坝阻隔对重口裂腹鱼索饵影响方式和程度与对齐口裂腹鱼索饵影响方式和程度相同。

③下游水文情势变化对齐口裂腹鱼索饵影响

杜柯河、玛柯河坝址下游水文情势变化对重口裂腹鱼索饵影响方式和程度与对齐口裂腹鱼索饵影响方式和程度相同。

2)对重口裂腹鱼繁殖影响分析

根据现状调查,重口裂腹鱼产沉性卵,产卵期 8—9 月,产卵场生境条件为峡谷干支流、急流、砾石底质。

①水库淹没及大坝阻隔对重口裂腹鱼繁殖影响分析

杜柯河、玛柯河、阿柯河水库淹没及大坝阻隔对重口裂腹鱼繁殖影响方式和程度与对齐口裂腹鱼繁殖影响方式和程度相同。

②坝址下游水文情势变化对重口裂腹鱼繁殖影响分析

A 杜柯河

多年平均情况下,杜柯河珠安达坝址 8—9 月下泄流量为 27.43～37.35m³/s,减少比例为 54.08%～54.26%。

杜柯河珠安达坝下临近河段为峡谷段(2.6km),调水引起的水深、流速变化将较大,在最不利情况下,会造成 2.6km 长产卵场所损失,占坝址下游峡谷段总长度的 2.83%。

经过计算,坝址下游 29.5km 处的壤塘水文站 8—9 月平均水深为 0.57～0.96m,最大水深为 0.89～1.58m;水面宽 37.32～48.51m,流速 0.96～1.53m/s,满足重口裂腹鱼不同生活阶段生境条件需求。因此工程建设对重口裂腹鱼在壤塘水文站附近及以下河段繁殖影响较小。

B 玛柯河

工程实施后,多年平均情况下,霍那坝址处 8—9 月下泄量为 19.2～31.22m³/s,减少比例 53.26%～64.4%。

坝址距离下游最近的峡谷段 26.69km,此时水量有所恢复,预计基本满足重口裂腹鱼生境条件要求,工程建设对重口裂腹鱼在坝下 26.69km 以下峡谷段(长 147.33km)繁殖影响较小。

3)对重口裂腹鱼越冬影响分析

根据现状调查,重口裂腹鱼越冬场生境条件为干流深潭、石隙。工程实施后,多年平均情况下,杜柯河珠安达坝址处 11 月至次年 2 月下泄量为 6m³/s,12 月、次年 1 月、次年 2 月下泄量大于历史同期最小流量(5.0m³/s、4.2m³/s、4.3m³/s);玛柯河霍那坝址处 11 月至次年 2 月下泄量为 4.5m³/s,次年 1 月、次年 2 月下泄量大于历史同期最小流量(4.2m³/s、3.4m³/s);越冬期下泄流量与现状流量相比变化不大;重口裂腹鱼越冬场所在石隙中,调水河流坝址上游及坝下峡谷段可以为重口裂腹鱼提供越冬场所,工程建设对重口裂腹鱼越冬影响较小。

4)对重口裂腹鱼洄游影响分析

杜柯河珠安达坝址、玛柯河霍那坝址均为高坝,最大坝高分别为 123.2m、109.1m,大坝会对重口裂腹鱼洄游产生阻隔影响。

5)对重口裂腹鱼种群规模影响分析

经过以上分析,最不利情况下,工程建设会造成调水河流库区及坝址下游索饵场、产卵场损失;重口裂腹鱼索饵、产卵生境会被进一步分割、压缩;工程建设对重口裂腹鱼越冬影响较小;水库大坝均对重口裂腹鱼洄游产生阻隔影响;这些影响会导致重口裂腹鱼种群规模有所减少。由于工程运行后各水库及坝址下游均有较长(40km 以上)河段,可以为重口裂腹鱼生活提供条件,重口裂腹鱼仍然能在调水河流上维持一定的种群规模。

(4)青石爬鮡影响分析

1)对青石爬鮡索饵影响分析

根据现状调查,青石爬鮡为杂食性鱼类,以动物性食物为主,索饵场生境条件为石块、石砾底质。

①水库淹没及大坝阻隔对青石爬鮡索饵影响分析

青石爬鮡属峡谷型鱼类,水库淹没后库区流速减缓,青石爬鮡喜急流,库区范围将不适宜青石爬鮡生活,导致原位于库区范围内的索饵生境损失。

水库淹没及大坝阻隔对青石爬鮡影响方式和程度与对其他峡谷型鱼类影响方式和程度相同。

②坝址下游水文情势变化对青石爬鮡索饵影响

A 雅砻江干流

雅砻江干流从热巴坝址至下游两河口水电站河道形态分别是峡谷段(92km)、宽谷段(9km)、峡谷段(249km)。

工程实施后,多年平均情况下,热巴坝址处3—10月下泄量为$40\sim128.77m^3/s$,减少比例28.57%~84.19%。

调水后近坝河段为峡谷段,调水引起的水面宽变化较小,因水面宽变化造成的青石爬鮡饵料食物量减少的影响也较小;但坝下临近河段水深变化将比较大,会造成临近河段青石爬鮡索饵场损失。

经计算,工程实施后热巴坝址下游102.02km的计算断面甘孜(二)站(宽谷河段)青石爬鮡繁殖期8—9月平均水深为1.14~1.82m,最大水深为2.18~3.16m;水面宽94.87~131.93m;平均流速为1.12~1.51m/s;满足青石爬鮡在雅砻江干流的不同生活阶段的生境条件要求。因此工程建设后对青石爬鮡在甘孜(二)水文站断面下游峡谷段(长249km)索饵影响较小。

B 达曲

达曲从阿安坝址至下游河口河道形态分别是峡谷段(37km)、宽谷段(25km)、峡谷段(27km)、宽谷段(22km)。

工程实施后,多年平均情况下,阿安坝址处3—10月下泄量为$5.5\sim27.29m^3/s$,减少比例43.93%~78.72%。

调水后近坝河段为峡谷段,调水引起的水面宽变化较小,因水面宽变化造成的青石爬鮡饵料食物量减少的影响也较小;但坝下临近河段水深变化将比较大,会造成临近河段青石爬鮡索饵场损失。

经计算,坝址下游36.12km计算断面东谷水文站青石爬鮡繁殖期8—9月平均水深为0.41~1.03m,最大水深为0.61~1.35m;水面宽为47.63~50.09m;平均流速为0.75~1.8m/s,满足青石爬鮡不同阶段生境条件要求。工程建设对青石爬鮡在达曲东谷水文站附近及下游河段索饵影响较小。

C 泥曲

泥曲从仁达坝址至下游河道形态分别是峡谷段(105km)、宽谷段(10km)。

工程实施后,多年平均情况下,仁达坝址处3—10月下泄量为6~31.34m³/s,减少比例47.28%~75.39%。

调水后近坝河段为峡谷段,调水引起的水面宽变化较小,因水面宽变化造成的青石爬鮡饵料食物量减少的影响也较小;但由于水量减少对水深影响较大。经计算,坝址下游3.77km计算断面泥柯水文站青石爬鮡繁殖期平均水深为0.54~0.88m,最大水深0.82~1.49m,水面宽44.94~63.41m,平均流速为0.58~1.35m/s;满足青石爬鮡生境条件要求。工程建设对青石爬鮡在泥曲泥柯水文站附近及下游河段青石爬鮡索饵影响较小。

D 色曲

色曲从洛若坝址往下游至河口河道形态分别是宽谷段(20.6km)、峡谷段(27.4km)、宽谷段(13.8km)、峡谷段(47.2km)。

工程实施后,多年平均情况下,洛若坝址处3—10月下泄量为2.0~12.69m³/s,减少比例1.94%~70.11%。

距离坝址最近的峡谷段位于坝址下游20.6km,径流有所恢复,调水对水面宽影响较小,对青石爬鮡饵料食物量影响较小,对其索饵影响也较小。

E 杜柯河

杜柯河从珠安达坝址往下游至河口河道形态分别为峡谷段(2.6km)、宽谷段(12.1km)、峡谷段(89.31km)。

工程实施后,多年平均情况下,珠安达坝址处3—10月下泄量为6~37.35m³/s,减少比例50.17%~80.73%。

调水后近坝河段为峡谷段,调水引起的水面宽变化较小,因水面宽变化造成的青石爬鮡饵料食物量减少的影响也较小;但2.6km峡谷段水深变化将较大,最不利情况下,会造成2.6km长索饵场所损失,占坝址下游峡谷段总长度的2.83%。

经过计算,工程实施后坝址下游29.5km的计算断面壤塘水文站青石爬鮡繁殖期8—9月平均水深为0.57~0.96m,最大水深为0.89~1.58m,水面宽37.32~48.51m;平均流速为0.96~1.53m/s;满足青石爬鮡生境条件要求,因此工程建设对青石爬鮡在壤塘水文站附近及壤塘水文站断面下游河段索饵影响较小。

F 玛柯河

玛柯河从霍那坝址往下游至河口河道形态分别是宽谷段(26.69km)、峡谷段(147.33km)。

工程实施后,多年平均情况下,霍那坝址处3—10月下泄量为5.5~31.22m³/s,减少比例38.75%~80.85%。

坝址下游距离坝址 26.69km 的峡谷段(长 147.33km),水面宽变化较小,因水面宽变化造成的齐口裂腹鱼饵料食物量减少的影响也较小,工程建设对青石爬鮡在玛柯河霍那坝下距离 26.69km 的峡谷河段(长 147.33km)索饵影响较小。

G 阿柯河

阿柯河从克柯Ⅱ坝址往下游至河口河道形态分别是峡谷段(14.06km)、宽谷段(52km)、峡谷段(61.05km)。

工程实施后,多年平均情况下,克柯Ⅱ坝址处 3—10 月下泄量为 $3.0\sim20.22m^3/s$,减少比例 $29.08\%\sim84.84\%$。

调水后近坝河段为峡谷段,调水引起的水面宽变化较小,因水面宽变化造成的青石爬鮡饵料食物量减少的影响也较小;但 14.06km 峡谷段水深变化将较大,最不利情况下,会造成 14.06km 长索饵场所损失,占坝址下游峡谷段总长度的 18.72%。

经过计算,工程实施后坝址下游 18.18km 的计算断面克柯水文站(宽谷段)青石爬鮡繁殖期 8—9 月平均水深为 $0.58\sim0.98m$,最大水深 $0.67\sim1.1m$;水面宽 $26.72\sim30.25m$,满足青石爬鮡生境条件要求。调水后对青石爬鮡在阿柯河距离坝址 66.06km 以下峡谷段(长 61.05km)索饵影响较小。

2)对青石爬鮡繁殖影响分析

根据调查,青石爬鮡产沉性卵,产卵期为 8—9 月,产卵生境条件为急流、砾石底质。

①水库淹没对青石爬鮡繁殖影响分析

青石爬鮡属峡谷型鱼类,水库淹没后库区流速减缓,青石爬鮡喜急流,库区范围将不适宜青石爬鮡生活,导致原位于库区范围内的索饵生境损失。

各水库淹没对青石爬鮡繁殖影响方式和程度与对其他峡谷型鱼类繁殖影响方式和程度相同。

②大坝阻隔对青石爬鮡繁殖影响分析

大坝阻隔对青石爬鮡繁殖影响方式和程度与对其他峡谷型鱼类繁殖影响方式和程度相同。

③坝址下游水文情势变化对青石爬鮡繁殖影响分析

A 雅砻江干流

多年平均情况下,雅砻江干流热巴坝址 8—9 月下泄流量为 $88.14\sim128.77m^3/s$,减少比例为 $64.26\%\sim74.58\%$。

调水后近坝河段为峡谷段,坝下临近河段水深变化将比较大,会造成临近河段青石爬鮡产卵场损失。坝下青石爬鮡被迫在下游水深较大河段产卵,下游 92km 峡谷段为连续河段,能为青石爬鮡提供较充足的繁殖场所。

经计算,工程实施后热巴坝址下游 102.02km 的计算断面甘孜(二)站(宽谷河段)青石爬鮡繁殖期 8—9 月平均水深为 1.14~1.82m,最大水深为 2.18~3.16m;水面宽 94.87~131.93m;平均流速为 1.12~1.51m/s;满足青石爬鮡在雅砻江干流的不同生活阶段的生境条件要求。因此工程建设后对青石爬鮡在甘孜(二)水文站断面下游峡谷段(长 249km)繁殖影响较小。

B 达曲

多年平均情况下,达曲阿安坝址 8—9 月下泄流量为 20.5~27.29m³/s,减少比例为 33.18%~35.6%。

调水后近坝河段为峡谷段,坝下临近河段水深变化将比较大,会造成临近河段青石爬鮡索饵场损失。

经计算,坝址下游 36.12km 计算断面东谷水文站青石爬鮡繁殖期 8—9 月平均水深 0.41~1.03m,最大水深为 0.61~1.35m;水面宽为 47.63~50.09m;平均流速为 0.75~1.8m/s,满足青石爬鮡不同阶段生境条件要求。工程建设对青石爬鮡在达曲东谷水文站附近及下游河段繁殖影响较小。

C 泥曲

工程实施后,多年平均情况下,仁达坝址处 8—9 月下泄量为 23.08~31.34m³/s,减少比例 39.67%~43.37%。

调水后近坝河段为峡谷段,调水引起的水面宽变化较小,因水面宽变化造成的青石爬鮡饵料食物量减少的影响也较小;但由于水量减少对水深影响较大。经计算,坝址下游 3.77km 计算断面泥柯水文站青石爬鮡繁殖期平均水深为 0.54~0.88m,最大水深 0.82~1.49m,水面宽 44.94~63.41m,平均流速 0.58~1.35m/s;满足青石爬鮡生境条件要求。工程建设对青石爬鮡在泥曲泥柯水文站附近及下游河段青石爬鮡繁殖影响较小。

D 色曲

距离坝址最近的峡谷段位于坝址下游 20.6km,径流有所恢复,调水对水面宽影响较小,对青石爬鮡饵料食物量影响较小,对其繁殖影响也较小。

E 杜柯河

多年平均情况下,杜柯河珠安达坝址 8—9 月下泄流量为 27.43~37.35m³/s,减少比例为 54.08%~54.26%。

调水后近坝河段为峡谷段,调水引起的水面宽变化较小,因水面宽变化造成的青石爬鮡饵料食物量减少的影响也较小;但 2.6km 峡谷段水深变化将较大,最不利情况下,会造成 2.6km 长索饵场所损失,占坝址下游峡谷段总长度的 2.83%。

经过计算,工程实施后坝址下游 29.5km 的计算断面壤塘水文站青石爬鮡繁殖期 8—9

月平均水深为 0.57~0.96m,最大水深为 0.89~1.58m;水面宽 37.32~48.51m;平均流速为 0.96~1.53m/s;满足青石爬鲱生境条件要求,因此工程建设对青石爬鲱在壤塘水文站附近及壤塘水文站断面下游河段繁殖影响较小。

F 玛柯河

工程实施后,多年平均情况下,霍那坝址处 8—9 月下泄量为 19.2~31.22m³/s,减少比例 53.26%~64.4%。

坝址下游距离坝址 26.69km 的峡谷段(长 147.33km),水面宽变化较小,因水面宽变化造成的青石爬鲱饵料食物量减少的影响也较小,工程建设对青石爬鲱在玛柯河霍那坝下距离 26.69km 的峡谷河段(长 147.33km)繁殖影响较小。

G 阿柯河

工程实施后,多年平均情况下,克柯Ⅱ坝址处 8—9 月下泄量为 12.46~20.22m³/s,减少比例 51.68%~63.99%。

调水后近坝河段为峡谷段,调水引起的水面宽变化较小,因水面宽变化造成的青石爬鲱饵料食物量减少的影响也较小;但 14.06km 峡谷段水深变化将较大,最不利情况下,会造成 14.06km 长繁殖场所损失,占坝址下游峡谷段总长度的 18.72%。

经过计算,工程实施后坝址下游 18.18km 的计算断面克柯水文站(宽谷段)青石爬鲱繁殖期 8—9 月平均水深为 0.58~0.98m,最大水深 0.67~1.1m;水面宽 26.72~30.25m,满足青石爬鲱生境条件要求。调水后对青石爬鲱在阿柯河距离坝址 66.06km 以下峡谷段(长 61.05km)繁殖影响较小。

3)对青石爬鲱越冬影响分析

根据现状调查,青石爬鲱越冬场生境条件为干流深潭、石隙。调水后各坝址下游及库尾以上河段可以为青石爬鲱提供越冬场所,对越冬影响较小。

4)对青石爬鲱种群规模影响分析

根据以上分析,水库淹没、坝址下游水文情势变化会对部分青石爬鲱索饵场、产卵场造成不同程度的损失;青石爬鲱生境会被进一步压缩、分割;对青石爬鲱越冬影响较小;工程建设会对青石爬鲱种群规模产生一定影响,由于工程建设后各水库坝址上游及下游均有较长的峡谷河段,为青石爬鲱生活提供场所,所以工程建设后,青石爬鲱仍能在调水河流上维持一定的种群规模。

(5)省级保护鱼类影响分析小结

齐口裂腹鱼、长丝裂腹鱼、重口裂腹鱼、青石爬鲱均为峡谷型鱼类,水库淹没及坝址下游水文情势变化均会对省级保护鱼类索饵、产卵场所造成不同程度的损失;保护鱼类生境条件被进一步分割、压缩,会对保护鱼类种群规模产生一定影响,但由于工程运行后库区上游及下游均有较长峡谷段可以作为保护鱼类栖息场所,所以这些保护鱼类在调水河流上仍能维持一定的种群规模。

齐口裂腹鱼、长丝裂腹鱼、重口裂腹鱼、青石爬鮡分布都比较广,保护现状较好;齐口裂腹鱼、长丝裂腹鱼、重口裂腹鱼、青石爬鮡人工繁殖技术也已经成熟。因此,工程建设会对鱼类种群规模不会产生明显影响,不会对鱼类种群生存产生显著影响,工程建设对齐口裂腹鱼、长丝裂腹鱼、重口裂腹鱼、青石爬鮡的影响程度是可接受的。

4.3.6.3　特有鱼类影响分析

研究范围内分布大渡河特有鱼类1种,即大渡软刺裸裂尻鱼,分布在调水河流色曲、杜柯河、玛柯河、阿柯河上,大渡软刺裸裂尻鱼同时也是这几条河流上的优势种类。

(1)对大渡软刺裸裂尻鱼索饵影响分析

1)水库淹没对大渡软刺裸裂尻鱼索饵影响

根据现状调查,大渡软刺裸裂尻鱼为杂食性鱼类,以食着生藻类、水生植物为主,也食水生昆虫,索饵场生境条件为宽谷、缓流、砂泥底质。

大渡软刺裸裂尻鱼为宽谷型鱼类,水库蓄水会造成库区范围内现有大渡软刺裸裂尻鱼索饵场的损失,但水库蓄水后水体流速减缓、泥沙沉降、水体透明度增大,同时土壤内营养物质的渗出将使水中有机物质和矿物质增加,有利于浮游动植物、水生植物的生长,将使库区内大渡软刺裸裂尻鱼饵料食物量增加;各水库库尾及库湾等流速较缓处可以作为大渡软刺裸裂尻鱼索饵场所,对大渡软刺裸裂尻鱼索饵有利。

2)坝址下游水文情势变化对大渡软刺裸裂尻鱼索饵影响

①色曲

工程实施后,多年平均情况下,洛若坝址处3—10月下泄量为2.0~12.69m³/s,减少比例1.94%~70.11%,由于逐月下泄流量的减少,会使坝址临近宽谷河段水面宽减少,导致大渡软刺裸裂尻鱼饵料生物量减少,会对坝下临近河段大渡软刺裸裂尻鱼索饵产生不利影响,大渡软刺裸裂尻鱼被迫向坝址下游较远距离水面较宽河段索饵。

②杜柯河

工程实施后,多年平均情况下,珠安达坝址处3—10月下泄量为6~37.35m³/s,减少比例50.17%~80.73%,坝址下游最近的宽谷河段距离坝址仅2.6km,由于下泄流量的减少,杜柯河珠安达坝址下游临近宽谷段水面宽会减少,导致大渡软刺裸裂尻鱼饵料生物量减少,对大渡软刺裸裂尻鱼索饵产生不利影响。

③玛柯河

工程实施后,多年平均情况下,霍那坝址处3—10月下泄量为5.5~31.22m³/s,减少比例38.75%~80.85%,坝址下游近坝河段为宽谷河段,流量减少会导致宽谷河段河面宽减少,对大渡软刺裸裂尻鱼索饵产生不利影响。

经计算,坝址下游9.67km的班玛水文站大渡软刺裸裂尻鱼繁殖期5月平均水深0.25~0.3m,最大水深0.48~0.49m;水面宽45.18~45.66m;平均流速为1.03m/s;满足大渡软刺裸裂尻鱼产卵期和育幼期生境条件要求。工程建设对班玛水文站断面附近及下游河段大渡软刺裸裂尻鱼索饵影响较小。

④阿柯河

工程实施后,多年平均情况下,克柯Ⅱ坝址处3—10月下泄量为3.0~20.22m³/s,减少比例29.08%~84.84%。

经计算,克柯Ⅱ坝址下游18.18km的克柯水文站大渡软刺裸裂尻鱼繁殖期5月平均水深0.58~0.64m,最大水深0.59~0.64m;水面宽26.75~27.13m;平均流速0.58~0.66m/s;满足大渡软刺裸裂尻鱼不同生活阶段生境条件要求。工程实施后对克柯水文站附近及下游河段大渡软刺裸裂尻鱼索饵影响较小。

(2)对大渡软刺裸裂尻鱼繁殖影响分析

根据现状调查,大渡软刺裸裂尻鱼产沉性卵,产卵期为5月,产卵场生境条件为宽谷、缓流、砂泥底质。

1)水库淹没对大渡软刺裸裂尻鱼繁殖影响分析

水库蓄水后水体流速减缓,库尾、库湾回流处可以作为大渡软刺裸裂尻鱼产卵场;坝址上游宽谷河段也可以作为大渡软刺裸裂尻鱼繁殖场所。

2)坝址下游水文情势变化对大渡软刺裸裂尻鱼繁殖影响分析

①色曲

工程实施后,多年平均情况下,洛若坝址处5月下泄流量为4.5m³/s,下泄流量等于历史同期最小流量,所以工程建设对色曲洛若坝址下游鱼类繁殖影响较小。

②杜柯河

工程实施后,多年平均情况下,珠安达坝址处5月下泄量为15m³/s,下泄流量等于历史同期最小流量,所以工程建设对杜柯河珠安达坝址下游鱼类繁殖影响较小。

③玛柯河

工程实施后,多年平均情况下,霍那坝址处5月下泄量为12m³/s,减少比例57.53%,霍那坝下临近河段水深、水面宽、流速变化将较大,对大渡软刺裸裂尻鱼繁殖产生不利影响。

经计算,坝址下游9.67km的班玛水文站大渡软刺裸裂尻鱼繁殖期5月平均水深0.25~0.3m,最大水深0.48~0.49m;水面宽45.18~45.66m;平均流速为1.03m/s;满足大渡软刺裸裂尻鱼产卵期和育幼期生境条件要求。工程建设对班玛水文站断面附近及下游河段大渡软刺裸裂尻鱼繁殖影响较小。

④阿柯河

工程实施后,多年平均情况下,克柯Ⅱ坝址处 5 月下泄量为 6.0m³/s,减少比例 71.52%,坝下临近河段水深、水面宽、流速变化将较大,对大渡软刺裸裂尻鱼繁殖产生不利影响。

经计算,克柯Ⅱ坝址下游 18.18km 的克柯水文站大渡软刺裸裂尻鱼繁殖期 5 月平均水深 0.58～0.64m,最大水深 0.59～0.64m;水面宽 26.75～27.13m;平均流速 0.58～0.66m/s;满足大渡软刺裸裂尻鱼不同生活阶段生境条件要求。工程实施后对克柯水文站附近及下游河段大渡软刺裸裂尻鱼繁殖影响较小。

(3)对大渡软刺裸裂尻鱼越冬影响分析

根据现状调查,大渡软刺裸裂尻鱼越冬场生境条件为干流深潭、泥洞。工程实施后,多年平均情况下,色曲洛若坝址 11 月至次年 2 月下泄月均流量为 2m³/s,12 月、次年 1 月、次年 2 月下泄量大于历史同期最小流量(1.5m³/s、1m³/s、1m³/s);杜柯河珠安达坝址处 11 月至次年 2 月下泄量为 6m³/s,12 月、次年 1 月、次年 2 月下泄量大于历史同期最小流量(5.0m³/s、4.2m³/s、4.3m³/s);玛柯河霍那坝址处 11 月至次年 2 月下泄量为 4.5m³/s,次年 1 月、次年 2 月下泄量大于历史同期最小流量(4.2m³/s、3.4m³/s);阿柯河克柯Ⅱ坝址 11 月至次年 2 月下泄量为 3.0m³/s,次年 1 月、次年 2 月下泄流量大于历史同期最小流量(1.9m³/s、2.3m³/s),越冬期下泄流量与现状流量相比变化较小;同时各条调水河流库区以上及坝址下游的宽谷河段可以为大渡软刺裸裂尻鱼越冬提供场所,工程建设对大渡软刺裸裂尻鱼越冬影响较小。

(4)对大渡软刺裸裂尻鱼洄游影响分析

大渡软刺裸裂尻鱼具有短距离河—河洄游习性,同时兼有干流、支流洄游习性。除色曲洛若坝址外,杜柯河珠安达坝址、玛柯河霍那坝址、阿柯河克柯Ⅱ坝址均为高坝,最大坝高分别为 123.2m、109.1m、104.6m,大坝建设会对拟建坝址附近大渡软刺裸裂尻鱼洄游产生阻隔影响,由于大渡软刺裸裂尻鱼兼有干、支流洄游习性,因此工程建设对大渡软刺裸裂尻鱼完成生活史影响较小。

(5)对大渡软刺裸裂尻鱼种群规模影响分析

根据以上分析,水库建设会造成大渡软刺裸裂尻鱼部分索饵、产卵场所的损失,但库区蓄水后流速较小的库湾、库尾处可以为大渡软刺裸裂尻鱼索饵、产卵创造条件;坝址下游流量减少会导致坝下临近河段水深、水面宽减少较大,对大渡软刺裸裂尻鱼在坝址下游临近河段索饵、产卵产生较大不利影响;通过玛柯河、阿柯河坝址下游断面水文情势变化计算,在各计算断面处,水面宽、水深、流速已经基本满足大渡软刺裸裂尻鱼索饵、产卵条件需求,坝址建设对大渡软刺裸裂尻鱼在计算断面附近及以下河段索饵、产卵影响较小;工程建设对大渡软刺裸裂尻鱼越冬影响较小;会对坝址附近大渡软刺裸裂尻鱼短距离洄游产生阻隔影响,但由于大渡软刺裸裂尻鱼兼有干、支流洄游习性,因此对于大渡软刺裸裂尻鱼完成生活史影响较小;对大渡软刺裸裂尻鱼种群规模产生一定影响,由于大渡软刺裸裂尻鱼在各调水河流属于优势种,在调水河流上分布较广,调水河流库区上游及坝址下游均有较长的宽谷河段为大渡软刺裸裂尻鱼生活提供栖息场所。因此,工程运行后大渡软刺裸裂尻鱼仍能在调水河流上维持一定的种群规模。

(6)特有鱼类影响分析小结

研究范围内分布有大渡河特有鱼类——大渡软刺裸裂尻鱼,水库建设会造成大渡软刺裸裂尻鱼部分索饵、产卵场所的损失,但库区蓄水后流速较小的库湾、库尾处可以为大渡软刺裸裂尻鱼索饵、产卵创造条件;工程建设对大渡软刺裸裂尻鱼越冬影响较小;会阻断坝址附近大渡软刺裸裂尻鱼短距离洄游路线,但由于其兼有干、支流洄游习性,对大渡软刺裸裂尻鱼完成生活史影响较小;工程运行后大渡软刺裸裂尻鱼在调水河流上仍然能维持一定的种群规模。

大渡软刺裸裂尻鱼在调水区四川杜苟拉自然保护区、四川南莫且自然保护区内也有分布,保护现状较好,因此工程建设不会对大渡软刺裸裂尻鱼种群生存产生显著影响,工程建设对特有鱼类的影响程度是可以接受的。

4.3.6.4 易危鱼类影响分析

研究范围内分布列入《中国濒危动物红皮书》易危鱼类1种,即裸腹叶须鱼,分布在调水河流雅砻江干流上。

(1)对裸腹叶须鱼索饵影响分析

根据现状调查,裸腹叶须鱼以水生昆虫为主食,兼食硅藻,索饵生境为峡谷干支流、急流、砾石底质。

1)水库淹没对裸腹叶须鱼索饵影响分析

裸腹叶须鱼属峡谷型鱼类,水库淹没后库区流速减缓,裸腹叶须鱼喜急流,库区范围将不适宜裸腹叶须鱼生活,导致原位于库区范围内的索饵生境损失。

根据遥感解译成果结合现场考察,雅砻江干流以上热巴库区90km回水范围有18km宽谷河段,72km峡谷河段。最不利情况下,热巴水库蓄水会造成约72km裸腹叶须鱼索饵场所损失,占库尾至河口总峡谷段的17.4%。

2)大坝阻隔对裸腹叶须鱼索饵影响分析

雅砻江干流热巴坝址最大坝高194.1m,坝址建成会使裸腹叶须鱼被迫在坝址上下游各自完成索饵活动,现在位于坝址上下游的裸腹叶须鱼索饵生境被压缩至坝址上下游两段,坝址上游压缩至从石渠电站至热巴库尾 162.5km 河段,坝址下游被压缩至从坝址至两河口的 236km 连续河段。

3)坝址下游水文情势变化对裸腹叶须鱼索饵影响分析

雅砻江干流从热巴坝址至下游两河口水电站河道形态分别是峡谷段(92km)、宽谷段(9km)、峡谷段(249km)。

工程实施后,多年平均情况下,热巴坝址处 3—10 月下泄量为 $40\sim128.77\text{m}^3/\text{s}$,减少比例 $28.57\%\sim84.19\%$。

调水后近坝河段为峡谷段,调水引起的水面宽变化较小,因水面宽变化造成的裸腹叶须鱼饵料食物量减少的影响也较小;但坝下临近河段水深变化将比较大,会造成临近河段裸腹叶须鱼索饵场损失。

经计算,工程实施后热巴坝址下游 102.02km 的计算断面甘孜(二)站(宽谷河段)裸腹叶须鱼繁殖期 3—4 月平均水深为 $0.87\sim0.99\text{m}$,最大水深为 $2.03\sim2.08\text{m}$;水面宽 $88.54\sim90.87\text{m}$;平均流速为 $0.94\sim1.02\text{m/s}$;满足裸腹叶须鱼在雅砻江干流的生境条件要求。因此工程建设后对裸腹叶须鱼在甘孜(二)水文站断面下游峡谷段(长 249km)索饵影响较小。

(2)对裸腹叶须鱼繁殖影响分析

根据现状调查,裸腹叶须鱼产沉性卵,繁殖期在 4 月前后,产卵场生境条件为峡谷干支流、急流、砾石底质。

1)水库淹没对长丝裂腹鱼繁殖影响分析

水库淹没对裸腹叶须鱼繁殖影响方式和程度与对索饵影响方式和程度相同。

2)大坝阻隔对长丝裂腹鱼繁殖影响分析

大坝阻隔对裸腹叶须鱼繁殖影响方式和程度与对索饵影响方式和程度相同。

3)坝址下游水文情势变化对长丝裂腹鱼繁殖影响分析

工程实施后,多年平均情况下,热巴坝址处 5—6 月下泄量为 $52\text{m}^3/\text{s}$,减少比例 $70.13\%\sim83.61\%$。

调水后近坝河段为峡谷段,调水引起的水面宽变化较小,坝下临近河段水深变化将比较大,会造成临近河段裸腹叶须鱼繁殖场所损失。

经计算,工程实施后热巴坝址下游 102.02km 的计算断面甘孜(二)站(宽谷河段)裸腹叶须鱼繁殖期 3—4 月平均水深为 $0.87\sim0.99\text{m}$,最大水深为 $2.03\sim2.08\text{m}$;水面宽 $88.54\sim90.87\text{m}$;平均流速为 $0.94\sim1.02\text{m/s}$;满足裸腹叶须鱼在雅砻江干流的生境条件要求。因此工程建设后对裸腹叶须鱼在甘孜(二)水文站断面下游峡谷段(长 249km)繁殖影响较小。

（3）对裸腹叶须鱼越冬影响分析

根据现状调查，裸腹叶须鱼越冬场生境条件为干流深潭、石隙。工程实施后，多年平均情况下，雅砻江干流热巴坝址 11 月至次年 2 月下泄月均流量为 30m³/s，次年 2 月下泄量大于历史同期最小流量（29.1m³/s）；裸腹叶须鱼越冬场所在深潭、石隙中，坝址下游101.02km 峡谷段及上游 162.05km 河段可以为裸腹叶须鱼提供较充足的越冬场所，预计工程建设对裸腹叶须鱼越冬影响较小。

（4）对裸腹叶须鱼洄游影响分析

裸腹叶须鱼具有短距离河—河洄游习性，热巴大坝最大坝高 194.1m，将对坝址附近裸腹叶须鱼短距离洄游产生阻隔影响。工程建设对裸腹叶须鱼在雅砻江干流热巴坝址下游101km 处峡谷段（长 249km）短距离洄游不产生影响。

（5）对裸腹叶须鱼种群规模影响分析

根据以上分析，水库淹没、坝址下游水文情势变化会对雅砻江干流水源水库及坝址下游局部裸腹叶须鱼索饵、产卵场所造成损失；工程建设会对坝址附近裸腹叶须鱼短距离洄游造成阻隔影响；对裸腹叶须鱼越冬影响较小；工程建设会使裸腹叶须鱼种群规模有所减少，由于坝址下游有 92km 和 249km 的连续峡谷河段，可以为鱼类提供较充足栖息环境，所以工程运行后裸腹叶须鱼在雅砻江干流仍能维持一定的种群规模。

（6）对裸腹叶须鱼影响分析小结

水库淹没、坝址下游水文情势变化会对雅砻江干流水源水库及坝址下游局部裸腹叶须鱼索饵、产卵场所造成损失；工程建设会对坝址附近裸腹叶须鱼短距离洄游造成阻隔影响；对裸腹叶须鱼越冬影响较小；工程运行后裸腹叶须鱼在雅砻江干流仍能维持一定的种群规模。

裸腹叶须鱼分布较广，工程建设不会对裸腹叶须鱼种群生存产生显著影响，工程建设对裸腹叶须鱼的影响程度是可以接受的。

4.3.7 水生生物群落的生态完整性分析

水生生物群落的完整性指数（主要包括鱼类种群的结构、组成及功能）是衡量鱼类种群质量的指标，鱼类生活环境质量与小潭的百分比、宽深比、细小沉积物的百分比、掩蔽率等有明显的相关性。以上这些因素对水量及河岸区的土地利用方式具有高度的敏感性。大量细小沉积物填充小潭，改变河道形状，覆盖河底的岩层，使鱼类的主要食物、产卵区和栖息地减少。河道的宽深比直接影响鱼类的生存（如：宽深比<7 时有利于鱼类的生长），河岸的不稳定和来自工程建设方面的沉积物往往会增大河道的宽深比。对于鱼类种群安全来说，栖息地的掩蔽是必要的。水库蓄水、水量调出、工程施工和输水线路的修建，将改变水生生物栖

息环境,导致浮游生物、底栖生物、水生植物的种群结构改变,生物量改变,整个食物链乃至生态平衡将被打破、重组,从而引起鱼类生产力降低或整个种群的变化,影响水生生物群落的完整性。

小结:调水将导致坝下临近河段流量剧减,造成坝下局部河段水生生物种群缩小,水体生产力有所下降。工程对引水水域鱼类影响的主要表现形式是繁殖场所、摄食场所的损失,而对越冬的影响不大。各河流建坝后,雅砻江水系和大渡河水系的珍稀和保护鱼类仍能在坝下维持一定的规模,但鱼类栖息地面积的缩小和饵料生物总量的减少都导致水体环境对鱼类种群容纳量的减小,使各鱼类种群的总资源量与生物多样性指数有所下降。

对虎嘉鱼而言,工程建设会造成杜柯河、玛柯河、阿柯河水源水库库区及坝下部分索饵、产卵场所的损失,但对于已经查明的虎嘉鱼产卵场影响较小;调水后虎嘉鱼生境条件会被进一步分割、压缩;珠安达、霍那坝址、克柯Ⅱ对坝址附近虎嘉鱼洄游产生阻隔影响,但工程影响区不是虎嘉鱼的集中分布区域,对虎嘉鱼短距离洄游影响较小;工程运行后虎嘉鱼在杜柯河、玛柯河、阿柯河仍能维持一定的种群规模。南水北调西线工程不会使虎嘉鱼在调水河流上的种群规模明显减少,不会对虎嘉鱼种群生存产生显著影响,对虎嘉鱼的影响程度是可接受的。

省级保护鱼类齐口裂腹鱼、长丝裂腹鱼、重口裂腹鱼、青石爬鮡均为峡谷型鱼类,水库淹没及坝址下游水文情势变化均会对省级保护鱼类索饵、产卵场所造成不同程度的损失;保护鱼类生境条件被进一步分割、压缩,会对保护鱼类种群规模产生一定影响,但由于工程运行后库区上游及下游均有较长峡谷段可以作为保护鱼类栖息场所,所以保护鱼类在调水河流上仍能维持一定的种群规模。工程建设不会对鱼类种群规模产生明显影响,不会对鱼类种群生存产生显著影响,工程建设对齐口裂腹鱼、长丝裂腹鱼、重口裂腹鱼、青石爬鮡的影响程度是可接受的。

研究范围内分布有大渡河特有鱼类——大渡软刺裸裂尻鱼,水库建设会造成大渡软刺裸裂尻鱼部分索饵、产卵场所的损失,但库区蓄水后流速较小的库湾、库尾处可以为大渡软刺裸裂尻鱼索饵、产卵创造条件;工程建设对大渡软刺裸裂尻鱼越冬影响较小;会阻断坝址附近大渡软刺裸裂尻鱼短距离洄游路线,但由于其兼有干、支流洄游习性,对大渡软刺裸裂尻鱼完成生活史影响较小;工程运行后大渡软刺裸裂尻鱼在调水河流上仍然能维持一定的种群规模。工程建设不会对大渡软刺裸裂尻鱼种群生存产生显著影响,工程建设对特有鱼类的影响程度是可以接受的。

第5章 调水河流河道内生态环境需水量

5.1 生态环境保护目标

5.1.1 鱼类

工程影响区位于高寒地区,其河流生物群落组成多是适应于流水、低温条件的种类。鱼类的种类组成也相对简单,绝大多数为裂腹鱼类和高原鳅,通常是河流中分布的鱼类种类数量不多,以 1～2 种鱼类为优势种,但优势种类的种群数量通常较大。

外业调查结果表明,工程影响区分布的 29 种鱼类中,雅砻江水系常见种类为软刺裸裂尻鱼、厚唇裸重唇鱼、青石爬鲵、短须裂腹鱼、裸腹裂腹鱼、细尾高原鳅和拟硬刺高原鳅,大渡河水系常见种类为大渡软刺裸裂尻鱼、麻尔柯河高原鳅和齐口裂腹鱼,引水入黄口河段常见种类为扁咽齿鱼、花斑裸鲤、似鲇高原鳅、厚唇裸重唇鱼、麻尔柯河高原鳅和黄河裸裂尻鱼。虽然近年来受到河流生境变迁和捕捞的影响,但工程影响区的鱼类生物群落现状相对还是处于较好的原生态状况,渔业资源与其他水域比较而言受人为干扰相对较少。

工程影响区目前分布的鱼类中有国家二级保护动物虎嘉鱼和其他多种省级保护鱼类。在大渡河水系则分布有该水域的特有鱼类——大渡软刺裸裂尻鱼。

5.1.2 湿地自然保护区及滨河植被

5.1.2.1 湿地自然保护区分布

西线调水评价区内自然保护区以森林生态系统、野生动植物、内陆湿地等类型为主。以湿地为主要保护对象的有 5 个,分别是国家级的三江源年保玉则分区保护区、省级的曼则塘保护区和卡莎湖湿地保护区、市级的南莫且湿地保护区、县级的泥拉坝保护区。其中坝址上游两个,为三江源年保玉则和曼则塘湿地自然保护区;坝址下游三个,包括卡莎湖湿地保护区、南莫且湿地保护区和泥拉坝保护区。

坝址下游与河流连通湿地自然保护区一个,为卡莎湖湿地自然保护区。

(1)自然地理概况

卡莎湖自然保护区位于中国四川甘孜州中北部,地跨炉霍县充古、更知、朱倭、旦都、宗麦、宗塔、上罗柯马、下罗柯马 8 个乡。保护区分为东西两块不连续的区域,西部区域为卡莎湖及其周边区域,横跨充古、更知、朱倭、旦都 4 个乡,西与甘孜县交界,南和新龙县接壤,北靠达曲河,东至旦都乡旦都沟,介于东经 100°10′30″~100°27′40″,北纬 31°24′50″~31°43′10″之间;东部区域为宗塔草原及其附近区域,地域涉及宗麦、宗塔、上罗柯马、下罗柯马 4 个乡,位于东经 100°45′36″~101°4′48″,北纬 31°25′12″~31°47′24″之间。

1985 年 2 月 28 日,炉霍县人民政府批准建立卡莎湖县级自然保护区。1995 年,晋升为州级自然保护区。1999 年 1 月,晋升为省级自然保护区。保护区主要保护对象为湿地生态系统和野生动植物。

保护区属高原寒温带半干旱大陆季风气候。冬夏热量差异大,日差量大,昼夜温差大,无霜期短,干湿季节分明,降水量集中在 5—9 月份,夜晚降水量是白天的 2 倍。该区年平均气温为 4.3℃,7 月平均气温为 14.6℃,1 月平均气温为 −5.0℃,≥10℃ 积温为 1489.4℃,无霜期 95 天,年降水量为 650~800mm。

达曲河纵贯保护区,由西向东注入鲜水河,汇入雅砻江,水流较急,河床紊乱,流量适中,主要集中在 4—9 月,由于气温变暖,现已无冰冻期。河流落差较大,水能资源丰富。有两条小溪为卡莎湖注入水源,为充古电站提供了水能。区内有大小支流 21 条。

(2)生态系统功能区划

卡莎湖自然保护区总面积 85080hm²,分为东西两个板块,其中卡莎湖板块面积为29158hm²,占保护区总面积的 34.27%;宗塔板块面积为 55921hm²,占保护区总面积的65.73%。根据其主要保护对象——高寒湿地生态系统和黑鹳、黑颈鹤等珍稀濒危野生动物的分布特点,将其划分为 3 个功能区。其中,核心区面积为 32542hm²,占保护区总面积的38.25%;缓冲区面积 11027hm²,占保护区总面积的 12.96%;实验区面积 41511hm²,占保护区总面积的 48.79%。对不同功能区实行分类管理:核心区严格保护,缓冲区严格控制,实验区在自然环境和自然资源有效保护的前提下,可对自然资源进行适度开发利用。

5.1.2.2　滨河植被调查

中国水利水电科学研究院在阿柯河、玛柯河、杜柯河、泥曲以及雅砻江干流的滩地上进行了滨河植被调查和取样。滩地植被调查工作包括:在阿柯河克柯坝址下游滩地选取两个样方进行调查,并采集了树芯样本;在玛柯河霍那坝址下游附近河滩选取四个样方进行调查;在杜柯河珠安达坝址下游河滩选一个样方进行调查,并取树芯样本;在泥曲仁达坝址下游河滩选一个样方进行调查;在雅砻江干流热巴坝址下游滩地选取一个样方进行调查,并取树芯样本。对采集的植物样本进行鉴定,确定植被的组成。对树芯年轮宽度进行测量,并分析年轮宽度和年降水量、径流量之间的关系。五个植被调查点基本情况如表 5.1-1。

表 5.1-1 植被调查点基本情况

地点	经纬度及海拔	采样地点概况
克柯坝址下游	H＝3480m	河滩高出水面1～3m,质地为细沙、卵石,宽度约100m,灌木主要为奇花柳。山坡上由于较干旱,主要为较稀疏草本。
霍那坝址下游	E100°42.247′ N32°59.642′ H＝3557m	河滩宽度约140m,可分为低滩地、中滩地、旧河道洼地、高滩地等,其中滩地发育灌木,其他区域为草本。
珠安达坝址下游		河滩宽度约150m,滩地高出水面约0.5～3m,植被组成为灌木和草本。
仁达坝址下游	E100°16.394′ N31°57.507′ H＝3621m	河滩宽度约100m,高出水面0.8～5m,滩地为细沙和卵石,植被组成为灌木和草本。
热巴坝址下游	E99°31.150′ N31°59.294′ H＝3523m	河滩宽度约60m,高出水面1～5m,滩地主要为卵石,植被组成为灌木和草本,有零星乔木。

（1）克柯坝址下游植被

克柯河坝址下游的滩地宽约 100m,高出河道水面 1～3m,呈现为向河道倾斜的缓坡。滩地沉积物主要为细沙和卵石,滩地上主要植被为灌丛,发育状况较好,灌丛下发育有较稀疏的草本植被。靠近河岸的区域只有草本发育,没有灌木。灌木分布在距离河岸 2m 以外的浅滩区域,受水流干扰较小,滩地组成见图 5.1-1。

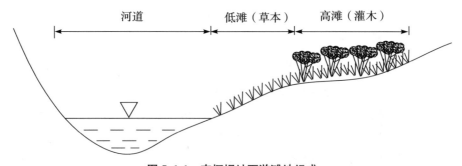

图 5.1-1 克柯坝址下游滩地组成

对滨河植被进行取样、测量和样本采集,其中灌木样方取 5m×5m,草地样方取 1m×1m。灌木样方中共有灌木 8 丛,其中奇花柳（salix atopantha）6 丛、沙棘（Hippophae fhamnoides L.）2 丛,平均高度约 3m,灌木层盖度约 60%。草本盖度约 50%,平均高度约 8cm,种类较多,其中以禾本科的细柄茅（Ptilagrostis dichotoma）、早熟禾（Poa spp.）、川滇剪股颖（Arthraxon lancealatas），车前科的几种车前（Plantago sp.），豆科的矩镰荚苜蓿（Medicago archiducis-nicolai）、云南黄芪（Dxytropis yunnanensis），玄参科的长果婆婆纳（Veroonica ciliata），莎草科的华扁穗草（Blysumus sinocompressus）等为主要组成种类，其他种类比例较小。

在与河道相邻的山坡上，分布有乔木，主要为人工种植的青杨（Populus cathayana）幼树，高度约 3 米，盖度约 8％。灌木主要为沙棘，高度约 0.5 米，盖度约 2％。草本种类较多，平均高约 0.1m，盖度约 70％。主要草本种类为禾本科的细柄茅（Ptilagrostis dichotoma）、早熟禾（Poa spp.），莎草科的华扁穗草（Blysumus sinocompressus）、香附子（Cyperus rotundus），菊科的川甘蒲公英（Taraxacum lugubre）、鼠麴草（Gnaphalium affire）、川木香（Vladimiria souliei），蔷薇科的委陵菜（Potentilla chinensis），龙胆科的蓝白龙胆（Gentiana macrophylla）以及玄参科的长果婆婆纳（Veroonica ciliata）等，见图 5.1-2a、b。

图 5.1-2　阿柯河植被调查（a 滩地植被调查；b 相邻山坡植被调查）

将滨河植被和与山坡上的植被作对比，滨河植被的物种丰富度、密度及均匀程度都较山坡上植物为高，这是滨河植被的一个特点，这反映了滩地上的水、热条件比山坡上要好。

（2）霍那坝址下游植被

霍那坝址下游附近的滩地宽度约 140m，从主河道至左岸可依次分为河道、低滩、中滩、旧河道及高滩 4 个地貌单元，如图 5.1-3。

低滩高出水面约 0～1m，宽度约 20m，每年汛期高水位时被淹没，低水位时仍然露出水面，沉积物主要是粗沙和砾石。中滩高出水面约 1～2m，宽度约 50m，淹没频率低于低滩，中滩的植被发育要优于低滩，沉积物主要是粗沙。旧河道为洼地，高出目前河道约 1.5m，主要由细沙和黏土组成，宽度约 30m。高滩高出水面约 4m，主要由中沙组成，一般情况下不会被淹没，只有在遇到多年一遇的大洪水时，才会被淹没。因此，高滩上的植被发育比较稳定。各地貌单元特点见表 5.1-2。

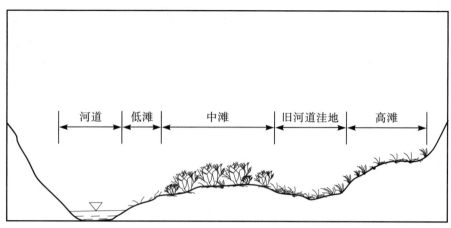

图 5.1-3　霍那坝址下游滩地组成

表 5.1-2

霍那坝址下游滩地基本情况

	低滩	中滩	旧河道洼地	高滩
距目前河道位置(m)	10	40	70	100
宽度(m)	20	50	30	40
高出水面(m)	0~1	1~2	1	2~3
质地	粗沙、砾石	沙砾	细沙、黏土	中沙
湿度	较干爽	较干爽	土壤湿度大	较干躁

　　在滩地四个地貌单元即低滩地、中滩地、旧河道洼地和高滩地分别进行植物群落结构的调查,基本情况见表 5.1-3。

表 5.1-3

霍那坝址下游滩地植被基本情况

	低滩地	中滩地	旧河道洼地	高滩地
植被情况	稀疏草灌	灌木为主	草甸	杂草原
植被盖度(%)	3(灌木)、8(草)	60(灌木)、20(草)	95	80
主要植被种类	奇花柳、华扁穗草、丛枝蓼等	奇花柳、沙棘、水柏枝等	多种草本种类,以禾本科为主	多种草本种类,以禾本科为主
种数	2(灌木)、6(草)	3(灌木)、18(草)	14	14
香侬—维纳指数	1.61	2.03	1.38	1.67

　　低滩区域由于每年受到淹没,植被比较少,没有多年生的灌木,仅有当年初生的奇花柳 (Salix atopantha)、水柏枝(Myricaria germanica)。草本种类主要是喜水的植物,如蓼科的丛枝蓼(Polygonum caespitisum)、羊蹄(Rumex japonicus Houtt),莎草科的华扁穗草

（Blysumus sinocompressus）及车前草等。中滩区周期性的淹没有利于耐水灌木的生长和发育，但抑制了草本植物的发育，草本植物比较稀疏。主要灌木有奇花柳、水柏枝和沙棘，灌木下面发育有多种较稀疏的草本植物，主要属于玄参科、车前科、莎草科及豆科植物。旧河道洼地区域由于地势较低，受地下水的影响土壤湿度大，发育了密集的草甸，植物种类主要以禾本科、车前科等植物种类为主，盖度可达95%左右。高滩地势较高，土壤较干燥，形成了以禾本科、车前科、豆科为主的草地，种类较多样，植被盖度在80%左右。滩地植被发育情况见图5.1-4～图5.1-7。滩地植被种类及覆盖度情况见表5.1-4。

图5.1-4　低滩植被

图5.1-5　中滩植被

图5.1-6　旧河道洼地植被

图5.1-7　高滩植被

表5.1-4　　　　　　　　　　　　　霍那坝址下游滩地植物种类及盖度　　　　　　　　　　　　单位：%

类别	科	种类	低滩	中滩	旧河道	高滩地
灌木	杨柳科	奇花柳 Salix atopantha	1.5	55	/	/
	胡颓子科	沙棘 Hippophae fhamnoides	/	1	/	/
	柽柳科	水柏枝 Myricaria germanica	1.5	4	/	/

类别	科	种类	低滩	中滩	旧河道	高滩地
草本	禾本科	川滇剪股颖 Arthraxon lancealatas	/	0.5	20	8
		细柄茅 Ptilagrostis dichotoma	/	1	30	4
		早熟禾 Poa spp.	/	1.5	30	4
	车前科	车前 Plantago sp.	2	4	5	5
	毛茛科	蓝翠雀花 Delphinium caeruleum	/	/	2	1
	莎草科	华扁穗草 Blysumus sinocompressus	1.2	1	1	1
		嵩草 Kobresia spp.	/	1	1	2
	豆科	矩镰荚苜蓿 Medicago archiducis-nicolai	/	1	0.5	1
		云南黄芪 Dxytropis yunnanensis	0.6	1	0.5	1
		川甘蒲公英 Taraxacum lugubre	/	0.5	1	/
		鼠麴草 Gnaphalium affire	/	1	/	/
		竖杆火绒草 Leontopodium haplophylloides	/	1.5	/	/
		苦苣菜 Sonchus oleraceus	/	1	/	/
	蔷薇科	委陵菜 Potentilla chinensis	0.5	1	1	1
	堇菜科	堇菜 Viola sp.	/	1	1	/
	瑞香科	甘遂 Stellera chamae jasme	/	0.5	/	/
	玄参科	长果婆婆纳 Veroonica ciliata	/	1.5	1.5	1.5
		马先蒿 Pedicularis sp.	/	0.5	0.5	0.5
	蓼科	丛枝蓼 Polygonum caespitisum	0.5	0.5	/	0.5
		羊蹄 Rumex japonicus Houtt.	1.2	/	/	0.5

(3)珠安达坝址下游植被

珠安达坝址下游的滩地宽约150m,高出主河道水面0.5～3m。紧靠河道处的阶地高出水面0.5m,已经有灌木发育,如图5.1-8。滨河植被的灌木以奇花柳、拟五蕊柳(Salix paraplesia)和沙棘为主,另有少量水柏枝(Myricaria germanica)、卧生水柏枝(Myricaria rosea)等小灌木种类。灌木平均高度约2.5m,平均盖度约45%,其中奇花柳高度约3～4米,拟五蕊柳(康定柳)沙棘平均高约2m。灌木样地面积取5m×5m,样方中共有灌木9丛,其中奇花柳(salix atopantha)5丛,拟五蕊柳(Salix paraplesia)1丛,沙棘(Hippophae fhamnoides L.)1丛,水柏枝(Myricaria germanica)2丛。植物种类及盖度详见表5.1-5。

灌木多分布在受淹没影响较小的区域,距离河岸较远。草本植物种类较多,主要以禾本科、豆科、莎草科、毛茛科、菊科、玄参科等为主,近河岸和远河岸都有分布,盖度约50%。植被分布见图5.1-9。

图 5.1-8 珠安达坝址下游滩地

表 5.1-5　　　　　　　　珠安达坝址下游滩地植物种类及盖度

类别	科	种类	盖度(%)	备注
灌木	杨柳科	奇花柳 Salix atopantha	15	灌木分布在高出河岸 0.5m 的阶地上,淹没频率很低
		拟五蕊柳(康定柳)Salix paraplesia	5	
	胡颓子科	沙棘 Hippophae fhamnoides	4	
	柽柳科	水柏枝 Myricaria germanica	1	
草本植物	禾本科	狗牙根 Cynodon dactylon	1.5	
		川滇剪股颖 Arthraxon lancealatas	4	
		短柄草 Brachypodium sylvaeticum	2	
		细柄茅 Ptilagrostis dichotoma	4.5	
		大画眉草 Eragrostis Cilianensis	2	
		早熟禾 Poa spp.	5	
	车前科	车前 Plantago sp.	3	
	毛茛科	甘青铁线莲 Clematis urophylla	1	
		鸦跖花 Oxygtaphis glacialis	1	
		蓝翠雀花 Delphinium caeruleum	2	
	莎草科	华扁穗草 Blysumus sinocompressus	2	
		嵩草 Kobresia spp.	2	
	豆科	矩镰荚苜蓿 Medicago archiducis-nicolai	2.5	
		云南黄芪 Dxytropis yunnanensis	1	
		苜蓿 Medicago sp.	1	

续表

类别	科	种类	盖度(%)	备注
草本植物	菊科	青蒿 Artemisia apiacea	1.5	
		川甘蒲公英 Taraxacum lugubre	0.5	
		鼠麹草 Gnaphalium affire	1	
		竖杆火绒草 Leontopodium haplophylloides	0.5	
		苦苣菜 Sonchus oleraceus	1.5	
	景天科	藓状景天 Sedum ellacombianum	0.5	
		长鞭红景天 Rhodiola fastigiata	0.5	
	蔷薇	委陵菜 Potentilla chinensis	4	
	堇菜科	堇菜 Viola sp.	2	
	瑞香科	甘遂 Stellera chamae jasme	2	
	龙胆科	条纹龙胆 Gentiana striata	1	
		蓝白龙胆 Gentiana macrophylla	1	
	玄参科	长果婆婆纳 Veroonica ciliata	3	
		马先蒿 Pedicularis sp.	1	
	蓼科	丛枝蓼 Polygonum caespitisum	2	
	茜草科	六叶律 Galium asperuloides var hoffmeisteri	1	
	大戟科	泽漆 Euphorbia helioscopia	1	

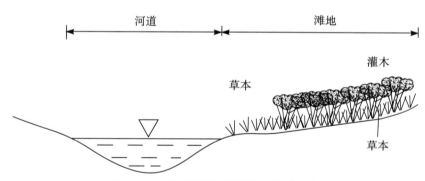

图 5.1-9 珠安达坝址下游滩地植被分布

(4)仁达坝址下游植被

仁达坝址下游的滩地宽约 100 米,高出主河道水面 0.8～5m。坝址下游河道形状比较单一,两岸滩地相对比较陡。滨河植被中灌木以奇花柳等为主,盖度大约为 20%,灌木平均高度约 4m。草本种类较多,主要以菊科、唇形科、龙胆科等为主,草本盖度约 50%。灌木样地面积取 5m×10m,样方中共有灌木 6 丛,其中奇花柳(salix atopantha)4 丛、山生柳 2 丛。植被发育状况如图 5.1-10,植被组成及覆盖度如表 5.1-6。

图 5.1-10　仁达坝址下游滩地

表 5.1-6　　　　　　　　　　　仁达坝址下游滩地植物种类及盖度

类别	科	种类	盖度(%)	备注
灌木	杨柳科	奇花柳	30	灌木分布在高出 1m 左右的阶地上
		山生柳		
草本植物	蓼科	蓼属	1	受淹没影响,草本在近河岸区比较稀疏,在远河岸区和阶地上比较密集
		酸模属	1	
		Sp. 3	1	
		Sp. 4	1	
	禾本科	羊茅属	1	
		披碱草属	3	
	菊科	火绒草	7	
		狗哇花	6	
		飞蓬属	2	
		Sp. 3	1	
		Sp. 4	1	
	水龙骨科	Sp.	4	
	唇形科	Sp. 1	1	
		Sp. 2	4	
		独一味	2	
	豆科	矩镰荚苜蓿	3	
	毛茛科	毛茛	2	
	夹竹桃科	Sp.	2	
	龙胆科	花钿属	8	

坝址下游有二阶滩地,靠近河岸的滩地高出水面约 80cm,淹没频率较高,植被主要是草本,在较高的滩地上灌木广泛分布,盖度约 30%。植被分布情况见图 5.1-11。

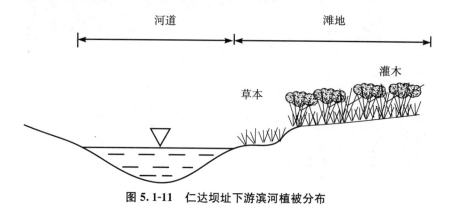

图 5.1-11　仁达坝址下游滨河植被分布

（5）热巴坝址下游植被

热巴坝址位于雅砻江干流上,从坝址往下,河道比较规则,宽度基本都在 150～200m 之间,河形变化不大。沿河岸为连续滩地,宽度约 60m。低滩区高出水面 1～2m,高滩区高出水面 2～5m。在低滩区,洪水淹没比较频繁,可以看到淹没的痕迹。低滩区植被为稀疏的草本植物,高滩地区由于受淹没影响较小,灌木发育比较旺盛,滩地植被分布见图 5.1-12。高滩地区的淹没频率可能为几年一次,某些地方已经有乔木发育。对滩地植被进行取样调查,植被鉴定结果和覆盖度如表 5.1-7。

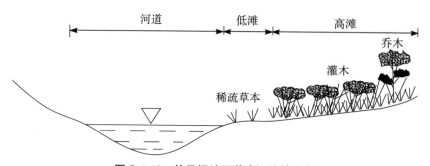

图 5.1-12　热巴坝址下游滨河植被分布

表 5.1-7　　　　　　　　　　　热巴坝址下游滩地植物种类及盖度

类别	科	种类	盖度(%)
乔木	松柏科	西藏圆柏	3
灌木	蔷薇科	枸子属	10

续表

类别	科	种类	盖度(%)
草本植物	蓼科	蓼属	1
		酸模属	0.5
	禾本科	披碱草	1
	车前草科	车前草	0.5
	豆科	米口袋	2
	百合科	韭属	1.5
		黄精属	0.5
	毛茛科	铁线莲属	3
		唐松草属	5
	菊科	蒿属	5
		狗娃花	3
		鼠麴草	3
	龙胆科	花锚属	2

（6）小结

各坝址下游的滨河植被都以草本植物为主，灌木比例较小。从各坝址下游滩地植被的分布图可以看出，在没有阶地的滩地上，灌木仅在离河岸比较远的地方开始发育，在有阶地的滩地，灌木可以在紧靠河流的阶地上发育，这与河流的漫滩过程有关。灌木不能忍受频繁的淹没和在水中长时间浸泡，因此多发育于水流漫滩频率很低或不发生漫滩的区域。草本植物在近河岸区和远河岸区都有发育，但在没有阶地的近河岸区，草本的发育由于受到河流漫滩的抑制比较稀疏，在远河岸区的草本则比较密集。综合看来，坝址下游处的植被发育比较好，生态比较稳定，如果各种影响因素不发生变化，滨河植被能够长期维持良好的状态。

5.1.2.3　河道水量—地下水—植被相互关系研究

河道水—地下水的水力关系是研究区生态系统的一个重要特征，对确定生态保护目标非常重要。中科院地理科学研究所利用环境同位素法和其他方法分析河道水—地下水的水力补给关系。

通过现场调查，了解了区域的地形、地质构造、植被等情况，结合获取的水样电导率、氢氧同位素数据，综合辨析了所采水样的真实类型和来源，在此基础上划分典型河谷断面形态，选取具有代表性的水样分组，依据氢氧同位素组成确定水力补给关系的理论，详细讨论了各组水样的补给来源，从而科学评估了河水水量变化对河谷附近植被的影响范围和程度。现在综合以上分析，得到以下几点初步结论。

（1）根据所采水样电导率分析，在雅砻江实测采样点范围内，流域内的水主要受大气降

147

水直接补给,径流循环的速度较快,水体之间交换关系微弱,并且补给形式单一。

(2)所采水样同位素组成与当地大气降水同位素组成相似,从总体上说明雅砻江地区各种水资源主要由大气降水补给。

(3)在雅砻江引水坝址附近及以上河段,河水与地下水的交换微弱,除主要受降水的补给外,以融雪为主形成的地下水补充河水,而且补充比例与降水和地表融雪水补给相比,比例有限。

(4)在甘孜县城的雅砻江河段,河水的水量变化对较近的台地可能产生有限影响,但对山坡地下水和植被影响微弱。

(5)在新龙峡谷的雅砻江河段,河水受降水和由降水产生的泉水(下降泉)的补给相对较大;多为单向补给的河水,水量变化对植被影响极其微弱。

该结论是在两次野外考察和有限的水样经科学分析基础上给出的,由于受客观条件的限制(详细水文生态地质资料缺乏、调查区域难以扩大、水样的数量和质量并非完美等),更加科学有力的论证还有待于进一步研究。

5.2 生态环境需水量概念界定

5.2.1 生态环境需水量计算断面选择

5.2.1.1 断面选择原则

(1)满足研究范围的要求

计算断面应该覆盖每条调水河流生态环境需水研究范围。

(2)计算断面要有代表性

断面选择能够表征环境保护对象,要求断面与环境保护目标在空间距离上尽可能接近。

(3)计算断面要有数据作为支撑

计算断面要具有长系列水文数据、大断面数据和区间汇流资料。

5.2.1.2 调水河流生态环境保护对象

生态环境保护对象主要为各调水河流坝址下游珍稀保护鱼类、湿地自然保护区和滨河植被。

(1)珍稀保护鱼类

根据水生生物现状调查结果,各调水河流鱼类分布及保护级别归纳详见表 5.2-1～表 5.2-7。各调水河流鱼类保护对象及敏感期划分详见表 5.2-8。

表 5.2-1 雅砻江干流鱼类名录及保护级别

种类	雅砻江	保护类别
鲤形目		
鲤科		
*▲短须裂腹鱼 Schizothorax wangchiachii(Fang)	+	
□长丝裂腹鱼 Schizothorax dolichonema Herzenstein	+	
□四川裂腹鱼 Schizothorax kozlovi Nikolsky	+	
▲裸腹叶须鱼 Ptychobarbus kaznakovi Nikolsky	+	列入红皮书易危鱼类
*▲厚唇裸重唇鱼 Gymnodiptychus pachycheilus Herzenstein	+	
*▲软刺裸裂尻鱼 Schizopygopsis malacanthus malacanthus Herzenstein	+	
鳅科		
▲拟硬刺高原鳅 Triplophysa pseudoscleroptera(Zhu et Wu)	+	
▲麻尔柯河高原鳅 Triplophysa markehensis(Zhu et Wu)	+	
□安氏高原鳅 Triplophysa angeli(Fang)	+	
□短尾高原鳅 Triplophysa brevicauda(Herzenstein)	+	
□修长高原鳅 Triplophysa leptosoma(Herzenstein)	+	
□斯氏高原鳅 Triplophysa stoliczkae(Steindachner)	+	
▲细尾高原鳅 Triplophysa stenura(Herzenstein)	+	
鲇形目		
鮡科		
*▲青石爬鮡 Euchiloglanis davidi(Sauvage)	+	四川省级保护鱼类
合计	14	

▲现场调查采集到鱼类,□调查访问、文献整理,*优势种

表 5.2-2 达曲鱼类名录及保护级别

种类	达曲	保护类别
鲤形目		
鲤科		
*▲厚唇裸重唇鱼 Gymnodiptychus pachycheilus Herzenstein	+	
*▲软刺裸裂尻鱼 Schizopygopsis malacanthus malacanthus Herzenstein	+	
鳅科		
□梭形高原鳅	+	
□山鳅	+	
□斯氏高原鳅 Triplophysa stoliczkae(Steindachner)	+	
□细尾高原鳅 Triplophysa stenura(Herzenstein)	+	

续表

种类	达曲	保护类别
鲇形目		
鮡科		
□青石爬鮡 Euchiloglanis davidi(Sauvage)	+	四川省级保护鱼类
合计	7	

▲现场调查采集到鱼类,□调查访问、文献整理,＊优势种

表 5.2-3 泥曲鱼类名录及保护级别

种类	泥曲	保护类别
鲤形目		
鲤科		
＊▲厚唇裸重唇鱼 Gymnodiptychus pachycheilus Herzenstein	+	
＊▲软刺裸裂尻鱼 Schizopygopsis malacanthus malacanthus Herzenstein	+	
鳅科		
□梭形高原鳅	+	
□山鳅	+	
□斯氏高原鳅 Triplophysa stoliczkae(Steindachner)	+	
□细尾高原鳅 Triplophysa stenura(Herzenstein)	+	
鲇形目		
鮡科		
□青石爬鮡 Euchiloglanis davidi(Sauvage)	+	四川省级保护鱼类
合计	7	

▲现场调查采集到鱼类,□调查访问、文献整理,＊优势种

表 5.2-4 色曲鱼类名录及保护级别

种类	色曲	保护类别
鲤形目		
鲤科		
□齐口裂腹鱼 Schizothorax prenanti(Tchang)	+	青海省级保护鱼类
＊▲大渡软刺裸裂尻鱼 Schizopygopsis malacanthus chengi(Fang)	+	大渡河特有鱼类
鳅科		
▲麻尔柯河高原鳅 Triplophysa markehensis(Zhu et Wu)	+	
鲇形目		
鮡科		
□青石爬鮡 Euchiloglanis davidi(Sauvage)	+	四川省级保护鱼类
合计	4	

▲现场调查采集到鱼类,□调查访问、文献整理,＊优势种

表 5.2-5   杜柯河鱼类名录及保护级别

种类	杜柯河	保护类别
鲑形目		
鲑科		
□虎嘉鱼 Hucho bleekeri Kimura	＋	国家Ⅱ级
鲤形目		
鲤科		
□齐口裂腹鱼 Schizothorax prenanti（Tchang）	＋	青海省级保护鱼类
□重口裂腹鱼 Schizothorax davidi（Sauvage）	＋	青海省、四川省级保护鱼类
＊▲大渡软刺裸裂尻鱼 Schizopygopsis malacanthus chengi（Fang）	＋	大渡河特有鱼类
鳅科		
□麻尔柯河高原鳅 Triplophysa markehensis（Zhu et Wu）	＋	
鲇形目		
鮡科		
□青石爬鮡 Euchiloglanis davidi（Sauvage）	＋	四川省级保护鱼类
合计	6	

▲现场调查采集到鱼类，□调查访问、文献整理，＊优势种

表 5.2-6   玛柯河鱼类名录及保护级别

种类	玛柯河	保护类别
鲑形目		
鲑科		
□虎嘉鱼 Hucho bleekeri Kimura	＋	国家Ⅱ级
鲤形目		
鲤科		
▲齐口裂腹鱼 Schizothorax prenanti（Tchang）	＋	青海省级保护鱼类
□重口裂腹鱼 Schizothorax davidi（Sauvage）	＋	青海省、四川省级保护鱼类
＊▲大渡软刺裸裂尻鱼 Schizopygopsis malacanthus chengi（Fang）	＋	大渡河特有鱼类
鳅科		
▲麻尔柯河高原鳅 Triplophysa markehensis（Zhu et Wu）	＋	
鲇形目		
鮡科		
□青石爬鮡 Euchiloglanis davidi（Sauvage）	＋	四川省级保护鱼类
合计	6	

▲现场调查采集到鱼类，□调查访问、文献整理，＊优势种

表 5.2-7　　　　　　　　　　　　　　阿柯河鱼类名录及保护级别

种类	阿柯河	保护类别
鲤形目		
鲤科		
□齐口裂腹鱼 *Schizothorax prenanti*（Tchang）	＋	青海省级保护鱼类
□重口裂腹鱼 *Schizothorax davidi*（Sauvage）	＋	青海省、四川省级保护鱼类
＊▲大渡软刺裸裂尻鱼 *Schizopygopsis malacanthus chengi*（Fang）	＋	大渡河特有鱼类
鳅科		
□麻尔柯河高原鳅 *Triplophysa markehensis*（Zhu et Wu）	＋	
鲇形目		
鮡科		
□青石爬鮡 *Euchiloglanis davidi*（Sauvage）	＋	四川省级保护鱼类
合计	5	

▲现场调查采集到鱼类，□调查访问、文献整理，＊优势种

表 5.2-8　　　　　　　　　　　　　　各调水河流鱼类保护对象及敏感期划分

河流	保护鱼类	优势种	敏感期
雅砻江干流	裸腹叶须鱼(红皮书、易危)；青石爬鮡(省级)	短须裂腹鱼、厚唇裸重唇鱼、软刺裸裂尻鱼、青石爬鮡	3—10 月
达曲	青石爬鮡(省级)	厚唇裸重唇鱼、软刺裸裂尻鱼	4—10 月
泥曲	青石爬鮡(省级)	厚唇裸重唇鱼、软刺裸裂尻鱼	4—10 月
色曲	齐口裂腹鱼(省级)、青石爬鮡(省级)、大渡软刺裸裂尻鱼(大渡河特有种)	大渡软刺裸裂尻鱼	3—10 月
杜柯河	虎嘉鱼(国家Ⅱ级)、齐口裂腹鱼(省级)、重口裂腹鱼(省级)、青石爬鮡(省级)、大渡软刺裸裂尻鱼(大渡河特有种)	大渡软刺裸裂尻鱼	3—10 月
玛柯河	虎嘉鱼(国家Ⅱ级)、齐口裂腹鱼(省级)、重口裂腹鱼(省级)、青石爬鮡(省级)、大渡软刺裸裂尻鱼(大渡河特有种)	大渡软刺裸裂尻鱼	3—10 月
阿柯河	齐口裂腹鱼(省级)、重口裂腹鱼(省级)、青石爬鮡(省级)、大渡软刺裸裂尻鱼(大渡河特有种)	大渡软刺裸裂尻鱼	3—10 月

（2）自然保护区

只考虑与河流有水力联系的湿地自然保护区，将卡莎湖湿地自然保护区作为生态环境保护对象。

（3）滨河植被

中国水利水电科学研究院通过解译遥感影像，并结合各河段地形地貌特点，统计分析可得各河段植被生态保护目标及其分布面积，详见表 5.2-9。

表 5.2-9　　　　　　　　调水区各重要河段滨河带植被保护对象及分布面积

调水区主要河段		滨河带植被保护对象	植被分布面积（km²）
雅砻江	热巴坝址—甘孜水文站	高寒灌丛草甸	9.97
	甘孜水文站—两河口	高山草甸	7.31
	阿安坝址—达曲河汇口	高寒灌丛草甸	9.83
	仁达坝址—泥曲河汇口	高山草甸	9.26
	达曲泥曲交汇处—鲜水河汇口	高山草甸	5.25
大渡河	洛若坝址—色曲河汇口	高覆盖高寒草甸	9.22
	珠安达坝址—杜柯河汇口	高覆盖高寒草甸	9.57
	霍那坝址—玛柯河汇口	高覆盖高寒草甸	12.99
	克柯坝址—阿珂河汇口	高寒灌丛草甸	13.82
	色曲、杜柯交汇处—绰斯甲河汇口	高山草甸	8.34
	玛柯、阿柯交汇处—足木足河汇口	高山草甸	9.04

5.2.1.3　断面选择

热巴坝址下游计算断面选择甘孜水文站和雅江水文站两个断面；阿安坝址下游计算断面选择东谷水文站和鲜水河道孚水文站两个断面；仁达坝址下游计算断面选择泥柯水文站、朱巴水文站和鲜水河道孚水文站三个断面；色曲选择河西坝址断面和绰斯甲河绰斯甲水文站断面；杜柯河选择壤塘水文站和绰斯甲河绰斯甲水文站两个断面；玛柯河选择班玛水文站和足木足河足木足水文站两个断面；阿柯河选择安斗水文站和足木足河足木足水文站两个断面。各断面相互位置关系详见表 5.2-10。

表 5.2-10　　　　　　　　各坝址下游计算断面相对位置关系及区间汇流情况

河流		区间长度 （km）	累计长度 （km）	区间汇流 （亿 m³）	累计汇流 （亿 m³）
雅砻江干流	热巴坝址	0	0	0	0
	甘孜	95.5	95.5	24.82	24.82
	鲜水河口	268	363.5	57.10	81.92
	雅江	20	383.5	4.72	86.64
达曲	阿安坝址	0	0	0	0
	东谷水文站	29.5	29.5	1.12	1.12
	达曲河口	81	110.5	3.42	4.54
泥曲	仁达坝址	0	0	0	0
	泥柯水文站	4.8	4.8	0.22	0.22
	朱巴水文站	106	110.8	8.05	8.27
	泥曲河口	3	113.8	0.25	8.52
鲜水河	达曲、泥曲汇口	0	0	0	0
	道孚	57	57	9.2	9.2
	鲜水河河口	120	177	19.64	28.84
色曲	洛若坝址	0	0	0	0
	河西坝址	21.3	21.3	0.72	0.72
	色曲河口	70.9	92.2	5.72	6.44
杜柯河	珠安达坝址	0	0	0	0
	壤塘水文站	27	27	1.09	1.09
	杜柯河河口	87.4	114.4	7.26	8.35
绰斯甲河	色曲、杜柯河汇口	0	0	0	0
	绰斯甲水文站	95.4	95.4	24.97	24.97
玛柯河	霍那坝址	0	0	0	0
	班玛水文站	8.8	8.8	0.93	0.93
	玛柯河河口	155.8	164.6	23.42	24.35
阿柯河	克柯坝址	0	0	0	0
	安斗水文站	19	19	0.99	0.99
	阿柯河河口	113.2	132.2	13.98	14.97
足木足河	玛柯河、阿柯河汇口	0	0	0	0
	足木足水文站	108	108	23.88	23.88

5.2.2　生态环境需水量概念界定

5.2.2.1　已有规范中关于生态环境需水量的概念及内涵

（1）关于印发《水电水利建设项目水环境与水生生态保护技术政策研讨会会议纪要》的函（环办函〔2006〕11 号）

会议纪要中没有给出生态环境需水量概念，但提出了河道生态用水需要考虑的因素：

1）工农业生产及生活需水量；

2）维持水生生态系统稳定所需水量；

3）维持河道水质的最小稀释净化水量；

4）维持河口泥沙冲淤平衡和防止咸潮上溯所需水量；

5）水面蒸散量；

6）维持地下水位动态平衡所需要的补给水量；

7）航运、景观和水上娱乐环境需水量；

8）河道外生态需水量，包括河岸植被需水量、相连湿地补给水量等。

（2）关于印发《水工程规划设计生态指标体系与应用指导意见》的通知（水总环移〔2010〕248 号）

指导意见中给出了生态基流的概念和内涵，指出生态基流是指为维持河流基本形态和基本生态功能的河道内最小流量。河流基本生态功能主要为防止河道断流、避免河流水生生物群落遭受到无法恢复的破坏等。

生态基流与河流生态系统的演进过程及水生生物的生活史阶段有关。河流水生生物的生长与水、热同期，在汛期及非汛期对水量的要求不同，因此生态基流有汛期和非汛期之分。由于汛期生态基流多能得到满足，通常生态基流指非汛期生态基流。北方缺水地区则要关注非汛期生态基流是否满足。

指导意见中同时提出了敏感生态需水的概念和内涵，敏感生态需水是指维持河湖生态敏感区正常生态功能的需水量及过程；在多沙河流，要同时考虑输沙水量。敏感生态需水应分析生态敏感期，非敏感期主要考虑生态基流。

生态敏感区包括以下四类：Ⅰ——具有重要保护意义的河流湿地（如公布的各级河流湿地保护区）及以河水为主要补给源的河谷林；Ⅱ——河流直接连通的湖泊；Ⅲ——河口；Ⅳ——土著、特有、珍稀濒危等重要水生生物或者重要经济鱼类栖息地、"三场"分布区。

敏感期确定主要考虑以下时期：主要组成植物的水分临界期；水生动物繁殖、索饵、越冬期；水—盐平衡、水—沙平衡控制期。Ⅰ类生态系统敏感期主要为丰水期的洪水过程；Ⅱ类生态系统以月均生态水量的形式给出；Ⅲ类生态需水以年生态需水的形式给出；Ⅳ类生态系统敏感期为重要水生生物的繁殖期。确定生态敏感期应综合分析上述时期，用外包线或平均值表征。

(3)《江河流域规划环境影响评价规范》(SL45—2006)

规范在附录C"一般规定"中指出,河道内生态需水量主要包括河道生态基流、河流水生生物需水量和保持河道水流泥沙冲淤平衡所需输沙水量等。河道内生态需水应按维持河道基本生态功能需水量和河口生态需水量分别计算。

(4)《建设项目水资源论证导则(试行)》(SL/Z322—2005)

导则7.4.4条中提出了建设项目取水应保证河流生态水量的基本要求,导则中未给出生态环境需水量的概念及内涵。

5.2.2.2 本书采用的生态环境需水量概念及内涵

本书采用生态环境需水量概念与《水工程规划设计生态指标体系与应用指导意见》中概念保持一致,即生态环境需水量包括生态基流和敏感生态需水。

生态基流是指为维持河流基本形态和基本生态功能的河道内最小流量。河流基本生态功能主要为防止河道断流、避免河流水生生物群落遭受到无法恢复的破坏等。

敏感生态需水是指维持河湖生态敏感区正常生态功能的需水量及过程;在多沙河流,要同时考虑输沙水量。敏感生态需水应分析生态敏感期,非敏感期主要考虑生态基流。生态需水敏感区类型及敏感时期划分详见表5.2-11。

表 5.2-11　　　　　　　　　生态需水敏感区类型及敏感时期划分

生态需水敏感区类型	敏感时期
河流湿地和河谷林	丰水期
河流直接连通的湖泊	逐月
河口	全年
重要水生生物产卵场	繁殖期

河道生态用水需要考虑的因素与关于印发《水电水利建设项目水环境与水生生态保护技术政策研讨会会议纪要的函》(环办函〔2006〕11号)保持一致,根据南水北调西线工程调水河流特点,生态环境需水量考虑要素包括:①维持水生生态系统稳定所需水量;②维持河道水质的最小稀释净化水量;③与河道相连湿地、滨河植被补给水量。

各计算断面生态环境需水量考虑要素详见表5.2-12。

表 5.2-12　　　　　　　　　　各计算断面生态环境需水量考虑要素情况表

河流	断面	生态环境需水量计算考虑要素			
		维持水生生态系统稳定	滨河植被	与河流连通湿地	河道水质
雅砻江干流	甘孜水文站	√	√		√
	雅江水文站	√	√		√
达曲	东谷水文站	√	√	√	√
泥曲	泥柯水文站	√	√		√
	朱巴水文站	√	√		√
鲜水河	道孚	√	√		√
色曲	河西坝址	√	√		√
杜柯河	壤塘水文站	√	√		√
绰斯甲河	绰斯甲水文站	√	√		√
玛柯河	班玛水文站	√	√		√
阿柯河	安斗水文站	√	√		√
足木足河	足木足水文站	√	√		√

5.3　生态环境需水量计算方法

5.3.1　生态基流计算方法

5.3.1.1　水文学法

水文学法是以历史流量为基础,根据简单的水文指标确定河道内生态环境用水。水文学法简单易行,要求拥有长序列水文资料的河流,常用于无特定生态需水目标的水域生态需水量的计算。常用的代表方法有 Tennant 法、最枯时段平均流量法。

(1)Tennant 法

1)计算方法:Tennant 法主要根据水文资料和年平均径流量百分数来描述河道内流量状态。Tennant 法认为,多年平均流量的 10% 是保持大多数水生生物短时间生存所推荐的最低短时径流量;多年平均流量的 30% 是保持大多数水生生物有良好栖息条件所推荐的基本径流量;多年平均流量的 60% 是为大多数水生生物在主要生长期提供优良至极好栖息条件所推荐的基本径流量。

Tennant 法验证认为,在多年平均流量的 10% 情况下,大多数河流覆盖底土层达 60%,平均水深达 0.3m,平均流速达 0.23m/s,这是一个维持大多数水生生物,尤其是鱼类短期内生存的基准点或最低限度。流量为 30%～100% 时,虽然这是大多数水生生物生存从好到优的范围,但是,需要 3～10 倍的短期最好流量,得到的效益与所付出的代价相比是不划算的。

该方法适用的保护目标包括鱼、水鸟、长皮毛的动物、爬行动物、两栖动物、软体动物、水生无脊椎动物和相关的所有与人类争水的生命形式。

2)限制条件:①比例确定困难,不同区域、不同需水类型、不同保护对象,生态健康程度与流量的比例关系不同,需要分析调整流量标准,而调整后的流量也仅是人们直接感知的,其理由缺乏一定的说服力。②没有区分干旱年、湿润年和标准年的差异,未考虑水量的年内分配。水生生物对流量的要求在不同季节有所不同。Tennant 法根据多年平均径流量的一定比例统一划定,未考虑水量需求的年内变化问题,与水生生物生境要求不相符。③适用条件具有局限性。Tennant 法没有明确考虑食物、栖息地、水质和水温等因素的变化情况,缺乏生态学角度的解释。

3)适用范围:适用于流量较大的河流,作为河流最初目标管理、战略性管理方法使用,具有简单、快捷、便于宏观管理的特点。

(2)最枯时段平均流量法

主要包括 90%保证率最枯月平均流量法、近十年最枯月流量法以及 7Q10 法等。

1)计算方法:近十年最枯月流量法主要是计算求出近十年最枯月平均流量的多年平均值。90%保证率最枯月平均流量法是根据水文系列最枯月平均流量观测结果,按保证率计算求得。7Q10 法主要是计算求取 90%保证率最枯连续 7 天的平均流量。

2)限制条件:最枯时段流量法要求拥有长序列水文资料,同样缺乏生物学基础。

3)适用范围:对水资源量小,且开发利用程度已经较高的河流,用于维持河流不断流以及必要的水质条件。该类方法关注的是水环境保护低限设计水量和生命极限需水量法。目前,我国在进行一般河流纳污能力计算时,水量条件可采用近十年最枯月流量法和 90%保证率最枯月平均流量法计算。美国一般将 90%保证率最枯连续 7 天的平均流量作为河流生态水量的极限流量条件。

此外,还可采用流量历时曲线法,利用历史流量资料构建各月流量历时曲线,使用某个频率来确定生态流量。其频率可以按照目标生物的水量需求设定,此方法不仅保留了采用流量资料计算生态流量的简单性,同时考虑了各个月份流量的差异,但目前按照目标生物的水量需求设定频率的研究基础薄弱。

5.3.1.2 水力学法

水力学法是以栖息地保护类型的标准设定的模型,主要有基于水力学参数提出的湿周法及 R2—Cross 法。其特点是假设设计河道在时间尺度上是稳定的,河道大断面资料是能够确切表征研究河段的调整情况,在工作中只需要对研究区域进行简单的现场测量,通过研究河宽、水深、断面面积、流速和湿周与栖息地等生境质量来估算河道内流量的最小值,确定能够提供特定对象生境保护要求的最大生态流量,并评价低于某一流量时可能发生的生境面积和功能损失。在计算特定区域生态需水,且生境保护与水域条件有明显相关关系时,推荐采用水力学法进行计算分析。

(1)湿周法

1)计算方法:湿周法采用湿周(研究河段典型断面水面以下横断面的周长)作为栖息地质量标准来估算期望的河道内流量值。其假设是保护好临界区域的水生物栖息地的湿周,也将对非临界区域的栖息地提供足够的保护。该法在实际应用中需要确定湿周与流量之间的关系,河道内流量推荐值可根据湿周—流量关系图中的拐点确定生态流量;当拐点不明显时,以某个湿周率相应的流量作为生态流量。湿周—流量关系见图 5.3-1 所示。

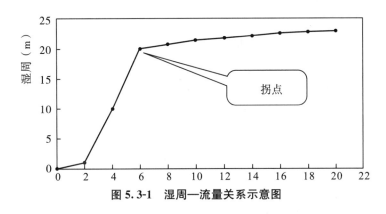

图 5.3-1　湿周—流量关系示意图

2)限制条件:受河道形状的影响,如三角形河道的湿周—流量曲线的增长变化点表现不明显,难以判别;河床形状不稳定且随实际变化的河道,没有稳定的湿周—流量关系曲线,也没有固定的增长变化点。

3)适用范围:河床形状稳定的宽浅矩形渠道和抛物线形河道,可用于同时计算生态基流和河流湿地及河谷林的最小生态流量。

(2)R2—Cross 法

1)计算方法:采用河流宽度、平均水深、平均流速及湿周率指标来评估河流栖息地的保护水平,从而确定河流目标流量。其中湿周率指某一过水断面在某一流量时的湿周占多年平均流量满湿周的百分比。该方法开始应用时的推荐值是按年进行控制的,后来根据水生生态保护和河流水文特点,制定了相应的标准,见表 5.3-1。

2)限制条件:①不能确定季节性河流的流量。②精度不高。根据一个河流断面的实测资料,确定相关参数,将其代表整条河流,容易产生误差;同时,计算结果受所选断面影响较大。③标准单一。三角形河道与宽浅型河道水力参数采用同一个标准不合理。④标准设定范围较小。仅对河宽小于 30m 的中小型河流进行了标准设定,大中河流的标准没有明确设定。

3)适用范围:非季节性小河流,同时可为其他方法提供水力学依据。

表 5.3-1　　　　　　　　　　**R2—Cross 法确定最小流量的标准**

河宽(m)	平均水深(m)	湿周率(%)	平均流速(m/s)
0.3～6	0.06	50	0.3
6～12	0.06～0.12	50	0.3
12～18	0.12～0.18	50～60	0.3
18～30	0.18～0.3	≥70	0.3

5.3.1.3　生境模拟法

生境模拟法主要采用生态学和生理学方法,对特定生态保护目标的需水规律和特点进行分析,分析区域现存或者期望的典型、代表及保护物种与群落对水量需求规律和配置的要求,研究水量配置与生态系统的发育和平衡效应。代表性方法有河道内流量增加法(IFIM)和生态、生理需水观测法等。其中 IFIM 法是根据现场观测数据,采用 PHAB-SIM 模型模拟流速变化与栖息地类型的关系,通过水力学数据和生物学信息的结合,决定适合于一定流量的主要水生生物及栖息地,并由此作为确定生态水量的图件。

1)计算方法:以 PHAB SIM 模型为例说明生境模拟法。该方法主要根据指示物种所需的水力条件的模拟,确定河流流量,为水生生物提供一个适宜的物理生境。

假设水深、流速、基质和覆盖物是流量变化对物种数量和分布造成影响的主要因素。调查分析指示物种对水深、流速等的适宜要求,绘制水深、流速等环境参数与喜好度(被表示为 0～1 值)的适宜性曲线。将河道横断面分隔成间隔宽度为 w 的 n 部分单元(图 5.3-2),根据适宜性曲线确定每个分隔部分的环境喜好度,即水位喜好度(Sh)、流速喜好度(Sv)、基质喜好度(Ss)、河面覆盖喜好度(Sc)。根据公式计算每个断面、每个指示物种的权重可利用面积(WUA):

$$WUA = \sum A_i (S_h \cdot S_v \cdot S_s \cdot S_c)_i$$

式中:A_i——宽度为 w,长度为两个相邻断面距离的阴影部分的水平面积。

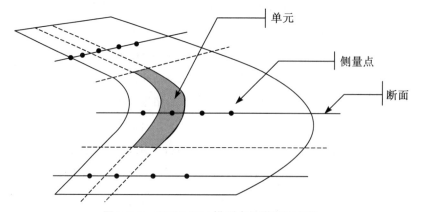

图 5.3-2　PHAB-SIM 模型中河道断面分隔

计算不同流量下的 WUA，绘制流量与 WUA 曲线，WUA 越大，表明生物在该流量下对生境越适宜。

2）限制条件：①没有预测生物量或者种群变化，用生境指标进行代替，生物生境与水力条件缺乏紧密结合。②结果比较复杂，实施需要大量人力、物力，不适合于快速使用。③没有考虑河流两岸生态系统。

3）适用范围：适用于特定生态保护目标的河流生态系统。

5.3.1.4　整体分析法

整体分析法是以流域为单元，全面分析河流生态需水的方法。它包括南非的建筑堆块法（BBM）、澳大利亚的整体法（Holistic Method）等。

1）计算方法：整体分析法以 BBM 法为代表，从河流生态系统整体出发，根据专家意见综合研究流量、泥沙运输、河床形状与河岸带群落之间的关系。这类方法建立在尽量维持河流水生态系统天然功能的原则之上，整个生态系统的需水，包括发源地、河流、河岸地带、洪积平原、地下水、湿地和河口的需水都需要评价。

2）限制条件：综合法需要生态学家、地理学家、水文学家等专家队伍，资源消耗大，时间长，至少需要 2 年时间。

3）适用范围：综合性、大流域生态需水研究。

5.3.2　敏感生态需水计算方法

（1）生态水力半径法

该法是刘昌明院士提出的新方法，以谢才公式为基础，假设天然河道的流态属于明渠均匀流，且流速分布均匀，通过生物学调查得到水生生物适宜的流速，根据该流速计算其对应的生态水力半径：

$$R_{生态} = n^{3/2} \cdot v_{生态}{}^{3/2} \cdot J^{-3/4}$$

式中：$v_{生态}$——生态流速，不同鱼类的洄游流速不同；

$R_{生态}$——过水断面的生态水力半径；

n——河道糙率；

J——河道的水力坡度。

该生态水力半径计算求得的对应流量即为含有水生生物信息和河道断面信息的生态流量。

实际计算中，首先根据河道大断面实测数据、实测流量、水位数据求出水力半径—流量关系，然后求出生态水力半径对应的生态流速。

（2）流量—平均水深关系法

通过断面处实测流量成果表，建立断面处流量—水深关系曲线，根据水生生物调查结果,确定鱼类生境适宜水深,通过水深确定生态环境需水量。

（3）植物蒸散法

河流滨河带植物需水按照以下公式计算:

$$W_p = E_p \times A_p$$

式中,W_p 为植物需水(m^3);E_p 为植被蒸散量(mm);A_p 为河流植被分布面积(m^2)。

（4）湿地生态需水计算方法

多年平均情况下,地下水与地表水相互补给平衡,因此湿地生态需水可以只考虑降水和水面蒸发、植被蒸腾和渗漏量。所计算的生态需水量是指在一定湿地面积下,为维持湿地生态水文结构,扣除降水之后,用以消耗在水面蒸发及湿地植被蒸腾所需要的净需水量,以及相应于该湿地面积下的蓄水量。湖泊和沼泽湿地的生态需水可以用以下公式来统一表示:

$$W_E = W_{蓄} + (E - P) \times A + Q$$

式中:W_E——湿地生态需水量(m^3/a);

$W_{蓄}$——湿地蓄水量(m^3/a);

E——水面蒸发量或者湿地植被蒸腾量(mm);

P——湿地区降水量(mm);

A——湿地面积(m^2);

Q——湿地渗漏量(mm)。

5.3.3 生态环境需水量计算方法

（1）对各种方法的评价

水文学方法的有利方面包括低成本、不考虑生物的细节信息,是一种适用广泛的估算河流生态需水量的方法,而且简单、容易操作、数据容易满足要求,不需要现场测量,可以快速得到估算结果。不利方面是缺乏对目前生态价值的直接关注。水文扰动已经使植被发生了不可逆的变化,历史记载的水量可能不太相关于现存的生物,生物的变化也可能是由于其他要素的变化,而这些要素并不直接相关于水文扰动,例如放牧、气候变化等。该法只是建立在经验上的估算,没有理论依据,也没有考虑生物的需水和生物间的相互影响,标准还需验证,只能在优先度不高的河段使用,或者作为其他方法的一种粗略检验。

水力学方法,以河道的水力参数作为评价指标,有水力学理论支撑,该法的优点是只需要简单的现场测量、短期的数据资料就可以满足要求,但是估算结果体现不出季节性,同时该类方法假定河道在时间尺度上是稳定的,并且所选择的横断面能够确切地表征整个河道的特征,而实际上并非如此。

生态学方法包括现存或期望生物对水量的需求和分配,也包括对历史水量数据的检验,但不同于水文学方法,主要是基于生态管理的目标。这些方法对于解决较小型河道生态需水较为实用,但对于大河而言,需要有更多的实践和参数变换。如栖息地法,理论依据充分,但是需要大量的人力物力,操作复杂。综合法,从整体考虑河流生态系统,与流域管理规划相结合,但是该法耗时长,资源消耗大。生态学方法的有利方面是直接针对目前系统的生态价值和现存问题,如水禽对水的利用状况,濒危物种或种群的现状,侵入物种的表现等。不利方面是缺乏物种需求信息,另外,现有的相关数据较难满足需水量计算的需要。

在已有的方法中,不论哪种方法,都强烈依赖于资料,对资料缺乏的流域,如本项目的研究区域,需要开展更广泛的方法学研究。

(2)生态环境需水量计算方法

生态环境需水量分生态基流和敏感生态需水分别计算。根据各计算断面大断面信息,计算各断面的适用性及各计算断面生态需水需要考虑的要素,各计算断面生态环境需水量计算方法见表 5.3-2。

表 5.3-2　　　　　　　　　各计算断面生态环境需水量计算方法

河流	断面	生态基流计算方法			敏感生态需水计算方法				评价方法
		湿周法	近十年最枯月流量法	90%保证率最枯月流量法	生态水力半径法	栖息地指标—流量关系法	湿地生态需水计算方法	植物蒸散发方法	Tennant法
雅砻江干流	甘孜水文站	✓	✓	✓	✓			✓	✓
	雅江水文站		✓	✓				✓	✓
达曲	东谷水文站	✓	✓	✓	✓	✓		✓	✓
泥曲	泥柯水文站	✓	✓	✓	✓	✓		✓	✓
	朱巴水文站	✓	✓	✓	✓			✓	✓
鲜水河	道孚	✓	✓	✓	✓			✓	✓
色曲	河西坝址	✓	✓	✓	✓			✓	✓
杜柯河	壤塘水文站	✓	✓	✓	✓			✓	✓
绰斯甲河	绰斯甲水文站	✓		✓	✓			✓	✓
玛柯河	班玛水文站		✓	✓	✓			✓	✓
阿柯河	安斗水文站	✓	✓	✓	✓			✓	✓
足木足河	足木足水文站	✓	✓	✓	✓	✓		✓	✓

5.4 河道内生态环境需水量计算结果

5.4.1 坝下断面生态基流计算结果

5.4.1.1 Tennant 法计算结果

根据 Tennant 法计算标准(如表 5.4-1 所示),本工程选取 10 月至次年 3 月各断面多年平均流量的 10%作为生态流量,敏感期 4—9 月各断面多年平均流量的 30%作为生态流量。据此,各断面的生态流量计算结果详见表 5.4-2。

表 5.4-1   Tennant 法推荐流量表

栖息地等定性描述	推荐的基流标准(年平均流量百分数)	
	一般用水期(10—次年 3 月)	鱼类产卵育幼期(4—9 月)
泛滥或最大		200
最佳范围	60~100	60~100
很好	40	60
好	30	50
良好	20	40
一般或较差	10	30
差或最小	10	10
极差	<10	<10

表 5.4-2   Tennant 法引水河流坝址下游各计算断面生态流量计算结果表

河流	断面	多年平均流量	生态流量	
			10—次年 3 月	4—9 月
雅砻江干流	热巴坝址	193.07	19.31	57.92
达曲	阿安	32.78	3.28	9.83
泥曲	仁达坝址	37.09	3.71	11.13
色曲	洛若坝址	13.26	1.33	3.98
杜柯河	珠安达坝址	46.45	4.65	13.94
玛柯河	霍那坝址	34.41	3.44	10.32
阿柯河	克柯Ⅱ坝址	21.25	2.13	6.38
通天河	侧坊坝址	415.95	41.60	124.79

5.4.1.2　湿周法计算结果

(1)计算结果

根据各调水河流坝址下游各断面河道大断面数据,利用工具 xsecAnalyzerVer14 计算出不同实测水位对应的湿周,根据实测水位相应的流量绘制出湿周—流量关系曲线。

本次计算采用 80％湿周率对应流量计算生态基流,除班玛水文站外,各专用水文站湿周法计算生态基流结果见表 5.4-3—表 5.4-6。

表 5.4-3　　　　　　　　　东谷水文站湿周法计算生态基流成果表

年份	湿周—流量经验公式	生态流量(m^3/s)
2006	$y=38.74\times0.071$　$r^2=0.961$	1.48
2007	$y=37.67\times0.078$　$r^2=0.972$	2.0
2008	$y=39.02\times0.068$　$r^2=0.982$	1.32
2009	$y=41.23\times0.055$　$r^2=0.99$	0.6
2010	$y=41.87\times0.054$　$r^2=0.982$	0.56
均值		1.6

注:均值取 2006、2007、2008 年均值。

表 5.4-4　　　　　　　　　泥柯水文站湿周法计算生态基流成果表

年份	湿周—流量经验公式	生态流量(m^3/s)
2006	$y=28.75\times0.192$　$r^2=0.892$	11.57
2007	$y=31.06\times0.165$　$r^2=0.939$	9.57
2008	$y=30.46\times0.169$　$r^2=0.894$	9.88
2009	$y=41.48\times0.095$　$r^2=0.908$	3.54
2010	$y=31.34\times0.157$　$r^2=0.926$	8.92
均值		8.70

表 5.4-5　　　　　　　　　壤塘水文站湿周法计算生态基流结果

年份	湿周—流量经验公式	生态流量(m^3/s)
2006	$y=22.60\times0.158$　$r^2=0.955$	12.1
2007	$y=20.36\times0.172$　$r^2=0.984$	13.6
2008	$y=14.61\times0.246$　$r^2=0.935$	20.08
2009	$y=21.58\times0.159$　$r^2=0.984$	12.22
2010	$y=23.76\times0.156$　$r^2=0.921$	11.91
均值		13.98

表 5.4-6   安斗水文站湿周法计算生态基流结果

年份	湿周—流量经验公式	生态流量(m³/s)
2006	$y=23.96\times0.103$　$r^2=0.967$	2.88
2007	$y=24.74\times0.094$　$r^2=0.974$	2.34
2008	$y=25.12\times0.091$　$r^2=0.978$	2.17
2009	$y=21.16\times0.109$　$r^2=0.967$	3.24
2010	$y=21.88\times0.102$　$r^2=0.965$	2.82
均值		2.69

5.4.1.3 最枯时段平均流量法

坝址处近十年最枯月流量法与90％保证率最枯月平均流量法计算结果见表5.4-7。

表 5.4-7   坝址处近十年最枯月流量法与90％保证率最枯月平均流量法计算结果

河流	断面	最枯月平均流量	90％保证率最枯月均流量
雅砻江干流	热巴坝址	48.67	35.33
达曲	阿安	7.79	5.56
泥曲	仁达坝址	4.72	4.22
色曲	洛若坝址	1.96	1.78
杜柯河	珠安达坝址	7.31	5.67
玛柯河	霍那坝址	5.70	4.83
阿柯河	克柯Ⅱ坝址	2.99	2.67
通天河	侧坊坝址	73.06	50.46

5.4.1.4 生态基流推荐值

各坝址处湿周法、近十年最枯月流量法、90％保证率最枯月平均流量法计算结果与推荐值见表5.4-8和5.4-9,其中湿周法计算结果取断面各年计算结果均值并推算到坝址处。

表 5.4-8   坝址处湿周计算结果表

河流	坝址	水文站断面	湿周法水文站生态流量推荐值(m³/s)	坝址断面生态流量(m³/s)	坝址处生态流量推荐值(m³/s)	坝址多年平均流量	生态流量占比(%)
雅砻江干流	热巴	甘孜水文站	63.6	51.26	51.26	193.07	27％
达曲	阿安	东谷水文站	1.6	1.46	1.46	32.78	4％
泥曲	仁达	泥柯水文站	9.99	9.96	9.96	37.09	27％
		朱巴水文站	5	3.39			

河流	坝址	水文站断面	湿周法水文站生态流量推荐值（m³/s）	坝址断面生态流量（m³/s）	坝址处生态流量推荐值（m³/s）	坝址多年平均流量	生态流量占比（%）
色曲	洛若	洛若坝址	—	—	—	13.26	
杜柯河	朱安达	壤塘水文站	13.98	13.15	13.15	46.45	28%
玛柯河	霍那	班玛水文站	—	—	—	34.41	
阿柯河	克柯Ⅱ	安斗水文站	2.69	2.34	2.34	21.25	11%

表 5.4-9　　　　　　　　　　　　坝址处生态基流推荐结果表

河流	坝址	水文站断面	湿周法生态流量推荐值（m³/s）	Tennant（10%）	最枯月平均流量	90%保证率最枯月均流量	坝址处生态流量推荐值（m³/s）	坝址多年平均流量	生态流量占比（%）
雅砻江干流	热巴	甘孜水文站	51.26	19.31	48.67	35.33	51.26	193.07	27
达曲	阿安	东谷水文站	1.46	3.28	7.79	5.56	7.79	32.78	24
泥曲	仁达	泥柯水文站	9.96	3.71	4.72	4.22	9.96	37.09	27
		朱巴水文站							
色曲	洛若	洛若坝址	—	1.33	1.96	1.78	1.96	13.26	15
杜柯河	朱安达	壤塘水文站	13.15	4.65	7.31	5.67	13.15	46.45	28
玛柯河	霍那	班玛水文站	—	3.44	5.70	4.83	5.7	34.41	17
阿柯河	克柯Ⅱ	安斗水文站	2.34	2.13	2.99	2.67	2.99	21.25	14
通天河	侧坊			41.60	73.06	50.46	73.06	415.95	17.6

5.4.2　敏感生态需水量计算结果

5.4.2.1　生态水力半径法计算结果

根据各调水河流坝址下游各断面河道大断面数据,利用工具 xsecAnalyzerVer14 计算出不同实测水位对应的水力半径,利用实测水位对应实测流量绘制出流量—水力半径关系曲线,根据各引水河流鱼类保护目标确定生态流速,进而计算生态水力半径,由生态水力半径查询流量—水力半径关系曲线确定生态流量。

（1）生态水力半径确定

根据中国科学院水生生物研究所对调水河流鱼类栖息地调查结果,雅砻江干流软刺裸裂尻鱼、厚唇裸重唇鱼、裸腹叶须鱼、短须裂腹鱼和青石爬鮡栖息地的水深应为 $1\sim3$ m,流速应为 $0.45\sim1.74$ m/s;大渡河水系大渡软刺裸裂尻鱼的水深为 $0.5\sim2.3$ m,流速变幅较大,为 $0\sim0.99$ m/s。

根据鱼类栖息环境及各计算断面处地形特征,雅砻江干流甘孜站适宜流速取 1.0 m/s,支流达曲适宜流速取 0.8 m/s,泥曲适宜流速取 $0.6\sim0.7$ m/s;大渡河水系支流取 0.8 m/s,道孚水文站取 0.9 m/s,足木足水文站取 1.5 m/s。适宜流速取值均位于鱼类适宜流速范围内。引水坝址下游各计算断面生态流速及生态水力半径计算结果见表5.4-10。

表 5.4-10 引水河流坝址下游各计算断面生态流速及生态水力半径计算结果表

河流	断面	生态流速	糙率	坡降	生态水力半径
雅砻江干流	甘孜水文站	1.0	0.029	0.001	0.9
达曲	东谷水文站	0.8	0.032	0.0031	0.32
泥曲	泥柯水文站	0.7	0.027	0.0011	0.26
	朱巴水文站	0.6	0.031	0.0004	0.9
鲜水河	道孚水文站	0.9	0.031	0.0008	1.0
色曲	河西坝址	0.8	0.032	0.0065	0.18
杜柯河	壤塘水文站	0.8	0.037	0.0035	0.36
阿柯河	安斗水文站	0.8	0.051	0.0051	0.43
	足木足水文站	1.5	0.047	0.0024	1.73

（2）各计算断面生态流量计算结果

中科院地理研究所应用生态水力半径法对甘孜站、道孚水文站、朱巴水文站 1965—1987 年,足木足水文站 1970—1983 年逐年生态流量进行计算,计算结果见表5.4-11～表5.4-15。

利用南水北调西线工程专用水文站断面进行计算,计算结果见表5.4-16～表5.4-18。

表 5.4-11 甘孜水文站生态流量计算结果表

年份	年平均流量（m³/s）	流量与水力半径的关系	生态流量（m³/s）
1965	357.43	$Q = 27.662R^{3.7662}, r^2 = 0.9524$	46.8
1966	286.84	$Q = 37.248R^{3.3391}, r^2 = 0.9829$	59.4

续表

年份	年平均流量(m³/s)	流量与水力半径的关系	生态流量(m³/s)
1967	240.56	$Q = 40.059R^{3.4406}, r^2 = 0.9823$	64.8
1969	202.55	$Q = 41.763R^{3.5631}, r^2 = 0.9698$	68.7
1970	271.62	$Q = 45.006R^{3.6062}, r^2 = 0.9657$	74.5
1980	363.13	$Q = 86.891R^{2.6192}, r^2 = 0.9915$	65.9
1981	321.52	$Q = 80.768R^{2.6851}, r^2 = 0.9893$	60.9
1982	321.66	$Q = 79.849R^{2.7193}, r^2 = 0.9855$	60
1983	276.13	$Q = 85.114R^{2.5908}, r^2 = 0.9781$	64.9
1984	217.76	$Q = 82.612R^{2.752}, r^2 = 0.9813$	61.8
1985	312.94	$Q = 75.108R^{2.8081}, r^2 = 0.9734$	55.9
1986	193.84	$Q = 82.873R^{2.7469}, r^2 = 0.9751$	62
1987	242.48	$Q = 77.559R^{2.7776}, r^2 = 0.978$	57.9
均值			61.81

表 5.4-12　　　　　　　　　　　道孚水文站生态流量计算结果表

年份	年平均流量(m³/s)	流量与水力半径的关系	生态流量(m³/s)
1965	208.94	$Q = 34.047R^{2.7722}, r^2 = 0.9907$	34.0
1966	145.54	$Q = 32.088R^{2.8099}, r^2 = 0.9877$	32.1
1967	95.13	$Q = 29.082R^{3.1001}, r^2 = 0.989$	29.1
1968	138.06	$Q = 31.327R^{2.921}, r^2 = 0.9943$	31.3
1970	133.58	$Q = 29.693R^{2.9762}, r^2 = 0.9899$	29.7
1971	108.42	$Q = 32.212R^{2.9202}, r^2 = 0.9741$	32.2
1972	125.90	$Q = 32.721R^{2.9481}, r^2 = 0.9829$	32.7
1973	91.87	$Q = 30.455R^{3.2689}, r^2 = 0.9701$	30.5
1974	145.73	$Q = 29.331R^{3.0858}, r^2 = 0.9864$	29.3
1975	143.21	$Q = 32.152R^{2.9337}, r^2 = 0.9845$	32.2
1976	149.62	$Q = 29.437R^{3.0577}, r^2 = 0.987$	29.4
1977	126.79	$Q = 25.639R^{3.3557}, r^2 = 0.9737$	25.6
1978	99.79	$Q = 27.175R^{3.2648}, r^2 = 0.9829$	27.2
1979	161.98	$Q = 28.257R^{3.0379}, r^2 = 0.9739$	28.3
1980	161.23	$Q = 29.562R^{3.0072}, r^2 = 0.9829$	29.6
1981	143.71	$Q = 26.714R^{3.2096}, r^2 = 0.9863$	26.7
1982	158.83	$Q = 25.589R^{3.1554}, r^2 = 0.9796$	25.6
1983	118.68	$Q = 25.969R^{3.2456}, r^2 = 0.9797$	26.0

年份	年平均流量（m³/s）	流量与水力半径的关系	生态流量（m³/s）
1984	110.32	$Q = 24.276R^{3.177}, r^2 = 0.9714$	24.3
1985	191.14	$Q = 22.896R^{3.1952}, r^2 = 0.9692$	22.9
1986	101.46	$Q = 24.073R^{3.5159}, r^2 = 0.9742$	24.1
1987	139.85	$Q = 23.598R^{3.4066}, r^2 = 0.9883$	23.6
均值			28.5

表 5.4-13　　　　　　　　　　朱巴水文站生态流量计算结果表

年份	年平均流量（m³/s）	流量与水力半径的关系	生态流量（m³/s）
1972	57.8	$Q = 18.798R^{3.192}, r^2 = 0.9669$	13.43
1973	43.5	$Q = 18.081R^{3.5221}, r^2 = 0.9662$	12.48
1974	64.8	$Q = 20.209R^{3.3008}, r^2 = 0.9897$	14.27
1975	68.5	$Q = 19.607R^{3.2218}, r^2 = 0.9880$	13.96
1076	69.6	$Q = 19.096R^{3.3217}, r^2 = 0.9806$	13.46
1977	54.4	$Q = 18.947R^{3.7249}, r^2 = 0.9789$	12.80
1978	46.4	$Q = 17.439R^{3.7761}, r^2 = 0.9738$	11.71
1979	78.1	$Q = 17.554R^{3.5009}, r^2 = 0.9837$	12.14
1980	75.6	$Q = 16.774R^{3.6331}, r^2 = 0.9897$	11.44
1981	66.1	$Q = 16.194R^{3.6459}, r^2 = 0.9928$	11.03
1983	54.5	$Q = 17.046R^{3.5723}, r^2 = 0.9971$	11.70
1984	44.4	$Q = 16.595R^{3.2348}, r^2 = 0.9878$	12.13
1985	77.4	$Q = 17.25R^{3.305}, r^2 = 0.9791$	12.18
1986	39.8	$Q = 13.322R^{3.9166}, r^2 = 0.9947$	8.82
1987	54.4	$Q = 21.069R^{3.3759}, r^2 = 0.9938$	14.76
均值			12.42

表 5.4-14　　　　　　　　　　足木足水文站生态流量计算结果表

年份	年平均流量（m³/s）	流量与水力半径的关系	生态流量（m³/s）
1970	190.55	$Q = 1.6776R^{5.8708}, r^2 = 0.965$	41.9
1971	215.98	$Q = 1.3818R^{5.5978}, r^2 = 0.6704$	29.7
1972	196.79	$Q = 3.2968R^{5.1572}, r^2 = 0.9073$	55.7
1973	192.98	$Q = 4.5818R^{4.723}, r^2 = 0.8979$	61.0
1974	238.84	$Q = 4.5828R^{4.8107}, r^2 = 0.9321$	64.0
1975	271.61	$Q = 0.0418R^{6.2243}, r^2 = 0.9876$	34.4

年份	年平均流量(m³/s)	流量与水力半径的关系	生态流量(m³/s)
1976	265.75	$Q=0.1532R^{5.2764}, r^2=0.9691$	45.4
1977	202.70	$Q=0.1466R^{5.6358}, r^2=0.9786$	63.9
1978	216.61	$Q=0.1695R^{5.2805}, r^2=0.9581$	50.4
1979	270.28	$Q=0.0876R^{5.6592}, r^2=0.9785$	39.2
1980	260.28	$Q=0.1918R^{5.1966}, r^2=0.949$	52.1
1981	294.23	$Q=0.1564R^{5.2497}, r^2=0.9372$	45.0
1982	273.08	$Q=0.1568R^{5.2051}, r^2=0.9924$	43.0
1983	273.65	$Q=0.2355R^{5.1388}, r^2=0.9813$	60.1
均值			48.99

表 5.4-15　　　　　　　　　　东谷水文站生态水力半径法计算结果表

年份	流量—水力半径经验公式	生态流量(m³/s)
2006	$y=95.64x^{1.955}$　$r^2=0.996$	10.18
2007	$y=91.68x^{1.903}$　$r^2=0.997$	10.49
2008	$y=39.02x^{0.068}$　$r^2=0.982$	9.73
2009	$y=87.52x^{2.055}$　$r^2=0.998$	8.42
2010	$y=90.70x^{2.070}$　$r^2=0.996$	8.58
均值		9.48

表 5.4-16　　　　　　　　　　泥柯水文站生态水力半径法计算结果表

年份	流量—水力半径经验公式	生态流量(m³/s)
2006	$y=89.60x^{3.022}$　$r^2=0.952$	6.06
2007	$y=95.10x^{2.551}$　$r^2=0.987$	9.78
2008	$y=87.83x^{2.626}$　$r^2=0.971$	8.45
2009	$y=86.30x^{2.031}$　$r^2=0.990$	14.11
2010	$y=91.97x^{2.422}$　$r^2=0.986$	10.6
均值		9.8

表 5.4-17　　　　　　　　　　壤塘水文站生态水力半径法计算结果表

年份	流量—水力半径经验公式	生态流量(m³/s)
2006	$y=54.52x^{2.451}$　$r^2=0.984$	4.46
2007	$y=69.50x^{2.171}$　$r^2=0.996$	7.56
2008	$y=82.59x^{2.164}$　$r^2=0.974$	9.05

年份	流量—水力半径经验公式	生态流量(m^3/s)
2009	$y=69.46x^{2.024}$　$r^2=0.996$	8.78
2010	$y=65.81x^{2.037}$　$r^2=0.985$	8.21
均值		7.61

表 5.4-18　　　　　　　　　　安斗水文站生态水力半径法计算结果表

年份	流量—水力半径经验公式	生态流量(m^3/s)
2006	$y=76.08x^{2.446}$　$r^2=0.998$	9.65
2007	$y=77.59x^{2.396}$　$r^2=0.997$	10.27
2008	$y=74.97x^{2.476}$　$r^2=0.992$	9.28
2009	$y=56.65x^{3.243}$　$r^2=0.989$	3.67
2010	$y=52.45x^{3.293}$　$r^2=0.989$	3.26
均值		7.23

5.4.2.2　流量—平均水深法

(1)平均水深确定

徐志峡等对国外 R2—Cross 法与 Tennant 法的相关数据进行了分析，认为对大中型河流，最小生态流量对应的平均水深约为 0.3m。根据中国科学院水生生物研究所对调水河流鱼类栖息地调查结果，雅砻江干流软刺裸裂尻鱼、厚唇裸重唇鱼、裸腹叶须鱼、短须裂腹鱼和青石爬鳅成鱼生境水深应为 1～3m，支流为 0.3～1.2m；大渡河水系成鱼生境水深为 0.5～2.3m。

根据各计算断面实测流量数据，各断面最大水深与平均水深比约为 1.45～2.41(班玛)，平均水深取 0.3m 时，各断面最大水深可以达到 0.45～0.7m，平均水深取 0.25m 时，各断面最大水深可以达到 0.35～0.55m，满足鱼类适宜生境最低条件，本次计算班玛水文站平均水深取 0.25m，其余断面平均水深取 0.3m。

(2)各计算断面计算结果

各专用水文站断面流量—平均水深关系法计算结果详见表 5.4-19～表 5.4-23。

表 5.4-19　　　　　　　　　　东谷水文站流量平均水深法计算结果表

年份	流量—平均水深经验公式	生态流量(m^3/s)
2006	$y=89.59x^{1.951}$　$r^2=0.995$	8.55
2007	$y=88.07x^{1.882}$　$r^2=0.996$	9.14

年份	流量—平均水深经验公式	生态流量（m³/s）
2008	$y=86.15x^{1.950}$ $r^2=0.998$	8.23
2009	$y=85.71x^{2.012}$ $r^2=0.998$	7.6
2010	$y=89.30x^{2.028}$ $r^2=0.992$	7.77
均值		8.26

表 5.4-20　　　　　　　　　泥柯水文站流量平均水深法计算结果表

年份	流量—平均水深经验公式	生态流量（m³/s）
2006	$y=102.1x^{3.293}$ $r^2=0.968$	1.94
2007	$y=101.7x^{3.133}$ $r^2=0.973$	2.34
2008	$y=105.7x^{3.005}$ $r^2=0.961$	2.84
2009	$y=101.5x^{2.358}$ $r^2=0.982$	5.94
2010	$y=96.19x^{2.910}$ $r^2=0.984$	2.89
均值		3.19

表 5.4-21　　　　　　　　　壤塘水文站流量平均水深法计算结果表

年份	流量—平均水深经验公式	生态流量（m³/s）
2006	$y=72.04x^{2.616}$ $r^2=0.978$	3.09
2007	$y=64.97x^{2.485}$ $r^2=0.988$	3.26
2008	$y=66.11x^{2.224}$ $r^2=0.984$	4.54
2009	$y=65.26x^{2.107}$ $r^2=0.993$	5.16
2010	$y=67.15x^{2.104}$ $r^2=0.985$	5.33
均值		4.28

表 5.4-22　　　　　　　　　班玛水文站流量平均水深法计算结果表

年份	流量—平均水深经验公式	生态流量（m³/s）
2006	$y=229.0x^{2.280}$ $r^2=0.947$	9.71
2007	$y=293.8x^{2.364}$ $r^2=0.917$	11.09
2008	$y=122.9x^{1.515}$ $r^2=0.952$	15.05
2009	$y=119.9x^{1.490}$ $r^2=0.980$	15.2
2010	$y=109.1x^{1.831}$ $r^2=0.990$	8.62
均值		11.9

表 5.4-23　　　　　　　　　　安斗水文站流量平均水深法计算结果表

年份	流量—平均水深经验公式		生态流量（m³/s）
2006	$y=73.87x^{2.394}$	$r^2=0.997$	4.14
2007	$y=75.18x^{2.357}$	$r^2=0.995$	4.4
2008	$y=72.18x^{2.214}$	$r^2=0.980$	5.02
2009	$y=53.11x^{3.221}$	$r^2=0.980$	1.1
2010	$y=50.89x^{3.255}$	$r^2=0.987$	1.01
均值			3.13

5.4.2.3　河道内敏感生态需水推荐值

敏感生态需水推荐值取生态水力半径法及流量平均水深法最大值。

甘孜水文站敏感生态环境流量推荐值为 61.81m³/s，占甘孜水文站断面多年平均流量 23.1%；根据雅江水文站实测流量资料，2000 年以前为 124m³/s，断面平均水深可以达 4m 以上，河面宽可达 75m 以上，2000 年以后，断面平均水深可达 1m 以上，断面河宽可达 65m 以上，满足绝大多数水生生物生境需求。因此，雅江水文站断面敏感生态流量推荐为 124m³/s，占多年平均流量的 18.7%；东谷水文站、泥柯水文站、壤塘水文站、安斗水文站敏感生态流量推荐值取两种方法计算结果较大值，分别为 9.48m³/s、9.8m³/s、7.61m³/s、7.23m³/s，占断面多年平均流量 27.4%、26.5%、15.3% 和 28.8%；朱巴水文站、道孚水文站、足木足水文站敏感生态流量推荐值为 12.42m³/s、28.5m³/s、48.99m³/s，占断面多年平均流量 19.9%、20.3% 和 21.2%；绰斯甲水文站敏感生态流量采用生态基流推荐结果 31.94m³/s，占多年平均流量 17.4%；色曲河西坝址敏感生态流量取 1.88m³/s，占多年平均流量 12.2%；班玛水文站敏感生态流量推荐值 11.9m³/s，占多年平均流量 32%。各断面敏感生态流量推荐值占断面多年平均流量比例范围为 12.2%～32.22%。各计算断面敏感生态流量推荐值详见表 5.4-24，推算到坝址处的生态流量推荐值见表 5.4-25。

表 5.4-24　　　　　　　　　　各计算断面敏感生态流量推荐值

河流	断面	生态水力半径法（m³/s）	流量—平均水深法（m³/s）	生态环境流量推荐值（m³/s）	占多年平均流量比例（%）
雅砻江干流	甘孜水文站	61.81▲	—	61.81	23.1
	雅江水文站	—	—	124	18.7
达曲	东谷水文站	9.48	8.26	9.48	27.4
泥曲	泥柯水文站	9.8	3.19	9.8	26.5
鲜水河	朱巴水文站	12.42▲	—	12.42	19.9
	道孚水文站	28.5▲	—	28.5	20.3
色曲	河西坝址	1.88		1.88	12.2

河流	断面	生态水力半径法（m³/s）	流量—平均水深法（m³/s）	生态环境流量推荐值（m³/s）	占多年平均流量比例（%）
杜柯河	壤塘水文站	7.61	4.28	7.61	15.3
绰斯甲河	绰斯甲水文站	—	—	31.94	17.4
玛柯河	班玛水文站	—	11.9	11.9	32.2
阿柯河	安斗水文站	7.23	3.13	7.23	28.8
足木足河	足木足水文站	48.99▲	—	48.99	21.2

注：①▲为中科院地理所成果；②水文系列为 1960—2010 年。

表 5.4-25　　　　　　　　　　各计算断面敏感生态流量推荐值

河流	坝址	水文站断面	水文站生态流量推荐值（m³/s）	推算到坝址断面生态流量（m³/s）	Tennant（30%）	坝址处生态流量推荐值（m³/s）	坝址多年平均流量	生态流量占比（%）
雅砻江干流	热巴	甘孜水文站	61.81	49.81	57.92	57.92	193.07	30
达曲	阿安	东谷水文站	9.48	8.64	9.83	9.83	32.78	30
泥曲	仁达	泥柯水文站	9.8	9.77	11.13	11.13	37.09	30
		朱巴水文站	12.42	8.42				
色曲	洛若	洛若坝址	1.88	1.88	3.98	3.98	13.26	30
杜柯河	朱安达	壤塘水文站	7.61	7.16	13.94	13.94	46.45	30
玛柯河	霍那	班玛水文站	11.9	11.07	10.32	11.07	34.41	32
阿柯河	克柯Ⅱ	安斗水文站	7.23	6.29	6.38	6.38	21.25	30

5.4.3　滨河植被及湿地自然保护区生态需水

5.4.3.1　滨河植被生态需水量

各调水河流坝址下游滨河植被生态需水量计算结果见表 5.4-26。

表 5.4-26 各调水河流坝址下游滨河植被生态需水量

调水区河段		优势物种年蒸散量(mm)	各河段优势植被分布面积(km²)	植被需水量(亿 m³)
雅砻江	热巴坝址—甘孜水文站	251.2～680	9.97	0.025～0.068
	甘孜水文站—两河口	250～325	7.31	0.018～0.024
	阿安坝址—达曲河汇口	252～645	9.83	0.025～0.063
	仁达坝址—泥曲河汇口	420～612	9.26	0.039～0.057
	达曲泥曲交汇—鲜水河汇口	390～578	5.25	0.02～0.03
大渡河	洛若坝址—色曲河汇口	330～419	9.22	0.03～0.039
	珠安达坝址—杜柯河汇口	320～410	9.57	0.031～0.039
	霍那坝址—玛柯河汇口	330～420	12.99	0.043～0.055
	克柯坝址—阿柯河汇口	330～425	13.82	0.046～0.059
	色曲、杜柯交汇处—绰斯甲河汇口	450～681	8.34	0.038～0.057
	玛柯、阿柯交汇处—足木足河汇口	430～649	9.04	0.039～0.059

5.4.3.2 卡莎湖湿地自然保护区生态环境需水量

(1)卡莎湖自然保护区保护目标分析

根据现有资料(江华明,2004):卡莎湖所处海拔 3520m,湖泊形状为东西走向的长方形,枯水期面积 109 hm²,丰水期面积 130 hm²,平水期面积 120 hm²,其东面有 18 hm² 的草本沼泽,湖水最深 17m。卡莎湖自然保护区湿地生态保护目标见表 5.4-27。

表 5.4-27 卡莎湖自然保护区湿地保护指标

分项	水面面积(hm²)	沼泽面积(hm²)	水深(m)
平水年	120	18	17.00
偏枯年	109	18	16.20

(2)卡莎湖生态环境需水计算

1)平水年自然保护区生态需水量

在缺少精确的湖库区地形资料条件下,可以将湖库区概化成一圆锥体,并将圆锥体的体积近似地作为湖库的蓄水容积。根据这种处理方式,可以得到卡莎湖在平水期当水面面积是 120hm²、水深 17m 时的蓄水量是 680.0 万 m³。

根据炉霍县气象站的资料,平水年(P＝50%)的年均降水量为 675.8mm,多年平均水面蒸发量为 1524.8mm。结合平水期湿地水面和沼泽面积大小,可以得到,平水年卡莎湖湿地蒸发的年均净消耗量为 118.43 万 m³。因此,湿地平水年的生态需水量是蓄水量与净蒸发消耗量之和,即

798.43 万 m³。

卡莎湖湿地平水年各月蒸发净需水量为 124.06 万 m³。除了 6、7、9 三个月的蒸发需水能得到满足外，其余 9 个月份均存在生态缺水。其中：5 月份缺水最多，其次是 3、4 两个月。平水年卡莎湖自然保护区湿地蒸发净需水量见表 5.4-28。

2）偏枯年自然保护区生态需水量

根据炉霍县气象站的资料，偏枯年（$P=75\%$）的年均降水量为 598.2mm。结合枯水期湿地面积大小，可以得到卡莎湖湿地蒸发的年均净消耗量为 119.72 万 m³。另外，采用上述简化处理方式，得到卡莎湖湿地枯水期当水面面积是 109 hm²、水深是 16.20m 时的蓄水量为 588.6 万 m³。因此，湿地枯水年的年均生态需水量是蓄水量与净蒸发消耗量之和，即 708.32 万 m³。

卡莎湖湿地偏枯年各月蒸发净需水量为 119.72 万 m³。年内各月降水量均小于湿地的蒸发蒸腾量，存在生态缺水。其中：4 月缺水最多，其次是 3 月。偏枯年卡莎湖自然保护区湿地生态需水量见表 5.4-28。

5.4.4　生态环境需水量计算结果

根据各调水河流鱼类繁殖期不同得出各断面年内生态环境流量过程，并将卡莎湖湿地自然保护区年内需水过程加至东谷水文站年内生态环境流量过程，将滨河植被需水量叠加至各调水河流计算断面 6—10 月。综合各计算结果后，坝址处年内生态流量过程详见表 5.4-29。

表 5.4-28　卡莎湖湿地自然保护区典型年生态需水量

各月蒸发净需水量(万 m³)

典型年	1月	2月	3月	4月	5月	6月	7月	8月	9月	10月	11月	12月	全年(万 m³) 蒸发净需水量	全年(万 m³) 湿地蓄水量	全年(万 m³) 合计
平水年(P=50%)	8.99	11.66	18.56	18.74	24.37	-3.76	-1.18	11.84	-0.69	11.79	9.81	8.30	118.43	680.0	798.43
偏枯年(P=75%)	8.28	11.18	17.78	19.35	12.63	8.21	7.42	13.13	0.31	4.85	9.37	7.21	119.72	588.6	708.32

表 5.4-29　引水河流坝址下游各计算断面生态流量过程

(单位:m³/s)

河流	断面	1月	2月	3月	4月	5月	6月	7月	8月	9月	10月	11月	12月
雅砻江干流	热巴坝址	51.26	51.26	57.92	57.92	57.92	57.92	57.92	57.92	57.92	57.92	51.26	51.26
达曲	阿安	7.79	7.79	9.83	9.83	9.83	9.83	9.83	9.83	9.83	9.83	7.79	7.79
泥曲	仁达坝址	9.96	9.96	11.13	11.13	11.13	11.13	11.13	11.13	11.13	11.13	9.96	9.96
色曲	洛若坝址	1.96	1.96	3.98	3.98	3.98	3.98	3.98	3.98	3.98	3.98	1.96	1.96
杜柯河	珠安达坝址	13.15	13.15	13.94	13.94	13.94	13.94	13.94	13.94	13.94	13.94	13.15	13.15
玛柯河	霍那坝址	5.7	5.7	11.07	11.07	11.07	11.07	11.07	11.07	11.07	11.07	5.7	5.7
阿柯河	克柯Ⅱ坝址	2.99	2.99	6.38	6.38	6.38	6.38	6.38	6.38	6.38	6.38	2.99	2.99
通天河	侧坊坝址	73.06	73.06	124.79	124.79	124.79	124.79	124.79	124.79	124.79	124.79	73.06	73.06

第6章 生态敏感点影响

6.1 自然保护区影响分析

6.1.1 自然保护区调查

（1）按行政区域筛选

按照调水河流涉及县域筛选生态敏感区，南水北调西线工程调水河流涉及县域内自然保护区共29处[17][18][19][20]，其中国家级自然保护区4处，省级自然保护区8处，市州级自然保护区3处，县区级自然保护区14处，调水河流涉及县域内自然保护区分布见图6.1-1，雅砻江水系涉及县域自然保护区基本情况见表6.1-1，大渡河水系涉及县域自然保护区基本情况见表6.1-2。

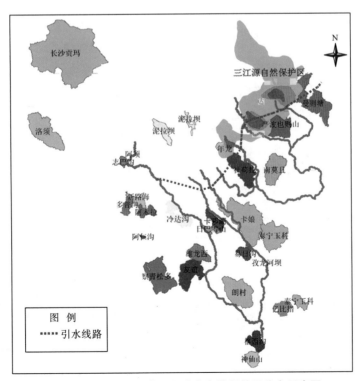

图6.1-1 调水河流涉及县域内自然保护区分布示意图

表 6.1-1　　　　　　　　　　　　雅砻江水系涉及县域自然保护区基本情况表

序号	自然保护区名称	行政区域	级别	主要保护对象	最新批准/审核文件
1	四川长沙贡玛国家级自然保护区	石渠县	国家级	高寒湿地生态系统和藏野驴、雪豹、野牦牛等珍稀野生动物	国办发〔2009〕54 号
2	四川察青松多国家级自然保护区	白玉县	国家级	白唇鹿、雪豹等野生动物	国办发〔2003〕54 号
3	四川格西沟国家级自然保护区	雅江县	国家级	四川雉鹑、绿尾虹雉以及大紫胸鹦鹉等珍稀鸟类	国办发〔2012〕7 号
4	四川洛须白唇鹿自然保护区	石渠县	省级	白唇鹿等珍稀野生动植物及其栖息环境	川府函〔1997〕405 号
5	四川新路海自然保护区	德格县	省级	黑颈鹤等珍稀野生动植物及湿地生态系统	川府函〔1999〕2 号
6	四川卡莎湖自然保护区	炉霍县、甘孜县	省级	黑颈鹤等珍稀野生动物及湿地生态系统	川府函〔1999〕2 号
7	四川泰宁玉科自然保护区	道孚县	省级	高山森林和湿地生态系统	川府函〔2002〕50 号
8	四川亿比措湿地自然保护区	道孚、雅江、康定	省级	湿地生态系统	川办发〔2009〕57 号
9	四川雅江神仙山自然保护区	雅江县	省级	黑颈鹤、白唇鹿、林麝等珍稀野生动植物及湿地生态系统	川办发〔2009〕57 号
10	四川多普沟自然保护区	德格县	市州级	森林、湿地生态系统	甘府函〔2000〕25 号
11	四川志巴沟自然保护区	德格县	县区级	森林生态系统	德府函〔2003〕38 号
12	四川阿须湿地自然保护区	德格县	县区级	湿地生态系统	德府函〔2003〕40 号
13	四川省德格县阿木拉自然保护区	德格县	县区级	森林生态系统	德府函〔1999〕3 号
14	四川阿仁沟自然保护区	白玉县	县区级	密枝圆柏等珍稀野生植物及森林生态系统	白府函〔2000〕06 号
15	四川易日沟自然保护区	炉霍县	县区级	白唇鹿、林麝等珍稀野生动物及森林生态系统	炉府发〔2000〕28 号
16	四川卡娘自然保护区	炉霍县	县区级	白唇鹿、林麝等珍稀野生动植物及森林生态系统	炉府函〔2002〕8 号
17	四川孜龙河坝湿地自然保护区	道孚县	县区级	湿地生态系统	道府发〔2005〕30 号

序号	自然保护区名称	行政区域	级别	主要保护对象	最新批准/审核文件
18	四川冷达沟自然保护区	甘孜县	县区级	白唇鹿等珍稀野生动植物及其栖息环境	甘孜府发〔2003〕45号
19	四川友谊自然保护区	新龙县	县区级	黑颈鹤等珍稀野生动植物及其栖息环境	新府函〔2000〕16号
20	四川雄龙西自然保护区	新龙县	县区级	黑颈鹤、白唇鹿等珍稀野生动植物及湿地生态系统	川府函〔2011〕59号
21	四川日巴雪山自然保护区	新龙县	县区级	白唇鹿等珍稀野生动植物及其栖息环境	新府函〔2000〕15号
22	四川朗村自然保护区	新龙县	县区级	水鹿等珍稀野生动植物及森林生态系统	新府函〔2000〕14号
23	四川年龙自然保护区	色达县	县区级	森林、湿地生态系统	色府函〔2000〕28号
24	四川泥拉坝湿地自然保护区	色达县	县区级	湿地生态系统	色府函〔2000〕29号

表 6.1-2　　　　　　　　　　大渡河水系涉及县域自然保护区基本情况表

序号	自然保护区名称	行政区域	级别	主要保护对象	最新批准/审核文件
1	三江源国家级自然保护区	青海	国家级	珍稀动物及湿地、森林、高寒草甸等	国办发〔2003〕5号
2	四川南莫且湿地自然保护区	壤塘县	省级	林麝、马麝等珍稀野生动植物及湿地生态系统	川府函〔2005〕40号
3	四川曼则塘湿地自然保护区	阿坝县	省级	黑颈鹤、金雕等珍稀野生动植物及湿地生态系统	川府函〔2003〕96号
4	四川杜苟拉自然保护区	壤塘县	市州级	森林生态系统、白唇鹿、雪豹	川府函〔2007〕117号
5	四川严波叶则自然保护区	阿坝县	市州级	黑颈鹤、金雕等珍稀野生动植物及湿地生态系统	阿府函〔2004〕252号

（2）按空间位置关系筛选

将自然保护区边界与调水河流及水库淹没范围叠加，工程建设与陆生生态敏感区相对位置关系见表 6.1-3、表 6.1-4。

表 6.1-3　　　　　　　　　　雅砻江干流及库区与生态敏感区位置关系

序号	自然保护区名称	位置	距离
1	四川长沙贡玛国家级自然保护区	坝址上游	距离库尾大于 100km
2	四川洛须白唇鹿自然保护区	坝址上游	距离库尾大于 100km
3	四川志巴沟自然保护区	坝址上游	部分位于热巴库区范围
4	四川阿须湿地自然保护区	坝址上游	部分位于热巴库区范围
5	四川新路海自然保护区	坝址下游	雅砻江热巴坝址下游右岸,距离河道大于 25km
6	四川多普沟自然保护区	坝址下游	雅砻江热巴坝址下游右岸,距离河道大于 30km
7	四川省德格县阿木拉自然保护区	坝址下游	雅砻江热巴坝址下游右岸,距离河道大于 30km
8	四川冷达沟自然保护区	坝址下游	位于雅砻江热巴坝址下游约 50km,保护区包含河道
9	四川日巴雪山自然保护区	坝址下游	位于雅砻江热巴坝址下游约 120km 左岸,距离河道最近处 200m
10	四川雄龙西自然保护区	坝址下游	位于雅砻江热巴坝址下游约 180km 右岸,距离河道最近处 7km
11	四川友谊自然保护区	坝址下游	位于雅砻江热巴坝址下游约 210km 右岸,距离河道最近处 300m
12	四川察青松多国家级自然保护区	坝址下游	位于雅砻江热巴坝址下游约 220km 右岸,距离河道最近处 10km
13	四川朗村自然保护区	坝址下游	位于雅砻江热巴坝址下游约 280km 左岸,保护区包含河道
14	四川格西沟国家级自然保护区	坝址下游	两河口电站以下,不在研究范围内
15	四川雅江神仙山自然保护区	坝址下游	两河口电站以下,不在研究范围内

表 6.1-4　　　　　　　　其他调水河流及库区与自然保护区相对位置关系

序号	河流	自然保护区名称	位置	距离
1	达曲	四川泥拉坝湿地自然保护区	坝址上游	距离库尾大于 50km
2	达曲	四川卡莎湖自然保护区	坝址下游	达曲阿安坝址下游 35km 右岸,距离河道距离最近 50m
3	泥曲	四川泥拉坝湿地自然保护区	坝址上游	距离库尾大于 50km
4	泥曲	四川卡娘自然保护区	坝址下游	泥曲仁达坝址下游 30km,保护区包含河道

续表

序号	河流	自然保护区名称	位置	距离
5	杜柯河	四川年龙自然保护区	坝址上游	杜柯河珠安达坝址上游右岸,距离河道 5.5km
6	杜柯河	三江源国家级自然保护区	坝址上游	部分位于杜柯河珠安达库区范围内
7	杜柯河	四川杜苟拉自然保护区	坝址下游	位于杜柯河珠安达坝址下游右岸,距离河道最近处 350m,输水隧洞穿越
8	杜柯河	四川南莫且湿地自然保护区	坝址下游	位于杜柯河珠安达坝址下游左岸,距离河道大于 9km
9	玛柯河	三江源国家级自然保护区	坝址下游	保护区包含河道,输水隧洞穿越
10	玛柯河	四川严波叶则自然保护区	坝址下游	位于玛柯河霍那坝址下游左岸,距离河道最近大于 2km
11	阿柯河	四川严波叶则自然保护区	坝址下游	位于阿柯河克柯Ⅱ坝址下游右岸,距离河道最近大于 3km
12	阿柯河	四川曼则塘湿地省级自然保护区	坝址下游	位于阿柯河克柯Ⅱ坝址下游左岸,距离河道最近大于 10km,输水隧洞穿越
13	鲜水河	四川卡娘自然保护区	坝址下游	达曲、泥曲汇口下游左岸,距离河道最近距离 50m
14	鲜水河	四川易日沟自然保护区	坝址下游	达曲、泥曲汇口下游右岸,距离河道最近距离 40m
15	鲜水河	四川泰宁玉科自然保护区	坝址下游	达曲、泥曲汇口下游左岸,距离河道最近大于 10km
16	鲜水河	四川孜龙河坝	坝址下游	达曲、泥曲汇口下游,保护区包含河道

(3)工程影响的自然保护区

根据筛选,工程影响到的自然保护区为雅砻江干流热巴库区四川志巴沟自然保护区、四川阿须湿地自然保护区,热巴坝址下游四川冷达沟自然保护区;达曲下游卡莎湖自然保护区;泥曲下游卡娘自然保护区;杜柯河珠安达库区青海三江源国家级自然保护区;输水隧洞穿越四川杜苟拉自然保护区、四川曼则塘湿地省级自然保护;鲜水河四川易日沟自然保护区(达曲、泥曲坝址下游)、四川孜龙河坝自然保护区,工程影响到的自然保护区分布见图 6.1-2。

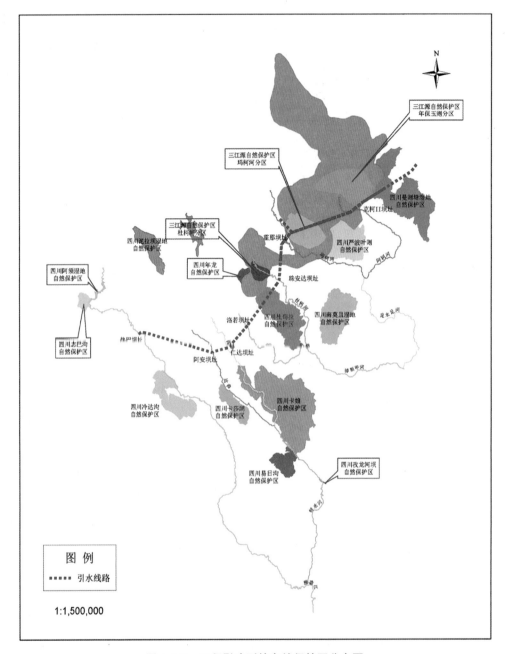

图 6.1-2　工程影响到的自然保护区分布图

6.1.2　自然保护区影响分析

6.1.2.1　对四川志巴沟自然保护区影响分析

　　经热巴库区范围线与四川志巴沟自然保护区范围线叠加分析,热巴库区占压四川志巴沟自然保护区面积共计 63.31hm², 占志巴沟保护区总面积的 0.67%; 主要占地类型为住宅用地和草地,草地主要为白莲蒿群落,热巴库区与四川志巴沟自然保护区叠加见图 6.1-3。

图 6.1-3　热巴库区与四川志巴沟自然保护区叠加图

四川志巴沟自然保护区为县级保护区,主要保护对象为森林生态系统,热巴库区占压四川志巴沟自然保护区土地类型为住宅用地和草地,草地主要为白莲蒿群落,热巴库区对自然保护区保护对象影响较小;同时热巴库区淹没自然保护区面积比例仅 0.67%,所以工程建设对志巴沟自然保护区结构与功能影响较小。

6.1.2.2　对四川阿须湿地自然保护区影响分析

经热巴库区范围线与四川阿须湿地自然保护区范围线叠加分析,热巴库区占压四川阿须自然保护区面积共计 357.22hm²,占阿须自然保护区总面积的 20.6%;主要占地类型为住宅用地 4.59hm²、水域 105.64hm²、粗枝云杉林 10.37hm²、草地 236.62hm²,草地主要为白莲蒿群落,热巴库区与四川阿须自然保护区叠加见图 6.1-4。

四川阿须湿地自然保护区为县级自然保护区,主要保护对象为区内湿地生态系统,水库淹没后对保护区主要保护对象不会产生不利影响;库区淹没保护区面积比例 20.6%,淹没损失较大。

图 6.1-4　热巴库区与四川阿须自然保护区叠加图

6.1.2.3　对四川冷达沟自然保护区影响分析

四川冷达沟自然保护区为县级自然保护区,主要保护对象为白唇鹿等珍稀野生动植物及其栖息环境,保护区位于热巴坝址下游50km。

对四川冷达沟自然保护区的影响途径为坝址下游水文情势变化影响,雅砻江干流穿过四川冷达沟自然保护区,四川冷达沟自然保护区位于热巴坝址下游50km,位于峡谷段,坝址下游水文情势变化对保护区段雅砻江干流河面宽影响较小;同时根据已有研究成果,调水河流地区植被需水、河道径流、地下水等主要受大气降水补给,坝址下游水文情势变化对各坝址下游河道两岸植被影响微弱。

因此,坝址下游水文情势变化对自然保护区主要保护对象白唇鹿等珍稀野生动植物及其栖息环境影响轻微,雅砻江干流坝址下游水文情势变化对四川冷达沟自然保护区影响轻微。

6.1.2.4　对四川卡莎湖自然保护区影响分析

四川卡莎湖自然保护区为省级自然保护区,保护区类型为"内陆湿地"型,主要保护对象为黑颈鹤等珍稀野生动物及湿地生态系统,保护区位于达曲阿安坝址下游35km右岸。

达曲从西北至东南纵贯四川卡莎湖自然保护区境内,其间有21条支流流入其中;自然保护区内有著名的高原淡水湖"卡莎湖",其湖面积约130hm²,容水量达3150万吨,其水源靠降雨,冰雪融水及卡莎、曲拉河水补给;卡莎湖自然保护区与达曲的水力联系是卡莎湖补给达曲,因此,达曲坝址下游水文情势变化对保护区内卡莎湖生态需水影响轻微。

调水后达曲阿安坝址下游36.12km的东谷水文站断面多年平均径流已经恢复至40.42%,水面宽变化比例均小于9%,调水后河面宽46.45~50.09m;平均水深0.34~1.03m,最大水深0.52~1.35m;因此,调水后达曲卡莎湖河段仍然能维持较大的水面宽和水深,能够作为保护区重要保护对象黑颈鹤的栖息场所,因此,达曲坝址下游水文情势变化对四川卡莎湖自然保护区保护对象、功能与结构影响轻微。

6.1.2.5 对四川卡娘自然保护区影响分析

四川卡娘自然保护区为县级自然保护区,保护区类型为"野生动物"型,主要保护对象为白唇鹿、林麝等珍稀野生动植物及森林生态系统,保护区位于泥曲仁达库区坝址下游30km。

调水后泥曲仁达坝址下游3.77km的泥柯水文站断面多年平均径流量恢复至35.95%,平均水深0.49~0.88m,最大水深0.72~1.49m;河面宽39.75~63.41m。达曲卡娘保护区段同泥柯水文站断面同属峡谷断面,达曲卡娘自然保护区段相比泥柯水文站断面多年平均径流量、水深、河面宽均会有所增加;同时根据已有研究成果,调水河流地区植被需水、河道径流、地下水等主要靠大气降水补给,坝址下游水文情势变化对各坝址下游河道两岸植被影响微弱。

因此,坝址下游水文情势变化对保护区保护对象白唇鹿、林麝及森林影响轻微,工程建设对四川卡娘自然保护区影响轻微。

6.1.2.6 对青海三江源国家级自然保护区影响分析

(1)杜柯河分区影响

根据水源水库、引水线路与三江源自然保护区叠加分析,杜柯河分区自然保护区部分区域将因珠安达库区蓄水而淹没,淹没核心区、缓冲区的面积分别为494.4hm²、47.7hm²,工程建设与三江源自然保护区杜柯河分区叠加分析见图6.1-5。

杜柯河分区主要保护对象是森林生态系统和珍稀野生动植物,珠安达库区淹没涉及林地和灌丛,会对自然保护区保护对象产生影响;水库淹没占压面积占杜柯河分区总面积的0.9%,占压核心区总面积的3.7%,缓冲区总面积的0.4%。

(2)玛柯河分区影响

根据水源水库、引水线路与三江源自然保护区叠加分析,7#、9#施工支洞、11#竖井位于三江源国家级自然保护区实验区,工程建设与三江源自然保护区玛柯河分区叠加分析见图6.1-6。

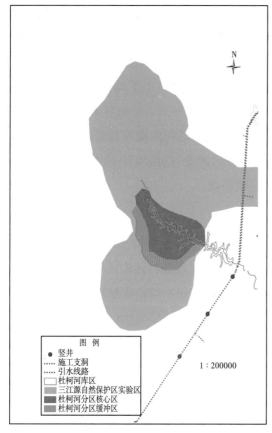

图 6.1-5　工程建设与三江源自然保护区
杜柯河分区叠加图

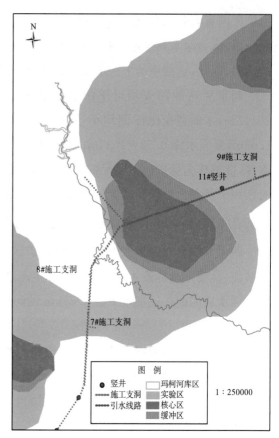

图 6.1-6　工程建设与三江源自然保护区
玛柯河分区叠加图

玛柯河分区影响主要是施工支洞出露洞口、竖井临时占压影响,临时占压保护区实验区面积 $9.31hm^2$。

(3)年保玉则分区的影响

根据水源水库、引水线路与三江源自然保护区叠加分析,输水隧洞从年保玉则分区实验区穿越,没有竖井及施工支洞出露。克柯Ⅱ水库会对年保玉则分区实验区造成淹没影响,淹没实验区土地面积 $583hm^2$,占年保玉则保护区总面积的 0.07%,占年保玉则保护区实验区面积的 0.08%。年保玉则保护区的实验区内布置有克柯枢纽工程、克柯渡槽、窝央渡槽、若果朗渡槽等工程,施工开挖等一系列的活动会对实验区地表产生较大扰动,破坏实验区内的部分植被,工程建设与三江源自然保护区年保玉则分区叠加分析见图 6.1-7。

6.1.2.7　对四川杜苟拉自然保护区

根据水源水库、引水线路与四川杜苟拉自然保护区叠加分析,输水隧洞从四川杜苟拉自然保护区底部穿越,8#、9#竖井和5#施工支洞在保护区出露,施工期会对自然保护区地表植被造成影响，工程建设与四川杜苟拉自然保护区叠加图见图 6.1-8。

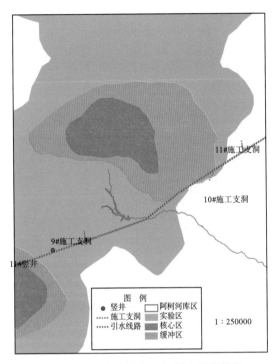

图 6.1-7　工程建设与三江源自然保护区
年保玉则分区叠加图

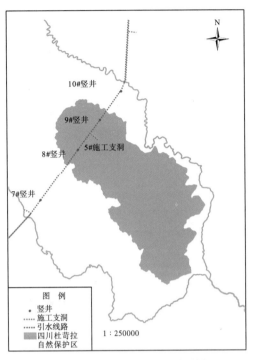

图 6.1-8　工程建设与四川杜苟拉
自然保护区叠加图

6.1.2.8　对四川曼则塘湿地省级自然保护区影响分析

根据水源水库、引水线路与四川曼则塘湿地省级自然保护区叠加分析，输水隧洞从四川曼则塘湿地自然保护区底部穿越，11#施工支洞在保护区出露，施工期会对自然保护区地表植被造成影响，工程建设与四川曼则塘湿地自然保护区叠加图见图 6.1-9。

6.1.2.9　对四川易日沟自然保护区影响分析

四川易日沟自然保护区为县级自然保护区，保护区类型为"野生动物"型，主要保护对象为白唇鹿、林麝等珍稀野生动物及森林生态系统。保护区位于达曲、泥曲汇口下游。

根据已有研究成果，调水河流地区植被需水、河道径流、地下水等主要靠大气降水补给，坝址下游水文情势变化对各坝址下游河道两岸植被影响微弱。因此，坝址下游水文情势变化对自然保护区主要保护对象白唇鹿、林麝等珍稀野生动物及森林生态系统影响轻微，工程建设对四川易日沟自然保护区影响轻微。

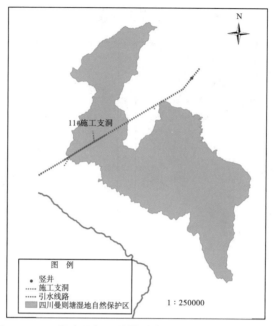

图 6.1-9　工程建设与四川曼则塘湿地自然保护区叠加图

6.1.2.10　对四川孜龙河坝自然保护区影响分析

四川孜龙河坝自然保护区为县级自然保护区,保护区类型为"内陆湿地"型,主要保护对象为湿地生态系统及鸟类,保护区位于达曲、泥曲汇口下游60km鲜水河上。

调水后达曲阿安坝址下游36.12km东谷水文站断面河面宽46.45~50.09m,平均水深0.34~1.03m,最大水深0.52~1.35m;泥曲仁达坝址下游3.77km的泥柯水文站断面河面宽39.75~63.41m,平均水深0.49~0.88m,最大水深0.72~1.49m;均能维持一定的水深和河面宽。

四川孜龙河坝自然保护区河段距离达曲阿安坝址、泥曲仁达坝址均在150km以上,距离两个计算断面也在110km以上。从计算断面往下游,随着沿途支流的汇入,径流量得到恢复,四川孜龙河坝自然保护区河段水深、河面宽均会有所增加,能维持一定的水深和河面宽,成为鸟类栖息地。因此,工程建设对四川孜龙河坝自然保护区保护对象、结构与功能影响轻微。

6.1.2.11　自然保护区影响分析小结

通过以上分析,工程建设会对青海三江源国家级自然保护区杜柯河分区、年保玉则分区,四川志巴沟自然保护区、四川阿须湿地自然保护区产生淹没影响,水库淹没三江源国家级自然保护区杜柯河分区、年保玉则分区坝址下游水文情势变化对各调水水库坝址下游四川冷达沟自然保护区、四川卡莎湖自然保护区、四川卡娘自然保护区、四川易日沟自然保护区、四川孜龙河坝湿地自然保护区影响轻微;输水线路地下穿越四川杜苟拉自然保护区、四川曼则塘自然保护区、青海三江源国家级自然保护区实验区,地下穿越方式对自然保护区影响程度最小,但施工支洞、竖井出露在施工期会对自然保护区植被产生不利影响,存在法律制约问题;南水北调西线第一期工程对自然保护区影响分析见表6.1-5。

表6.1-5　　　　　　　　南水北调西线第一期工程对自然保护区影响分析

序号	自然保护区名称	级别	类型	保护对象	方位	影响方式	影响程度
1	四川志巴沟自然保护区	县级	野生动物	白唇鹿等野生动物	热巴坝址上游	淹没	淹没保护区总面积0.67%
2	四川阿须湿地自然保护区	县级	内陆湿地	湿地生态系统	热巴坝址上游	淹没	淹没保护区总面积20.6%
3	四川冷达沟自然保护区	县级	野生动物	白唇鹿等珍稀野生动物及其生境	热巴坝址下游	下游水文情势变化	影响轻微
4	四川卡莎湖自然保护区	省级	内陆湿地	黑颈鹤等珍稀野生动物及湿地生态系统	阿安坝址下游35km	下游水文情势变化	影响轻微
5	四川卡娘自然保护区	县级	野生动物	白唇鹿、林麝等珍稀野生动植物及森林系统	仁达坝址下游	下游水文情势变化	影响轻微
6	四川杜苟拉自然保护区	州级	森林生态	森林及野生动植物	—	地下穿越竖井、施工支洞	施工期植被破坏
7	四川曼则塘湿地自然保护区	省级	内陆湿地	黑颈鹤、金雕等珍稀野生动植物及湿地生态系统	—	地下穿越施工支洞	施工期植被破坏
8	四川易日沟自然保护区	县级	野生动物	白唇鹿、林麝等珍稀野生动物及森林生态系统	达曲、泥曲汇口下游	下游水文情势变化	影响轻微
9	四川孜龙河坝自然保护区	县级	内陆湿地	湿地生态系统	达曲、泥曲汇口下游	下游水文情势变化	影响轻微
10	青海省三江源自然保护区杜柯河分区	国家级	森林生态	森林生态系统和珍稀野生动植物	珠安达坝址上游	淹没	淹没核心区、缓冲区
11	青海省三江源自然保护区玛柯河分区	国家级	森林生态	森林生态系统和珍稀野生动植物	—	竖井、施工支洞	实验区地表植被影响
12	青海省三江源自然保护区年保玉则分区	国家级	森林生态	森林生态系统和珍稀野生动植物	—	水库淹没地下穿越	淹没实验区

6.2 水产种质资源保护区、鱼类保护区影响分析

6.2.1 水产种质自然保护区、鱼类保护区调查

（1）水产种质资源保护区

经调查，研究范围内涉及水生生态敏感区 1 处，为玛柯河重口裂腹鱼国家级水产种质资源保护区，保护区位于青海省果洛藏族自治州班玛县境内的玛柯河，范围在东经 101°6′46″～100°47′15″，北纬 32°40′27″～32°50′36″之间。

保护区总面积为 542hm²，其中核心区面积为 294hm²，实验区面积为 248hm²。核心区位于仁钦果至哑巴沟口，河道长 49km，平均宽 60m，面积为 294hm²。实验区包括三段，第一段位于亚尔堂乡政府所在地至仁钦果河段，河道长 31km，平均宽 60m，面积 186hm²；第二段位于哑巴沟口至格日寨（省界友谊桥）河段，河道长 7km，平均宽 60m，面积 42hm²；第三段位于支流子木达沟，在仁钦果汇入玛柯河，河道长 10km，平均宽 20m，面积 20hm²，保护区功能区示意见图 6.2-1。

图 6.2-1 玛柯河重口裂腹鱼国家级水产种质资源保护区示意图

保护区主要保护对象为重口裂腹鱼，其他保护物种包括川陕哲罗鲑、黄石爬鮡、齐口裂腹鱼、大渡裸裂尻鱼、麻尔柯河高原鳅、水獭、西藏山溪鲵等。核心区特别保护期为 5 月 15 日—8 月 15 日。

（2）鱼类保护区

研究区范围内涉及鱼类保护区1处，大渡河上游川陕哲罗鲑等特殊鱼类保护区，由四川省人民政府于2015年10月批准划定。保护区规划总长度1125.65km，其中重点保护河段521.05km，总面积约4405.6hm²，保护区区划见图6.2-2。保护要求为在保护区内，严禁建设导致河流连通性受阻，明显影响河流廊道功能，导致河流自然流量、流速、自然节律等水文学过程和水文情势明显人为改变的水利水电工程。

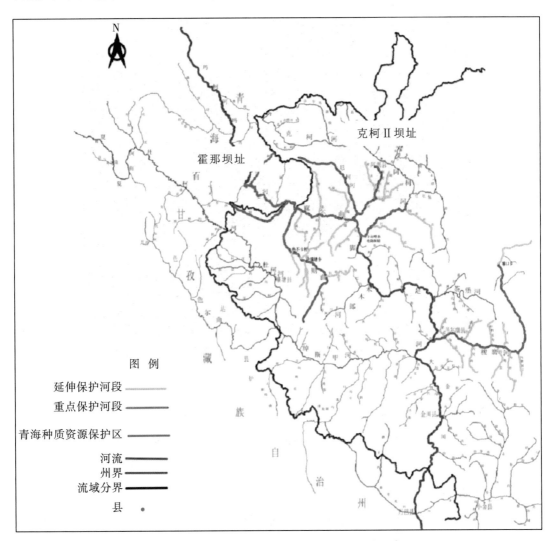

图6.2-2　大渡河上游川陕哲罗鲑等特殊鱼类保护区

6.2.2　工程建设对水产种质资源保护区、鱼类保护区影响分析

（1）工程建设对玛柯河重口裂腹鱼国家级水产种质资源保护区影响分析

经过位置比对，拟建霍那坝址位于班玛县城上游约12km，而水产种质资源保护区核心

区、实验区均在班玛县城亚尔堂乡仁钦果水电站以下,坝址距离水产种质资源保护区最近距离约60km(河道长度),玛柯河霍那坝址与水产种质资源保护区相对位置关系见图6.2-3。

根据水生生态影响分析,工程建设对川陕哲罗鲑、齐口裂腹鱼、重口裂腹鱼、青石爬鳅在玛柯河霍那坝下26.69km以下峡谷段(长147.33km)索饵、繁殖、越冬影响较小,水产种质资源保护区位于坝址下游60km峡谷段,工程建设对玛柯河重口裂腹鱼国家级水产种质资源保护区重点保护对象影响较小。

图6.2-3 玛柯河霍那坝址与水产种质资源保护区相对位置关系图

工程运行后,玛柯河水产种质资源保护区河段仍能维持一定的水深、水面宽,为鱼类栖息提供生境条件,工程建设不会改变玛柯河重口裂腹鱼水产种质资源保护区功能与结构。

综上分析,西线调水工程建设后对玛柯河重口裂腹鱼国家级水产种质资源保护区影响轻微。

(2)对大渡河上游川陕哲罗鲑等特殊鱼类保护区影响分析

经位置比对,拟建霍那坝址位于大渡河上游川陕哲罗鲑等特殊鱼类保护区上游,距离保护区最近距离约160km(河道长度),拟建克柯Ⅱ坝址位于大渡河上游川陕哲罗鲑等特殊鱼类保护区上游,距离保护区最近距离约75km(河道长度),工程建设与大渡河上游川陕哲罗鲑等特殊鱼类保护区相对位置关系见图6.2-4。

根据水生生态影响分析,工程建设对川陕哲罗鲑、齐口裂腹鱼、重口裂腹鱼、青石爬鳅在玛柯河霍那坝下26.69km以下峡谷段(长147.33km)索饵、繁殖、越冬影响较小,鱼类保护区位于霍那坝址下游 150km,霍那水库运行对大渡河上游川陕哲罗鲑等特殊鱼类保护区重点保护对象影响较小。

工程建设对川陕哲罗鲑、齐口裂腹鱼、重口裂腹鱼、大渡软刺裸裂尻鱼在阿柯河距离克柯Ⅱ坝址 66.06km 以下河段索饵、产卵、越冬影响较小,鱼类保护区距离克柯Ⅱ坝址 75km,克柯Ⅱ水库运行对大渡河上游川陕哲罗鲑等特殊鱼类保护区重点保护对象影响较小。

图 6.2-4 工程建设与大渡河上游川陕哲罗鲑等特殊鱼类保护区位置关系

工程运行后玛柯河大渡河上游川陕哲罗鲑等特殊鱼类保护区河段和阿柯河大渡河上游川陕哲罗鲑等特殊鱼类保护区河段仍能维持一定的水深、水面宽,为鱼类栖息提供生境条件,工程建设不会改变大渡河上游川陕哲罗鲑等特殊鱼类保护区功能与结构。

综上分析,西线调水工程建设后对大渡河上游川陕哲罗鲑等特殊鱼类保护区影响轻微。

6.2.3　水产种质资源保护区、鱼类保护区影响分析小结

拟建坝址距离玛柯河重口裂腹鱼水产种质资源保护区、大渡河上游川陕哲罗鲑等特殊鱼类保护区均较远,西线调水工程建设对玛柯河重口裂腹鱼国家级水产种质资源保护区、大渡河上游川陕哲罗鲑等特殊鱼类保护区影响轻微。

6.3　生态敏感区影响分析小结

工程建设对各调水水库坝址下游的四川卡莎湖等自然保护区基本不产生影响,但输水线路涉及的四川杜苟拉自然保护区、四川曼则塘自然保护区采用地下穿越方式,施工支洞及竖井出露对地表植被产生不利影响,并存在法律制约问题;库区淹没对青海三江源国家级自然保护区杜柯河分区、年宝玉则分区影响较大,也涉及法律制约性问题。

西线调水工程建设对玛柯河重口裂腹鱼国家级水产种质资源保护区、大渡河上游川陕哲罗鲑等特殊鱼类保护区影响轻微。

第7章 受水区生态环境影响

7.1 受水区供水范围、对象及调水量配置

南水北调西线工程的供水范围可以覆盖黄河全流域,通过黄河干流现状和规划骨干调蓄工程进行联合调节,与黄河自身水资源统一配置,解决或者缓解黄河流域以及临近地区水资源短缺问题。因此,南水北调西线工程的受水区范围为黄河全流域及邻近的相关地区。河道外供水地点主要集中在黄河上中游的青、甘、宁、内蒙古、陕、晋六省(区)及河西内陆地区。

南水北调西线一期工程调水从河源区注入黄河,可以增加黄河水资源总量,缓解全流域生产、生活和生态环境相互争水的局面,减轻全河的供水压力,为黄河及邻近地区的国民经济发展和生态环境改善提供水资源保障;同时通过向河道内补充水量,对河流基本功能,特别是生态与环境功能的修复和维护奠定基础。

供水对象主要包括重点城市、能源化工基地、黑山峡生态灌区、河西石羊河流域和黄河河道内生态环境。

根据黄河流域的缺水量及其分布确定的受水区范围和供水对象,以调水 80 亿 m³ 为代表,拟定多个方案,进行水量配置。在西线第一期工程调入水量有限的情况下,西线调入水量配置方案应该兼顾河道内生态用水与国民经济发展用水。综合各方案的作用和效果,将河道内配置 20 亿 m³、河道外配置 60 亿 m³ 方案作为推荐方案。

7.2 受水区环境现状

7.2.1 受水区域环境状况

7.2.1.1 地理位置与地形地貌

南水北调西线工程受水区位于我国西北地区黄河流域区,包括青、甘、宁、内蒙古、陕、晋六省(区)。绝大部分是黄土高原,按地形地貌分为长城沿线风沙区、黄土丘陵沟壑区、黄土高原沟壑区、黄土阶地和河谷平原以及土石山区。

黄土高原是西北地区东部分布最广的地貌,东到管涔山及太行山,西至日月山,南接关

中平原,北抵鄂尔多斯台地,大部分位于黄河中部,地貌主要由黄土塬、梁、峁、沟壑组成,塬面和梁峁顶部与河床底部的相对高度变化较大,由数十米到二三百米。黄土高原地区黄土质地疏松,垂直节理发育,土层深厚,植被稀少,生态环境脆弱,水土流失严重,是黄河泥沙的主要来源区。

7.2.1.2 气候特征

受水区为典型的内陆型气候,干燥少雨,蒸发强烈,多风沙。

黄河流域分属干旱、半干旱、半湿润气候带,多年平均降水量为 478mm,年降水量 200～800mm。降水量的地区分布很不均匀,大体上分为 3 个地带。兰州以上,年降雨量 400～800mm;兰州至河口镇,年降雨量 150～400mm;河口镇以下,年降水量 400～600mm;部分地区 600～800mm。由于气候的影响,降水年内分配不均,降水量主要集中于 6—10 月,其降水量占全年降水量的 65%～80%,七、八月为降水量的全盛时期。

西北地区降雨稀少,但蒸发能力很强。黄河流域多年平均蒸发量达 1100mm,其空间分布与降水量相反,由东南向西北递增。兰州以上大部分地区蒸发量在 700～1000mm 之间,部分地区可达 1200mm,干旱指数位于 1～3 之间;兰州至河口镇区间为 1200～2000mm,干旱指数均大于 3,个别地区达 10 以上;其他地区一般小于 1200mm,多数在 800～900mm 之间,干旱指数多在 1.5～2.0 之间。

流域内的气温是东高于西、南高于北、平原高于山区。兰州以上地区年平均气温在 0.6℃～3℃,兰州至河口镇为 4℃～9℃,三门峡以下为 12℃～15℃,其他地区在 10℃上下。

无霜期的长短与气温的地区分布特点相似,流域的东部和南部一般在 200 天以上,中部为 100～200 天,西部高寒区仅 20～30 天;在同一地区,一年内的无霜期山区较平原短。

7.2.1.3 水资源概况

西北地区地域辽阔、气候干旱、降水稀少、水资源贫乏,大部分河流长年干涸。目前西北地区人均水资源量在国际公认的警戒线 1700m³ 以下,其中山西、陕北、宁夏和内蒙古部分地区的人均水资源尚不足 1000m³,处于贫水界限以下。实施西部大开发,工业、农业及第三产业将快速增长,需水增加,水资源将成为人口资源、环境和经济社会协调发展的制约因素。

根据《黄河流域水资源综合规划》,按照 1956—2000 年系列,黄河流域多年平均天然径流量为 534.8 亿 m³;预测 2020 年和 2030 年水平年黄河多年平均天然径流量分别为 519.8 亿 m³ 和 514.8 亿 m³,分别较现状减少 15 亿 m³ 和 20 亿 m³。

近年来由于自然条件变化和人类活动影响,特别是水土保持建设、地下水开采以及煤炭采挖等因素影响,在降水量基本不变的情况下,黄河流域天然径流量衰减剧烈。依据黄河流域水资源公报,1956—2010 年系列,黄河流域多年平均天然径流量 517.4 亿 m³,较 1956—2000 年减少 17.4 亿 m³,其中 2000—2010 年,黄河流域多年平均天然径流量 439.1 亿 m³,较 1956—2000 年减少 95.7 亿 m³。可见,近 10 年间黄河水资源量大幅减少。

　　根据《黄河流域水资源综合规划》预测,按照 1956—2000 年系列,2030 年水平年黄河流域缺水量为 104.2 亿 m³,缺水量增加 38.2 亿 m³,入海水量由 193.6 亿 m³ 减少到 182.0 亿 m³;若考虑黄河天然径流量减少 95.7 亿 m³,基准年流域内缺水量为 139.5 亿 m³,较 1956—2000 年系列增加 73.5 亿 m³,入海水量为 159.0 亿 m³,较 1956—2000 年系列减少 34.6 亿 m³;即使不考虑未来一定时期天然径流减少,2030 年水平缺水量达到 165.4 亿 m³,较 1956—2000 年系列增加 61.2 亿 m³,入海水量为 155.2 亿 m³,较 1956—2000 年系列减少 26.8 亿 m³。

　　由此可见,无论考虑未来用水需求的增加,还是水资源量的减少,黄河流域的缺水形势均将比水资源规划更加严峻,国民经济供水和河道生态用水之间矛盾更加突出。

7.2.1.4　生态环境

　　西北沿黄青、甘、宁、蒙、陕、晋六省(区)的受水区,绝大部分位于黄土高原地区和甘南高原,内蒙古高原地区。由于地处欧亚大陆腹地干旱区,区内水资源短缺,植被稀疏低矮,土体疏松,自然条件较差,生态环境脆弱。长期以来,在自然条件变化和人类活动影响下,生态环境已经遭到严重破坏,并呈现不断恶化的趋势。主要表现在:植被减少、水土流失和土地沙漠化面积逐年扩大、环境污染加剧、自然灾害频繁,生态环境已陷入了植被减少—生态环境恶化—进一步加剧干旱—干旱强度加重更不利于植物生长—生态环境进一步破坏的恶性循环。

　　(1)草场退化、土地沙漠化与区域生态环境恶化

　　在西北地区,地带性荒漠植被、草原植被是当地畜牧业的草场,又是整个西北地区主导生态景观,它的存在状态决定区域生态环境的质量。长期以来,随着人口的增长,大部分地区在无灌溉的条件下大量开垦土地,草场超载放牧和无节制的樵采,导致这些区域性的植被严重退化,土地荒漠化趋势非常严重。

　　受水区西邻腾格里沙漠、乌兰布和沙漠和毛乌素沙地,由于风沙的蔓延和人为不合理的开发,致使土地沙化面积占总面积的 60% 以上。严重破坏土地资源和生物资源,使生态环境恶化,直接影响农牧业生产,并对交通、水利和居民区等设施造成威胁。目前,宁夏回族自治区荒漠化土地面积达 5081 万亩,占全区总土地面积的 65%,中度以上面积又占其中的 78%,有 18 个县(市),532 万人遭受荒漠化威胁。内蒙古阿拉善盟荒漠化面积占该盟总土地面积的 85% 以上,沙漠还以每年 20m 的速度向东南方向推移,并以每年 1000km² 的速度扩展蔓延,每年有近 1 亿 t 的流沙进入黄河。黄土高原中部,由于气候干燥、植被稀少、暴雨集中等自然条件和特殊的地形、地貌特征,水土流失严重。榆林市水土流失面积 1.7 万 km²,年输入黄河泥沙 2.9 亿 t;鄂尔多斯市强度水土流失面积 2 万 km²,年输入黄河泥沙 1.6 亿 t。

　　(2)局部地区地下水超采严重,加重了植被退化、土壤盐化与环境地质恶化

　　西北各省(区)都有地下水超采问题,比较有代表性的是石羊河流域和陕西关中地区。石羊河流域在 1979—1991 年间地下水位大幅度下降,威武盆地下降 1~4m,民勤盆地下降

3~8m,最大达 15m。区域性地下水位下降,使绿洲植被退化,现有林地面积不及 20 世纪 50 年代 1/3,而且为疏林。同时,因灌溉蒸发,地下水矿化度升高,上壤含盐量增加,民勤盆地就有大量因此而弃耕的土地。

据有关资料统计,民勤盆地年均超采量达 4 亿~5 亿 m^3,区域性地下水位下降 10~20m,局部地区地下水位下降 40m。绿洲潜水位平均每年降幅为 1.44m,30 年降深总计 42.2m,在绿洲中心形成深大漏斗。盆地地下水的超采开发,不仅造成地下水位急剧下降,还导致水质不断恶化,造成人畜饮水发生困难,下游地区地下水矿化度以平均每年 0.12g/L 的速度增长;苦咸水面积由民勤湖区已经扩展到泉山灌区。目前民勤湖区部分地区由于地下水质已不能满足灌溉要求,大片耕地由于水资源的匮乏而被迫弃耕,当地部分群众无法生存,背井离乡,沦落为"生态难民"。

(3)河道断流、湖泊萎缩甚至消失

河西走廊河湖萎缩的情况非常严重,黑河水系及石羊河水系的演变尤为明显。以石羊河流域为例,上游过度用水,进入下游民勤的径流量锐减,石羊河下游的白亭海、青土湖、潴野泽等湖泊先后干涸,形成盐滩。

(4)粗放式农业漫灌,加重了土壤盐渍化发展

西北地区由于气候干旱,蒸发强烈,灌溉方式不当,土壤盐渍化普遍较重。宁夏盐碱化耕地面积 22.15 万 hm^2,盐渍化耕地达 64%。陕西关中地区灌溉制度不合理,导致地下水位上升,形成渍、涝、盐碱灾害。内蒙古西部区盐渍化的危害以黄河灌区为重,盐碱地面积 23.85 万 hm^2,占耕地面积的 50.1%。

7.2.1.5 人群健康

西北部分地区不仅水资源短缺,有限的水资源有些又属苦氟水地带,存在含氟量高、矿化度高、水质苦咸等水质问题,致使地方病严重。例如陕西的定边县,根据 1992 年普查资料,全县氟病区总土地面积 3703 km^2,占全县总面积的 53.5%,涉及 25 个乡镇,16.8 万人,占全县总人口的 62.6%。甘肃环县地方病较多,主要有布氏杆菌病、包虫病、大骨节病、克山病、氟中毒和甲状腺肿等。地方病发生的直接原因是水质含氟量高,水中六价铬严重超标,另外缺硒也是导致某些地方病发生的直接因素。

地方病的频繁发生已严重影响到西北地区的人口质量和社会稳定,对国家、省、市、县各级政府造成了一定的负担,解决这一问题的根本途径就是提供清洁的水源。

7.2.2　生态建设区环境概况

7.2.2.1　黑山峡生态建设区

(1)生态建设区范围

黑山峡生态建设区位于我国西北干旱区的东部,规划范围南起宁夏南部山区以北,北迄

内蒙古河套灌区,西至甘肃民勤灌区,东临毛乌素沙漠。涉及宁夏、内蒙古、陕西等三省(区)13个县(旗),总土地面积约 2.1 万 km²。这里土地辽阔,地形平坦完整,土地资源条件十分优越,是我国战略储备土地资源集中连片、条件较好的地区之一。但区域南部为丘陵沟壑区的黄土高原,沟壑纵横,生态环境极其脆弱,水土流失严重;东西北分别为毛乌素沙漠、腾格里沙漠和乌兰布和沙漠,水资源奇缺、土地沙漠化趋势不断加剧;中部为河套平原,黄河自西向东穿流而过,为典型的灌溉农业区。

(2)生态建设区地形地貌

宁夏灌区跨黄河两岸。右岸灌区属于黄土丘陵,灌区主要分布在清水河、苦水河两大河谷平原,北部属鄂尔多斯台地。左岸灌区南部属于黄河冲积平原,北部为贺兰山洪积扇。

内蒙古灌区也以黄河为界分为两部分。左岸为阿拉善左旗灌区,为贺兰山西麓洪积扇与腾格里沙漠东缘交接槽状洼地。右岸为鄂旗灌区,属鄂尔多斯台地,位于海拔高程 1300m 以下广阔的波状高平原。

陕西灌区处于陕北黄土高原与毛乌素沙漠的过渡地带——定、靖高原。灌区被横贯中部的宁条梁分界分隔为东西两大片,西片属定边灌区,系冲积及洪漫平原闭流区;东片属靖边灌区,为冲积平原。

(3)气候特征

灌区属于典型的大陆性气候。在气候划分上属于中温带西北干旱、半干旱区。主要表现为冬季干冷,夏季酷热,降水稀少,风大沙多。

灌区年平均气温 7.5℃～8.5℃,七月最高气温 38℃～42℃,1 月最低气温可达−36℃,全灌区年大于 10℃的积温 2900℃～3300℃,太阳光辐射总量 33.82×10³～33.82×10³J/cm²。灌区内日温差一般为 12℃～14℃,全年无霜期一般在 160 天左右。

灌区降水稀少,蒸发强烈,气候干燥。降水量自东向西、自南向北递减。东部定边、靖边年降水量 300～400mm,西北部的阿拉善左旗仅 156mm,其他地区多在 200～300mm 之间。在时间分布上极不均匀,降水的 50%～60%集中在 6—9 月份,年蒸发量 2100～2300mm,为年降水量的 7～15 倍,干旱严重,连续干旱日可达 120～160d。规划灌区内大部分地区属于荒漠草原区,无灌溉则无生态绿洲。

(4)土壤环境

①宁夏灌区

黄河右岸部分,清水河谷的南部为黑垆土,中北部多为灰钙土,夹有一部分沙丘和零星小片盐土。由于气候南湿北干,植被条件由南向北相应变劣,土壤有机质积累逐渐减少,盐分逐渐增多,物理风化作用逐渐增强,机械组成相应变粗。黑垆土有机质土层厚度一般为 100cm 左右,有机质含量 1%～2%,为中壤土,宜于发展农业。灰钙土有机质土层厚度 30～

50cm，有机质含量 0.5%～1.5%，机械组成较粗，地表有稳定的荒漠结皮，不灌溉难以生长作物，土壤质地以轻壤和沙壤为主。

黄河左岸部分以灰钙土为主，土壤厚度在 80～200m 之间，土层以下为沙砾石层，透水性强，灌排方便，一般盐碱危害不大。

②内蒙古灌区

阿拉善左旗灌区，主要土壤类型有淡灰钙土、盐土及沙丘。淡灰钙土分布最广，表土层厚 40～80cm，为沙壤、轻壤，有机质含量小于 1%，可溶盐含量小于 0.1%，属非盐渍化土壤。40～80cm 以下为钙积层，厚 30～50cm，属砾质轻壤及重壤土，碳酸钙含量 14%～39%，可溶盐含量 0.1%～1.0%，底土层为砾质沙土或砾石层，底土有明显的盐结晶，盐土面积较小，主要分布在洼地范围内。沙丘集中在灌区西部，主要为腾格里沙漠流动沙丘群，浮沙在广大地区普遍存在。

鄂旗境内的土壤有灰钙土、淡棕钙土及盐化灰色草甸土，有机质含量在 0.5% 左右。

③陕西灌区

陕西灌区的土壤类型有淡黑垆土、黄土、沙土、白胶土及五花土。这些土壤结构不良，缺乏有机质，易受风蚀，不利于导热熟化。但经深翻改土，增施有机肥料及上灌下排进行水利土壤改良后，仍可适宜于作物生长。

（5）水资源条件

灌区范围内河流较少，宁夏境内有清水河、苦水河、红柳沟；内蒙古鄂托克旗有都思兔河，阿拉善左旗无较大河流；陕西定边、靖边有八里河（系内陆河）、红柳河。这些河流的主要特点是水少沙多，水质差，年径流变化大，据统计分析，水沙主要在 7—9 月份，分别占全年水、沙量的 60% 和 90% 以上。宁蒙各河流水质不良，枯水季节水量很少，矿化度较高，不宜灌溉和人畜饮用。陕西八里河及红柳河水质较好，虽可供利用灌溉一部分土地，但水量有限。灌区内还有一些山洪性沟道，平时干涸无水，汛期则有山洪水下泄，但历时甚短，难以利用。

该地区属生态环境十分脆弱的地区，降水量很小，蒸发量大，目前的一些生态措施几乎全依靠地下水源。如果利用地下水发展灌溉，进行生态建设，必然会造成该地区地下水位下降，将对现有脆弱的生态系统产生不利甚至是毁灭性的影响，有可能是活了一点，毁了一片。

（6）生态环境现状

黑山峡生态建设区地处我国西北内陆，因远离海洋，气候上表现出明显的内陆性，降水稀少，季节分配不均，气候干燥，蒸发强烈。年降水量自东南向西北由 350mm 降至 100mm 左右，降水量多集中在 7—9 月，占全年降水量的 70% 以上，长期连续无降水日数 100～200 天，而年蒸发量为 2000～2640mm。气候的干旱性和水资源极其短缺，使该地区生态环境十分脆弱。

该区域植被以荒漠草原植被为主,属植物品种单一、生产量低、覆盖度小、环境容量低、抗逆能力弱的区域。植被以稀疏低矮的旱生、超旱生植物和小灌木、半灌木为主,群落覆盖度在30%～60%之间,靠近沙质荒漠地带则低于20%。该区在自然环境上属于我国北方对气候变化特别敏感的生态脆弱带,在农业生产方式上属于农区向牧区过渡的半农半牧地带,更是干旱、大风、水土流失、土地沙漠化、沙尘暴频发地带。长期以来,随着人口的增长,大部分地区在无灌溉的条件下大量开垦土地,草场超载过牧和无节制的樵采,致使土地沙化、植被退化。主要环境问题如下:

1)附近地区沙漠化严重

毛乌素沙漠位于陕西省与内蒙古自治区之间,鄂尔多斯高原南部,总面积为4万km²,黄河支流无定河、窟野河、秃尾河的上游位于该区域。在上古时代这里原是水草丰美的草原,随着人类活动的加剧,生态系统遭受严重破坏,土壤逐渐沙漠化。在每年的冬春季,狂劲的西北风肆虐,不仅造成日益频繁出现的沙尘暴天气,而且造成毛乌素沙漠向东南方向扩展。陕西省榆林地区北部历史上曾是森林茂密、水草丰盛、羊群塞道的地方,由于风沙的危害,沙漠不断南侵,在新中国成立前的100年内,已被流沙吞没城镇5座、村庄427个、农田与牧场0.13万km²,榆林市逐渐被沙漠包围。据1994年内蒙古林业勘察设计院《毛乌素沙地态势报告》的调查成果,20世纪50年代伊克昭盟(今鄂尔多斯市)毛乌素沙漠化土地面积为2.50万km²,1981年为2.78万km²,1994年为3.84万km²。沙漠化产生的原因主要来自草场的退化,而草场的退化则主要由过度放牧、盲目开荒、乱采滥挖(中草药等)以及越来越多的草原鼠害造成。

乌兰布和沙漠北至狼山,东至黄河,南至贺兰山麓,西至吉兰泰盐池,总面积约1万km²。秦汉以前,乌兰布和原是匈奴人生活的牧场,后由从内地迁移的军民在此屯垦耕种,由于受战乱影响大量农田废弃,失去灌溉的土地风蚀加剧,到10世纪时乌兰布和草原变成了乌兰布和沙漠。1950年以后,又进行了大规模的垦荒耕种,在沙漠的北部先后建起了5个农场,大量沙生植物被铲除,固定及半固定沙丘转变为流动沙丘。流沙埋没了渠道、道路、民房,步步逼近黄河,造成黄河西岸公路被沙漠掩埋而废弃,磴口县城因此被迫北迁。

库布齐沙漠紧临毛乌素沙漠,位于鄂尔多斯市境内的黄河南岸平原以南,呈东西带状,总面积1.68万km²,流动沙丘占沙漠面积的80%。库布齐沙漠与毛乌素沙漠一样,在古代也是匈奴人的良好牧场,草原的破坏始于秦汉时代的移民垦荒,到了唐宋时代,形成星罗棋布的沙丘,而清代的垦荒使孤立的沙丘连成一片,形成库布齐沙漠。目前毛乌素沙地和库布齐沙漠之间50km宽的草原隔离带逐年萎缩。

与乌兰布和沙漠毗邻的腾格里沙漠虽不是人为造成的,但人类不当的经济社会活动导致了沙漠的不断扩张。由于过度放牧,巴音浩特—锡林高勒之间的山前草地,沙化面积从20世纪50年代的12%增加到50%;阿拉善盟原有1700万亩的天然梭梭林,现仅存300万亩;

李井滩西边的头道湖林场实测沙丘的移动速度为每年 3～7m,最高达 19m。腾格里沙漠的东南部为宁夏中卫县的沙坡头,历史上曾是林草茂密之地,但因受沙漠扩张的影响,今日遍地流沙,与昔日有天壤之别。

2)草原地区草场严重退化

根据第二次全国水土流失遥感调查结果,在全国 356 万 km² 水土流失总面积中,风蚀面积已达 191 万 km²。新疆、内蒙古、甘肃、青海、宁夏等省(区)是我国受风力侵蚀最严重的地区。

内蒙古自治区有中国最大的草原牧场,原有草场面积达 13 亿亩,占全国草原面积的22%。长期以来,由于大部分草场超载过牧,加上气候干旱、草原鼠害等自然因素,草原生态环境受到破坏,草场沙化、退化现象十分严重。据最近编制的《内蒙古牧区水利发展规划》统计,内蒙古 2000 年拥有天然草地面积约 10.7 亿亩,其中可利用草地面积约 8.7 亿亩,而目前沙化、退化草地面积已达到 5.28 亿亩,约占可利用草场面积的 60%以上,而且目前仍以每年 1000 万亩的速度进一步沙化、退化。目前内蒙古西部的乌兰察布草原、科尔沁草原和鄂尔多斯草原由于荒漠化已基本沦为沙地,东部的呼伦贝尔草原和锡林郭勒草原也以每年 140 多万亩的速度沙化。

由于过度放牧和乱采滥挖以及气候因素,草场退化、沙化严重,甘肃省和宁夏回族自治区的草场资源也逐年减少。甘肃省全省原有天然牧草地 2.16 亿亩,2000 年天然牧草地仅为 1.83 亿亩,其中可利用面积 1.52 亿亩,目前天然草地生态环境仍非常脆弱,全省有 90%的天然草地不同程度地出现退化。宁夏回族自治区拥有 4500 万亩天然草场,2000 年草地总面积仅为 2448 万亩,其中可利用面积 2088 万亩,约有 90%的草场不同程度地出现退化、沙化。

3)黄土高原多沙粗沙区生态环境十分脆弱

黄土高原全区总面积 64 万 km²,其中水土流失面积 45.4 万 km²,是我国乃至世界水土流失最严重、生态环境最脆弱的地区。水土流失面积中,侵蚀模数大于 8000t/ km²·a 的极强度水蚀面积 8.5 万 km²,占全国同类面积的 64%;侵蚀模数大于 15000t/km²·a 的剧烈水蚀面积 3.67 万 km²,占全国同类面积的 89%。位于黑山峡河段东南部的黄河多沙粗沙区(河口镇至龙门区间的 18 条支流、泾河的马莲河上游和蒲河、北洛河刘家河以上)面积 7.86 万 km²,仅占黄土高原水土流失面积的 17%,输沙量却占全河的 63%,粒径 0.05mm以上的粗沙量占全河粗沙总量的 73%,对下游河道淤积影响最大。因此,多沙粗沙区的治理是黄土高原水土保持生态建设的重点地区。

多沙粗沙区的水土流失是长期自然和人为因素综合作用的结果。起伏不平的地貌,疏松易蚀而深厚的黄土土质,加之干旱少雨,暴雨集中、强度大,构成了水土流失严重的自然因素。在人为破坏因素中,以陡坡耕垦影响最大,坡耕地耕垦一方面清除了地面原有植被,使土体失去了庇护,另一方面松动了表土,改变了土体的理化性质,易被冲刷。随着人口数量的增加和经济社会的发展,人类对自然资源的索取不断加大,农业生产对土地资源的持续需求,加速了土壤侵蚀,生态环境急剧恶化。

黄土高原特别是多沙粗沙区严重的水土流失,不仅造成了该地区贫困,制约了经济社会的可持续发展,而且增加了入黄泥沙,加重了黄河河道的淤积抬高,大大加剧了洪水威胁。同时,为减轻下游河道淤积,还必须保证一定的水量输沙入海,又加剧了水资源供需矛盾。

7.2.2.2 石羊河生态建设区

(1)地理位置与行政区划

甘肃省石羊河流域位于甘肃省河西地区东部,处于乌鞘岭以西,祁连山北麓,地理位置介于东经101°41′~104°16′,北纬36°29′~39°27′之间,东南与白银、兰州两市相连,西南紧靠青海省,西北与张掖市毗邻,东北与内蒙古自治区接壤,总面积4.16万km²,占甘肃省内陆河流域总面积的15.4%,人口密度54人/km²,接近河西地区平均数的3.4倍。

流域行政区划包括武威市的古浪县、凉州区、民勤县全部及天祝县部分,金昌市的永昌县及金川区全部以及张掖市肃南裕固族自治县和山丹县的部分地区,流域涉及共3市8县。

(2)地形地貌

石羊河流域地势南高北低,自西南向东北倾斜。全流域大致可分为南部祁连山地,中部走廊平原区,北部低山丘陵区及荒漠区4大地貌单元。

1)南部祁连山地,海拔高度2000~5000m,其最高的冷龙岭主峰海拔5254m,4500m以上有现代冰川分布。山脉大致呈西北—东南走向。

2)北部低山丘陵区,为低矮的趋于准平原化荒漠化的低山丘陵区,海拔低于2000m。

3)中部走廊平原区,在走廊平原区中部由于东西向龙首山东延的余脉——韩母山、红崖山和阿拉古山的断续分布,将走廊平原分隔为南北盆地,南盆地包括大靖、武威、永昌3个盆地,海拔1400~2000m,北盆地包括民勤—潮水盆地、昌宁—金昌盆地,海拔1300~1400m,最低点的白亭海仅1020m(已干涸)。

(3)气候

流域深居大陆腹地,属大陆性温带干旱气候,气候特点是:太阳辐射强、日照充足,夏季短而炎热、冬季长而寒冷、温差大、降水少、蒸发强烈、空气干燥。流域自南向北大致划分为3个气候区。

1)南部祁连山高寒半干旱半湿润区:海拔2000~5000m,年降水量300~600mm,年蒸发量700~1200mm,干旱指数1~4。

2)中部走廊平原温凉干旱区:海拔1500~2000m,年平均气温小于7.8℃,大于0℃积温2620℃~3550℃,年降水量150~300mm,年降水日数50~80d,无霜期120~155d,年蒸发量1300~2000mm,干旱指数4~15。

3)北部温暖干旱区：包括民勤全部，古浪北部，武威东北部，金昌市龙首山以北的地域，海拔 1300～1500m，年平均气温 8℃，大于 0℃积温 3550℃以上，年降水量小于 150mm，民勤北部接近腾格里沙漠边缘地带年降水量 50mm，区域年降水日数小于 50 天，平均相对湿度小于 45%，年蒸发量 2000～2600mm，干旱指数 15～25。日照时数 3000h 以上，无霜期 150d以上，气候温暖，日照充足，热量丰富，风大沙多，春季最大风速达 38m/s，多为西北风。

(4)生态环境概况

石羊河流域属资源型缺水地区，随着人口的增加，经济的发展和进入流域下游水量的逐年锐减，致使下游绿洲萎缩，荒漠化日趋严重，盐渍化面积扩展。整个流域生态环境平衡失调和水资源危机，引发了严重的生态问题，生态环境不断恶化，尤其以石羊河流域下游民勤的生态环境问题最为突出。

由于上中游地区耗水的不断增加，进入石羊河下游民勤绿洲的水量逐年减少，民勤红崖山水库以下现状绿洲面积 1312.66km²，比 20 世纪 50 年代减少了 288.94km²。经估算，1971—2000 年 30 年间香家湾进入民勤的水量累计减少 30 亿 m³。红崖山水库出库水量累计减少约 25 亿 m³，平均每年减少 0.83 亿 m³，绿洲潜水位平均每年降幅 1.44m，30 年降深总计 42.2m，在绿洲中心形成深大漏斗。由于来水减少和耕地面积扩大，地下水严重超采，仅民勤县年超采量就达到 4 亿 m³ 以上，区域性地下水位下降 10～20m，局部地区地下水位下降 40m。地下水大量超采，造成地下水位急剧下降，水质不断恶化，人畜饮水发生困难，生态环境急剧恶化。

水资源短缺对当地生态环境造成严重的不利影响，由于地下水超采，地下水位下降，下游民勤土地荒漠化日趋严重。现有各类荒漠和荒漠化土地面积 2288 万亩，占民勤县总土地面积的 94.51%，近些年已有 10 万亩耕地沙化，北部近 10 多万亩的耕地因盐渍化而被迫弃耕，395 万亩草场退化，58 万亩林地沙化，有部分人口已沦为生态难民，弃家投亲靠友，还有一部分生活贫困，艰难苦守。目前荒漠化蔓延的势头仍在扩张，流沙以平均每年 3～4m 的速度前移，个别地段前移速度达每年 8～10m。植被退化导致风沙危害加剧，民勤县年均风沙日数达 139 天，沙暴日 37 天，最大风力 11 级。进入 20 世纪 80 年代以来，风沙害频繁发生，1993 年和 1996 年的特大沙尘暴，造成全县直接经济损失近 7000 万元。

7.2.3 黄河干流环境状况

黄河流域面积占全国国土面积的 8%，而年径流量只占全国的 2%。流域内人均水量542m³，为全国人均水量的 25%；耕地亩均水量 307m³，仅为全国耕地亩均水量的 17%。

黄河水资源具有总量缺乏、时空分布不均、含沙量大、水沙异源、连续干旱、丰枯交替等特点。随着经济社会的发展，黄河流域水资源供需矛盾日益突出，主要体现在地区和部门缺水严重、地区及行业之间争水加剧、河道断流以及生态环境进一步恶化，黄河流域将长期面临水资源供需矛盾的巨大压力。

7.2.3.1　水资源概况

黄河是我国西北、华北地区的重要水源。黄河流域多年平均河川天然径流量534.8亿m³,仅全国河川径流量的2%,人均年径流量473m³,仅为全国人均年径流量的23%,却承担全国15%的耕地面积和12%人口的供水任务,同时还有向流域外部分地区远距离调水的任务。黄河又是世界上泥沙最多的河流,有限的水资源还必须承担一般清水河流所没有的输沙任务,使可用于经济社会发展的水量进一步减少。改革开放,特别20世纪90年代以来,黄河流域经济持续快速发展,城市化、工业化速度加快,水资源供需矛盾十分突出。据《黄河流域水资源综合规划》数据分析,现状水平年流域缺水约66.0亿立方米,以资源性缺水为主。

根据《黄河流域水资源综合规划》不同水平年水资源供需分析成果,以利津断面为代表,分析黄河干流河道内缺水形势。基准年、2020年、2030年水平年黄河干流河道内缺水量分别为13.3亿m³、31.2亿m³和38.2亿m³,缺水率分别为6.0%、14.2%和17.4%,详见表7.2-1。由于径流量衰减以及河道外经济社会用水进一步挤占河道内生态环境用水,黄河干流河道内缺水形势将更趋严峻。

表 7.2-1　　　　　　黄河干流河道内不同水平年水资源供需平衡表　　　　　（单位:亿 m³）

水平年	需水量	入海水量	缺水量	缺水率(%)
基准年	220	206.7	13.3	6.0
2020 年	220	188.8	31.2	14.2
2030 年	220	181.8	38.2	17.4

7.2.3.2　水环境质量状况

据2018年7月的《黄河流域水资源质量公报》,黄河流域全年评价河长19734.2km,其中黄河干流评价河长5463.6km,支流评价河长14270.6km。评价项目包括pH、溶解氧、氨氮、高锰酸盐指数、五日生化需氧量、化学需氧量、氰化物、砷、挥发酚、六价铬、铜、锌、镉、铅、汞、氟化物等。评价标准采用GB3838—2002《地表水环境质量标准》。评价以河段为单元进行,将河段各评价项目代表值与评价标准值对照,确定单项水质类别,用单项最高水质类别作为该河段综合水质类别,以表征该河段水质状况。结果如下。

(1)黄河流域及干支流

黄河流域重点断面156个,其中黄河干流断面51个,支流105个,Ⅰ～Ⅲ类水质断面102个,占65.4%;Ⅳ～Ⅴ类标准断面34个,占21.8%;劣于Ⅴ类标准断面20个,占12.8%。

干流评价断面51个,其中Ⅰ～Ⅲ类水质断面占82.4%,Ⅳ～Ⅴ类水质断面占10.8%,

劣 V 类水质断面占 7.8%。对照所在水功能区水质目标,其中达标断面 38 个,占 74.5%,超标断面 13 个,占 25.5%,超标项目为铁、锰、总磷、高锰酸盐指数、溶解氧。

支流评价断面 105 个,其中 I ～ Ⅲ 类水质断面 60 个,占 57.2%,Ⅳ～ V 类水质断面 29 个,占 27.6%,劣 V 类水质断面 16 个,占 15.2%。对照所在水功能区水质目标,其中达标断面 78 个,占 74.3%,超标断面 27 个,占 25.7%,超标项目为氨氮、COD、五日生化需氧量、氟化钠、总磷等。劣 V 类水质断面主要分布在都思兔河陶乌桥、黑岱沟断面黑岱沟、皇甫川贾家寨、牸牛川贾家畔、孤山川孤山川大桥、沙梁、三川河后大成、汾河寨上、小店桥至临汾、涑水河张留庄、双桥河双桥、三河口桥、新莽河东平滩、沁河润城。

(2)省界水体水资源质量状况

评价省界断面 72 个,其中干流 10 个,支流 62 个。I ～ Ⅲ 类水质断面 41 个,占 56.9%,Ⅳ～ V 类水质断面 20 个,占 27.8%,劣 V 类水质断面 11 个,占 15.3%。对照功能区水质目标,其中达标断面 47 个(干流 4 个、支流 43 个),占 65.3%,超标断面 25 个,占 34.7%,超标项目为氨氮、COD、五日生化需氧量、氟化钠、总磷、溶解氧等。与去年同期相比,省界水质达标率上升 4.5%。

7.2.3.3 河口地区供水安全程度低、生态环境保护任务艰巨

新中国成立 50 多年来,国家对河口的治理逐步从以研究为主转移到以治理为主,并人工实施了 3 次改道,减轻了防洪负担,为确保下游 50 年伏秋大汛不决口和河口地区发展创造了条件。当前,从黄河流域治理发展的需求和河口地区经济发展的要求来看,河口治理仍然相对滞后,存在的突出问题一是水资源短缺,上游来水不能满足河口地区经济发展的需要。二是生态环境基础脆弱,且恶化趋势增强,具体表现为河口地区为新生陆地,局部地区蚀退加剧;地下水采补失调,矿化度高,水污染严重;滨海区生态环境日趋恶化,湿地和生物多样性受到威胁。

7.2.4 若尔盖湿地

(1)概况

四川省若尔盖国家级湿地保护区始建于 1994 年,划定面积 166570.6hm²,行政上隶属四川省阿坝藏族自治州若尔盖县,地理坐标为东经 102°29′～102°59′,北纬 33°25′～34°00′。1998 年经国务院批准升为国家级自然保护区。地处青藏高原东部若尔盖大草原腹地的保护区有辽阔的湖泊、沼泽、草甸和草原,为世界罕见的高原湿地生态系统类型(图 7.2-1)。保护区最低海拔 3422m,最高海拔 3704m。由于特殊的地理位置、生态条件和相对较少的人为干扰,保护区成为许多珍稀野生动物生息繁衍的理想场所。若尔盖国家级自然保护区有脊椎动物 196 种,昆虫及其他无脊椎动物 88 种,鱼类 15 种,两栖类 3 种,爬行类 3 种,鸟类 137 种,兽类 38 种,植物 197 种。国家 I 级保护动物有黑颈鹤、黑鹳、金雕、玉带海雕、白尾海雕、

胡兀鹫、斑尾榛鸡、马麝8种,国家Ⅱ级保护动物有灰鹤、红隼、大鵟、纵纹腹小鸮、大天鹅、豺、水獭、鬣羚等25种。其中最具重要价值的特种保护动物包括黑颈鹤、大天鹅、草原雕等。若尔盖自然保护区不仅是这些鸟类的重要繁殖地,而且是黄河水源的重要补充地。其广阔的湿地像一块巨大的天然海绵,调节着黄河的水流,为维持黄河流域的生态平衡发挥着重要的作用。若尔盖自然保护区在生物多样性保护及生态系统功能方面的重要价值已被越来越多的人所认识。同时,其独特的高原景观、丰富的珍稀物种以及多姿多彩的藏族文化为开展生态旅游提供了良好的条件。因此,保护区的建设和管理备受中央及地方政府的高度重视和许多国际组织的广泛关注。

图 7.2-1　若尔盖湿地自然保护区核心区

若尔盖湿地是以高寒泥炭沼泽湿地生态系统和黑颈鹤等为主要保护对象的自然保护区,其高寒泥炭沼泽生态系统在世界范围都具有典型性和代表性。保护区湿地总面积56707hm²,占保护区总面积的34.04%。湿地生态系统功能非常完整,草甸和灌丛保存较好。湖泊数量较多,总计有41个,其中1hm²以上的有29个,10hm²以上的有9个,100hm²以上的有3个,最大的湖泊哈丘湖628.13 hm²。除星罗棋布的湖泊群外,保护区还有许多高寒草甸和高山灌丛,坡度小于30度的基本上是湿地或季节性湿地,它们构成了若尔盖完好的湿地生态系统,是我国生物多样性重要地区之一。

(2)存在问题

沼泽地尽管植被覆盖度高,长势良好,但是在20世纪50—60年代,人们为了获得更多的草地资源,在沼泽地开挖大量排水沟(图7.2-2),导致大量水土资源顺沟流失,使排水沟加深加宽甚至游荡,加剧了沼泽萎缩。由于沼泽地势平坦,春冬季节风速较大,松散土壤容易造成风蚀。在1965—1973年的8年间,全县累计开沟约300km,涉及沼泽14万hm²,使8万hm²左右的水湿沼泽变成了半湿沼泽或干沼泽。20世纪90年代又在辖曼乡、黑河牧场等地挖掘17条沟壑,总长度50.5km,涉及沼泽1.48万hm²。一些自然冲刷形成的沟壑在自然和人为因素作用下也在向湿地外排水,导致区内地下水补给不足,水位下降。直接导致沼泽面积缩小。当年开挖排水沟的土堆放在沟两侧,现在已经见不到土垄,全部流失殆尽。近几年林业部门进行沼泽恢复试验,用木板拦截排水沟,恢复效果很好。据试验操作人员介绍,沼泽的恢复最好用原状土壤填埋排水沟,但是早期开挖水沟的土壤全部流失,很难就近解决土源,只能采取闸板挡水的恢复措施(图7.2-3)。由于资金有限,还有大面积的湿地得不到治理。

图 7.2-2　排水沟对湿地的破坏

图 7.2-3　沼泽排水沟挡水闸

伴随着湿地面积的大幅度减少,进入20世纪70年代,尤其是80年代以来,若尔盖湿地发生了显著的退化。沼泽旱化、湖泊萎缩、生物多样性丧失、草地退化和沙化加剧等现状使其生态环境日益恶化,并出现湿地环境逆向演替的趋势:湿地—草甸—退化草甸—沙化草地—沙地。仅1975—2001年的26年间,这里的沼泽湿地萎缩了20.20%,湖泊湿地萎缩了34.48%,河流湿地萎缩了48.03%,而沙化地却增长了351.81%。

7.3　受水区环境影响

南水北调西线工程受水区涉及我国西北的青海、甘肃、宁夏、内蒙古、陕西、山西等六省(区)及河西内陆河地区,调水量80亿 m³。工程实施将带来巨大的经济、社会效益,同时也将对改善生态环境产生巨大的影响。

7.3.1　对水环境的影响

7.3.1.1　水资源利用影响分析

(1)西北地区水资源的战略地位

西北地区特定的自然地理和水资源条件决定了水在经济社会发展、生态建设和环境保护中的极端重要性,水利建设和水资源配置为西北地区的社会经济发展和繁荣起着十分重要的作用。

1)水是西北地区人类生存和经济社会发展的最基本条件,水资源对经济结构与生产力的布局和发展规模起着决定性的作用

西北地区各族人民长期以来逐水而居,兴修水利发展生产,水与人口增长、经济发展关系十分密切。关中平原、宁夏平原、内蒙古河套灌区、青海湟水谷地、甘肃黄河谷地等地区,是西北地区政治、经济、文化及科技的中心,这些中心地区的形成多依赖于丰富而便利的水资源。而水利条件和水利设施差的地区往往比较贫困,生态与环境较为恶劣,经济社会发展长期落后。同时由于西北地区国土面积辽阔,水土资源条件千差万别,不同地区的水资源开发利用与社会经济的组合也呈现不同的特点,水资源条件对各地区的经济结构与生产力布局起到决定性的作用。

西北地区只有首先解决了水的问题,才能解决生存困难问题,才能实现脱贫致富和生态环境的改善。因此,水利建设、水资源的合理开发、优化配置和高效利用在西北地区国民经济建设中占有重要的地位。

2)水是维持生态系统的关键因素,是西北地区实现"可持续发展"战略和"西部大开发"战略的先决条件

由于气候和自然条件,西北地区生态系统脆弱,大规模的人类活动加剧了生态系统的恶化。水是维护西北地区生态系统的最关键因素,有水一片绿,无水一片沙,西北地区生态系统的改善重点是保护好绿洲和防治水土流失。内陆河地区的绿洲是西北地区各民族繁衍生息,进行生产、经营等所有经济活动的场所,保护好绿洲,对西北地区的可持续发展至关重要。黄河上中游地区的水土流失,一方面使土壤贫瘠、肥力下降,另一方面大量泥沙淤积河道,抬高河床,不利于防洪。因此,水土保持建设是生态系统改善的重要条件。

西北地区的经济发展要把合理保护生态系统作为经济建设的重要内容,避免以牺牲生态系统为代价的发展模式,建立既满足经济发展需要,又满足生态系统保护要求的水资源合理配置格局;要通过水资源的合理开发和高效利用,促进生态建设和环境保护,并扩大西北地区的发展空间,提高重点地区的水资源承载能力,保障西北地区的可持续发展。

3)水资源的合理配置和高效利用,是"西部大开发"战略实施的重要环节,也关系到民族地区的稳定和发展

西北地区的金昌市和神木、东胜的发展,均得益于当地丰富的矿产资源,但这里属干旱缺水地区,水与经济社会发展极不协调,要维持这些地区经济社会可持续发展,需要从临近河流调水。西北地区是我国少数民族主要集居地,目前这些地区经济发展相对落后,水资源合理配置和有效利用,关系到这些地区的稳定和发展,也是整个西北地区实施大开发战略的重要环节。

(2)调水后对水资源利用的影响

黄河流域是21世纪我国经济发展的重要地带,随着西部大开发的实施,我国经济建设

的重点将由东部向中西部转移,黄河流域的社会和经济面临着快速发展的机遇。黄河流域经济大发展,不但对水资源开发利用提出了更迫切的要求,而且对保护生态环境也提出了更高的要求。预计2030年黄河流域总人口将达到13094万人,比现状年新增人口1795万人,城镇人口由现状年的4424万人,增长到2030年的7704万人,城镇化率达到59%。预计现状年到2030年黄河流域国内生产总值(GDP)年均增长率为7.4%,2030年水平年黄河流域国内生产总值达到76799.2亿元,人均GDP将达到5.87万元;非火电工业增加值2030年将达到32387.6亿元,为现状年的4.5倍,2030年黄河流域火电装机容量达到17631万kW;2030年黄河流域农田有效灌溉面积达到8697.0万亩,新增农田有效灌溉面积932.3万亩。并维持目前对黄河流域外的供水任务,预计国民经济需水总量有新的增长,当地水资源已不能满足新增的需水要求,即使在大力节水的情况下,生态环境用水、城镇生活、工业用水的缺口还很大。

黄河流域和邻近的河西内陆河地区水少地多,水资源十分匮乏,与土地、矿产等资源不相匹配,大部分地区降水量小,蒸发强烈,农业生产和天然生态耗水都要依赖于水资源,随着经济社会发展和人工绿洲的不断扩大,生活、生产用水不断增加,大量挤占生态环境用水,导致生态环境不断恶化。其中黄河黑山峡河段附近的宁蒙陕甘长城沿线干旱风沙区,是2001年国家环保总局和中国科学院联合科学考察确定的我国四大沙尘暴源区之一。该河段南部为黄土高原,北部为毛乌素、乌兰布和、腾格里3大沙漠,分散在黑山峡河段周边的各类沙地面积约4.72万km²,是我国主要沙漠化地区之一。由于其特定的自然条件,干旱少雨,水资源奇缺,生态环境十分脆弱,长期以来,由于土地过度利用与过度垦殖,土地沙漠化、草场退化等问题日趋严重,沙尘暴频繁发生,生态环境急剧恶化,不仅威胁到西北地区人民的生存环境,造成生命财产的极大损失,严重制约当地经济社会的发展,而且对我国东、中部地区和首都圈的生态安全及环境质量构成严重威胁。

河西内陆河的石羊河流域,水资源短缺、供需矛盾突出、地下水过量开采、生态恶化严重。大片耕地由于水资源的匮乏而被迫弃耕,当地部分群众无法生存,背井离乡,沦落为"生态难民"。湖区北部生态环境恶化景况已令人触目惊心,"罗布泊"景象已经出现。土地沙化面积增加和荒漠草原枯死面积逐年扩大,沙漠每年以3~4m的速度向绿洲推进。沙尘暴肆虐威胁民勤、金昌和武威,甚至影响到整个北方地区。

2030年水平年调水前黄河流域河道内外缺水量将达到142.4亿m³,其中河道外缺水104.2亿m³,河道内缺水38.2亿m³。在考虑南水北调西线一期工程和引汉济渭等调水工程情况下,黄河流域河道内外缺水量减少到35.4亿m³,对缓解黄河流域水资源尖锐的供需矛盾起到举足轻重的作用。

为改善黄河干流黑山峡河段周边及石羊河流域生态环境状况,可利用南水北调西线工程生效后对黄河水资源条件有所改善这一有利时机,向该部分区域供水。据分析,从恢复和改善生态环境、防治土地荒漠化及有利于可持续发展的角度出发,黑山峡灌区灌溉新增用水量为18.07亿m³,计入生活用水量0.54亿m³,则生态建设新增用水为18.61亿m³,据预测,在压缩灌溉面积、实行强化节水的情况下,要保持石羊河当地水资源开发不超出可利用量,维持生态平衡,需从外流域调水6亿m³左右。南水北调西线工程发挥效益后,规划向石羊河供水4亿m³,景泰提水向石羊河流域的天祝县灌区供水0.8亿m³,向红崖山水库规划供水量0.8亿m³,引硫济金工程规划供水量0.4亿m³。

西线调水工程向黑山峡附近地区供水1.8亿～12.2亿m³,可用于生态灌区建设和耕地资源开发,发展生态灌区面积,促进粮食生产,为我国的粮食安全做出贡献。可向石羊河流域供水4亿m³,大大缓解其水资源供需矛盾,基本满足下游生态环境用水需求,使地下水位有所恢复,有效遏制生态环境恶化的趋势,减缓土地沙化进程,促进区域生态环境的恢复和改善。

西线调水为黄河流域及其临近缺水地区供水,可解决或缓解重点受水区水资源紧缺形势,为最终解决流域及相关地区水资源紧缺形势创造条件。

7.3.1.2 保证河道内生态环境用水

(1)增加黄河干流主要断面水量

根据相关成果,黄河流域主要断面的河道内生态环境需水如表7.3-1所示。其中利津断面非汛期生态环境需水量为50亿m³,河口镇断面为77亿m³。根据分析,2030年不考虑南水北调西线工程和引汉济渭等调水工程情况下,主要断面非汛期水量不能完全满足,河口镇断面缺水6.3亿m³。2030年南水北调西线工程发挥效益后,干流主要断面非汛期水量都会明显增加,利津断面增加15.2亿m³,河口镇断面增加7.6亿m³,非汛期水量增加,可以增加河道及其相邻地区的生态环境稳定,增加河流纳污能力。

表7.3-1　　　　黄河干流主要断面河道内生态环境需水量及供水量比较

黄河干流主要断面		兰州	河口镇	花园口	利津
河道内生态环境需水量(亿m³)	全年	104.3	197.0	240.0	200.0～220.0
	汛期	76.7	120.0	190.0	150.0～170.0
	非汛期	27.6	77.0	50.0	50.0
2030年无西线无引汉(亿m³)	全年	299.3	202.6	274.3	182.1
	汛期	174.7	131.9	152.6	131.5
	非汛期	124.6	70.7	121.7	50.6
2030年有西线有引汉(亿m³)	全年	370.3	228.5	297.5	205.2
	汛期	199.7	140.2	159.2	1～38.6
	非汛期	170.6	88.3	138.4	66.6

（2）增加生态基流分析

分析黄河干流主要断面月平均流量，利津断面最小月平均流量和90％月平均流量都为100m³/s，河口镇断面最小月平均流量为250m³/s，90％月平均流量达到250～283m³/s，满足断面低限生态流量要求。西线调水发挥效益后，河口镇和花园口断面90％月平均流量有所增加，对于中游河段防止小流量下泄，促进河道生态环境恢复具有积极作用。见表7.3-2。

表7.3-2　　　　　　黄河干流主要断面各水平年月平均流量　　　　　（单位：m³/s）

方案	月平均流量	兰州	河口镇	花园口	利津
2030年	最小月平均流量	164.4	250.0	119.3	100.0
	90％月平均流量	277.3	250.0	232.9	100.0
2030年有西线有引汉	最小月平均流量	140.2	285.4	119.3	100.0
	90％月平均流量	232.9	285.4	251.0	100.0

（3）增加枯水年入海水量分析

根据分析，南水北调西线工程等调水工程发挥效益后，入海水量较调水前均有所增加，多年平均、中等枯水年、特殊枯水年分别较调水前增加了23.44亿m³、10.01亿m³和7.15亿m³，可以有效防止断流发生。见表7.3-3。

表7.3-3　　　　　　2030年黄河枯水年入海水量对比表　　　　　　（单位：亿m³）

方案	多年平均	中等枯水年	特殊枯水年
调水前	182.05	129.40	51.14
调水后	205.49	139.41	58.29
增加入海水量	23.44	10.01	7.15

（4）减淤作用

以南水北调西线工程调水80亿m³为例，河道内配置25亿～0亿m³的条件下，上游通过龙羊峡、刘家峡和大柳树水库，中游通过古贤、三门峡、小浪底的联合调节，西线调水河道内配置水量25亿～0亿m³方案可使黄河干流宁蒙河段、小北干流河段和下游河段年均减淤0.700亿～0.089亿t。由此可见，南水北调西线工程对恢复和改善河道形态，维持河流健康具有重要作用。

7.3.1.3　黄河水环境影响分析

水体有自净能力，在污染物入河总量一定的条件下，水流的自净能力主要取决于水量或流量的大小。在南水北调西线工程发挥效益以后，在非汛期的4—6月补充水量5亿m³，增加的清洁水源将对稀释河流污染、提高黄河的水环境容量发挥积极的作用。

7.3.1.4　受水区污水排放量增加可能产生的环境影响

由于用水量的增加,必然导致废污水排放量的增加,污水类别为生活污水和工业污水。

以方案二为例,向城市供水 31.1 亿 m³,向能源基地供水 23.1 亿 m³。生活污水和工业废水排放量都会大量增加,如果不采取措施,纳污区水体和土壤承纳力将受到一定的影响。整个受水区应做受水区水污染防治规划,合理规划与处理新增污水。

受水区城市应建设污水集中处理厂,生活污水处理后达标排放。由于受水区水资源严重缺乏,处理后的生活污水可作为生态用水重复利用,但作为农业和饲草料灌溉用水时,应进行可行性论证。

能源基地的建设项目,应符合国家产业政策,发展低能耗、低污染的项目,采用清洁生产工艺,建设项目中防治污染的设施,必须与主体工程同时设计、同时施工、同时投入使用。防治污染的设施必须经环境保护行政主管部门验收合格后,建设项目方可投入生产,以最大程度减轻工业废水、废气、固体废物等对环境的影响。

7.3.2　对受水区生态环境的改善作用

7.3.2.1　对黄河流域及相邻地区的作用

(1)增加黄河水量,有效缓解流域供需矛盾,对改善流域生态环境将起到积极的作用

2030 年水平调水前黄河流域河道内外缺水量将达到 142.4 亿 m³,其中河道外缺水 104.2 亿 m³,河道内缺水 38.2 亿 m³。在考虑南水北调西线工程和引汉济渭等调水工程情况下,黄河流域河道内外缺水量减少到 35.4 亿 m³,对缓解黄河流域水资源尖锐的供需矛盾起到举足轻重的作用。

南水北调西线工程通过向重点城市补水,满足其 2030 年水平水资源供需缺口 32.63 亿 m³,为加快黄河流域城市化进程提供水资源保障。同时还向宁夏宁东、内蒙古鄂尔多斯、陕西陕北榆林、甘肃陇东和山西离柳等能源工业基地供水 23.1 亿 m³,可基本满足其 2030 年水平新增用水需求,为这些地区的快速发展奠定基础。

南水北调西线工程向河道外生产生活供水 60 亿 m³,退还和减少由工业和生活用水挤占的农业用水量,从而提高农业供水保证率,促进粮食生产,为保证流域粮食安全提供水资源保障。

近年来,随着黄土高原水土流失治理力度的加大,水土保持在保护水土、减少入黄泥沙的同时,也拦蓄了坡面径流,这也是黄河河川径流量不断减少的原因之一。调水入黄后,黄河水资源的增加,可以置换出部分水量,用于弥补水土保持工程产生的减水量,对黄土高原水土保持工程的实施将起到积极的推动作用。

按方案二,调水后河道生态环境水量增加 20 亿 m³,基本可以满足黄河河口三角洲湿地和河口近海渔业生态环境用水的需要,对改善河口湿地生态环境和河口近海渔业生态环境

将起到积极的作用。

(2)保证重点城市、重要能源工业基地用水,为经济社会的可持续发展提供水资源保证

黄河流域煤炭资源丰富,以煤炭为主的能源工业在全国占有举足轻重的地位。然而,水资源的严重不足直接制约着能源工业的发展。水资源短缺也直接影响着大中城市的发展和城市环境质量的改善。南水北调西线工程将为黄河流域重点城市如西宁、兰州、白银、天水、平凉、庆阳、定西、银川、石嘴山、吴忠、中卫等城市供水 32.63 亿 m^3,为宁夏的宁东能源基地、内蒙古的鄂尔多斯能源工业基地、陕西的陕北榆林能源工业基地和山西的离柳煤电基地等能源工业基地供水 23.1 亿 m^3,可基本满足以上城市和能源工业基地 2030 年水平的用水需求。供水条件的改善,必将促进城市化和工业化进程,带动周边地区和相关行业的繁荣和兴盛,促进西部大开发战略的顺利实施和当地经济社会的可持续发展。

(3)为黑山峡河段区域生态环境修复提供水资源保证

黄河黑山峡河段位于宁夏回族自治区西部,气候干旱,水资源缺乏,生态环境脆弱。长期以来,由于土地过度利用与过度垦殖,土地沙漠化、草场退化等问题日趋严重,自然环境十分恶劣。在水资源条件允许的情况下,充分利用当地的土地资源,建设小范围的农牧业基地,通过建设"小绿洲",保护"大生态",是保护区域生态环境的一项重要措施。

南水北调西线工程向黑山峡生态建设区供水 8.9 亿 m^3,可建成 209 万亩生态灌区,解决 46 万生态移民的用水,促进粮食生产,为促进区域生态环境的改善和当地居民脱贫致富创造条件。

(4)遏制相关地区生态环境严重恶化的趋势,为生态修复提供了水资源保证

与黄河邻近的河西内陆河地区,水资源匮乏,生态环境脆弱,随着人口的增加、经济社会的发展,水资源利用早已超过其环境承载能力,造成尾闾湖泊干涸、植被退化、荒漠化加剧、生态系统严重恶化。遏制当地生态环境恶化趋势,除节水外,从外流域调水是最有效的手段之一,而黄河是唯一可以向这些流域补水的河流。

根据规划,南水北调西线工程实施后,可以利用水资源量置换的方式,通过黄河支流大通河向临近的石羊河流域补水 4 亿 m^3,这将有效缓解当地水资源供需矛盾,遏制石羊河下游生态环境恶化趋势,减缓土地荒漠化趋势,减轻沙尘暴危害,为生态修复提供水资源保证。

(5)补充河道内生态环境用水,恢复和维持黄河干流河道基本功能

南水北调西线工程是补充黄河水资源不足,缓解我国西北地区干旱缺水的重大措施,通过向河道内配置水量,利用干流水库联合调度运用,进行全河的调水调沙,塑造黄河干流协调的水沙过程,将逐步扩大黄河干流的主河槽过洪能力,恢复和维持黄河干流河道基本功能。

综上所述,南水北调西线工程调水进入黄河上游,补充黄河流域的水资源量,是改善黄

河流域及相邻区域生态环境的重要措施之一,工程的实施将对区域生态环境建设起到巨大的推动作用。

7.3.2.2　对黑山峡生态建设区的作用

黑山峡生态建设区生态建设的主要任务是防风固沙,治理土地沙化,防治与消除沙尘暴的危害。生态建设的主要内容是大规模开展植树种草,增加林草覆盖度,建立起完善的防护林体系,结合当地退耕还林还草规划和生态移民扶贫开发规划,满足生态移民的生活生产要求。根据区域生态环境的特点和自然资源状况,灌区生态建设布局中林、草面积在70%左右。

(1)减轻和控制土地沙漠化,有效改善生态环境

黑山峡生态建设区地处干旱半干旱地区,在自然地带上属于干旱荒漠草原气候。就自然环境而论,具有气候干旱、水资源奇缺、大风日数多、天然植被覆盖差、生态环境脆弱的特点。长期以来,由于过度利用与过度垦殖,土地沙漠化、草场退化等问题日趋严重,自然环境十分恶劣;就区域大环境而论,灌区南部为黄土高原,北部为毛乌素沙漠、乌兰布和沙漠和腾格里沙漠,仅灌区边缘就有土地沙化总面积17.20万 km^2,分散在灌区控制范围内各类沙地面积约4.72万 km^2,是我国主要沙漠化地区之一。

灌区土地沙化以风蚀、沙埋、填淤等形式严重破坏土地资源和生物资源,使生态环境恶化,直接影响农牧业生产,威胁交通、水利和居民点设施。水资源短缺是导致这一地区生态环境恶化的直接原因,有水即为绿洲,无水则为荒漠,水资源的配置与利用对于干旱地区环境改善与经济社会发展有着根本的逆转作用。实践证明,在水利工程配合下开发生态灌区,通过建设“小绿洲”、保护“大生态”、实施“小建设”、实现“大保护”,是促进“退耕还林(草)”“退牧还草”政策的实施,改善和恢复该区生态环境,保障经济社会可持续发展的关键措施。

规划中的黑山峡生态建设区位于生态环境恶化地区附近,建设高效人工草场和基本农田,在宁蒙陕甘干旱风沙区形成新的绿洲生态农业区,一方面将宁夏平原老灌区和内蒙古河套灌区连在一起,建成我国西部地区重要的大农业生产基地,西北地区最大的连片人工绿洲,构成长城沿线生态脆弱带上重要的生态屏障,对保障我国的生态安全具有重大的战略意义。另一方面,通过实施生态移民,可为大范围的土地沙化地区以及黄河多沙粗沙区的“退耕还林(草)”“退牧还草”创造有利条件,有效减轻周边的土地沙漠化地区、黄河多沙粗沙区以及草场退化地区的人口压力,从而有效改善大范围的生态环境,因此它也是具有全国意义的大型生态建设工程。

(2)改善和治理我国北方地区沙尘暴危害

规划中的黑山峡生态建设区位于中国北方长城沿线农牧交错地带,该地区是我国著名的生态脆弱地带,对于气候波动和人类活动特别敏感,环境变化频率高、强度大,在冬春交替

期、干湿交替期以及发生大气环流异常、异常气候事件(如厄尔尼诺拉尼娜现象)时,极易发生大风、浮尘、扬尘、沙尘暴灾害。

目前,危害我国北方地区的沙尘暴主要移动路径有三条:北路从内蒙古二连浩特等地区开始;西北路从内蒙古的阿拉善、乌特拉、河西走廊等地区开始,途径贺兰山地区、毛乌素沙地或乌兰布和沙漠、呼和浩特、张家口、北京等地区;西路从新疆哈密或芒崖开始,途径河西走廊、银川或西安、大同或太原、北京或南京等地。强风经上述地区时,将大量沙尘送入空中,使途径地区也成为新的沙源区,增大沙尘暴的范围、规模和强度,造成极大的环境灾害。黑山峡灌区既是土地沙化、草原退化区,也是沙尘暴的主要路径区和沙源区。因而要消除我国北方地区沙尘暴的危害,就必须治理黑山峡附近地区恶化的生态环境。

南水北调西线工程生效后,可以促进黑山峡生态灌区的建设,发展灌区面积209万亩,将周围沙漠化的土地建设成为绿洲,从而有效阻止风沙侵害并切断沙尘暴的移动途径,从客观上改变沙漠的动态格局,可有效减少沙尘暴发生频率。

(3)改善当地及周边地区生态环境

南水北调西线工程实施后,可向黑山峡附近地区增供 10.4 亿 m^3 水量,使生态灌区的建设得以顺利实施,生态灌区建设需要的其他水量可考虑通过灌区节水或水权转换等措施解决。

西线工程发挥效益后,通过向生态灌区供水,可以发展生态灌区面积209万亩,其中宁夏155万亩,内蒙古24万亩,陕西31万亩。还将宁夏平原老灌区和内蒙古河套灌区连在一起,有效减轻周边的土地沙漠化地区、黄河多沙粗沙区以及草场退化地区的人口压力,从而有效改善大范围的生态环境。

(4)实现当地贫困人口脱贫致富和促进社会主义新农村建设

南水北调西线工程发挥效益后,通过向黑山峡生态灌区供水,建设小绿洲,发展小城镇,安置生态移民 45.9 万人,将改善移民人口的生活条件,促进当地贫困人口和周边地区(宁夏西海固地区,陕西榆林地区,内蒙古阿拉善盟、鄂尔多斯等地区)生态移民的脱贫致富。同时,可根本改变当地的饮水条件,消除氟中毒的危害,保护人民的身体健康。

但新增大面积的生态灌区,若管理不善,灌溉方式不当,可能会使地下浅层水位升高,超过临界水位,造成土壤盐碱化。因此在灌区选址时,应对土壤盐分含量进行监测,选择土壤易溶盐含量低,有利于排泄、便于灌溉的区域发展灌区;确定合理的灌溉定额,全面实施节水灌溉;密切监控灌区土壤及地下水动态变化,当灌区发生盐碱化迹象时,应及时兴建排水系统,将地下水位降至临界深度以下,防止引起土壤次生盐碱化。

7.3.2.3 对石羊河流域的作用

石羊河流域水资源贫乏,现状水资源利用大大超过其承载能力,导致一系列问题,诸如:

山区水源涵养林受到一定程度损害,出山径流变化幅度加剧;水资源严重短缺,供需矛盾十分突出;地下水过量开采,生态环境急剧恶化等。下游民勤湖区大片耕地由于水资源的匮乏而被迫弃耕。土地沙化面积和荒漠草原枯死面积逐年扩大,沙漠每年以 3~4m 的速度向绿洲推进。据有关研究,此地域已成为全国沙尘暴策源地之一。根据供需平衡分析,石羊河流域 2030 年水平仍缺水 4.25 亿 m^3。

西线工程发挥效益后,可向石羊河流域供水 4 亿 m^3,大大缓解其水资源供需矛盾,基本满足下游生态环境用水需求,使地下水位有所恢复,有效遏制生态环境恶化的趋势,减缓土地沙化进程,促进区域生态环境的恢复和改善。

7.3.2.4　对维持黄河健康生命的作用

目前洪水威胁依然是黄河的心腹之患,水资源供需矛盾十分突出,生态环境恶化尚未得到有效遏制。从外流域调水,可以缓解因水少而产生的一系列经济社会和生态环境问题。

(1)增加黄河的水资源量,有效改善黄河"水少"的问题

黄河是一条资源性缺水的河流,供需矛盾突出,即使大力采取节水措施,在无外调水源的情况下,黄河流域缺水的状况也不可能得到根本改变。据 20 世纪 90 年代资料统计,黄河流域河川径流供水量 375 亿 m^3,河川径流消耗量 300 亿 m^3,此外,还有其他方面的因素直接或间接消耗的河川径流量,估计为 50 亿~80 亿 m^3。因此,黄河地表水实际消耗量已达350 亿~380 亿 m^3,占全河多年平均天然河川径流量的 60% 以上。远远超过国际上公认的40% 安全用水标准。随着经济社会的快速发展,黄河水资源供需形势将更加严峻,南水北调西线工程发挥效益后,将增加黄河水资源量 25 亿~40 亿 m^3,可以有效改善黄河"水少"的问题,为"维持黄河健康生命"提供基础性支持。

(2)为解决黄河"沙多"的问题,创造有利条件

解决"沙多"的问题,关键在于减少入黄泥沙。一是在源头治沙上依靠工程手段,尤其是在对黄河下游淤积影响最为严重的中游地区 7.86 万 km^2 的多沙粗沙区,大规模修建淤地坝,把泥沙拦蓄在黄土高原的千沟万壑中。二是积极实行退耕还林(草)、封山禁牧等,依靠大自然的自我修复能力恢复生态,保持水土。根据《黄河近期重点治理开发规划》,到 21 世纪中叶,黄河流域适宜治理的水土流失区基本得到治理,年平均减少入黄泥沙 8 亿 t。但在减少泥沙来量的同时黄河的水量也相应减少,且往往减水幅度大于减沙幅度,持续的减水将使黄河水沙关系进一步恶化。按多沙粗沙区和一般流失区的汛期多年实测径流资料、水土保持典型测验资料及各水平年规划成果,分析计算水土保持措施(不包括小型农田水利用水)对河川径流的利用量,现状为 8 亿~10 亿 m^3,2010 年达到 20 亿 m^3 左右,2020 年达到25 亿 m^3 左右,2030 年达到 30 亿 m^3 左右。南水北调西线工程发挥效益以后,可向河道内补水 25 亿~40 亿 m^3,可以有效补充因水土保持措施减少的入黄水量,为黄河中游水土流失

区的治理创造有利条件。

(3)协调黄河"水沙不平衡"关系,提高黄河的造床能力、水流挟沙能力

黄河历来水少沙多、水沙搭配不协调,下游河道复杂难治。目前黄河下游悬河形势越来越严峻、主槽萎缩严重,"二级悬河"加剧,使横河、斜河的发生几率增加,堤防安全受到严重威胁,防洪形势仍然不容乐观,解决"水沙不平衡"问题是维持黄河健康生命的根本措施。而解决"水沙不平衡"问题的关键在于通过黄河干流水沙调控体系,通过人为干预控制洪水和泥沙,建立协调的水沙关系,提高洪水对主槽塑造能力和水流挟沙能力,不淤积河床,将泥沙输入大海。2002年、2003年两次大规模的调水调沙试验证明,在花园口断面塑造2600 m^3/s,含沙量40~50 kg/m^3,时间不少于10天的水沙过程,可将泥沙送入大海。南水北调西线工程发挥效益以后,向河道内补水25亿~40亿 m^3,将恢复和增加河道过流能力,改善目前黄河下游严峻的防洪形势,解决因缺水影响调水调沙顺利实施的问题。

(4)减少黄河河道泥沙淤积

在西线调水有黑山峡的情况下,黄河上游通过龙羊峡、刘家峡和黑山峡水库的联合调节计算,在汛期增水30亿 m^3的条件下,宁蒙河道年平均减淤量为0.28亿t。在黄河中游通过古贤水库的调节计算,进入小北干流水量,汛期增水30亿 m^3,增沙0.27亿t,小北干流河道减淤0.30亿t。经过三门峡、小浪底水库的调蓄作用,黄河下游在西线增水30亿 m^3,增沙0.60亿t左右时,下游河道减淤0.35亿t左右。

西线调水发挥效益后,汛期增水30亿 m^3时,黄河干流宁蒙河段、小北干流、下游河道共减淤约1亿t泥沙,并输送入海。

(5)维持和改善黄河河口地区的生态环境

黄河三角洲生态系统不仅在以黄河为中心的河流生态系统中具有重要地位,而且黄河三角洲自然保护区还是具有国际意义的湿地、水域生态系统和海洋海岸系统的重要保护区。因此,河口治理是黄河治理的重要组成部分,保护黄河三角洲生态安全,促进河口地区生态系统良性发展,是"维持黄河健康生命"的重要任务之一。黄河河口地区的生态环境问题的核心问题一是维持黄河进入河口地区的生态基流,保障河道不断流;二是保障进入河口地区的沙量,为维持河口地区湿地生态环境,提供源源不断的物质基础。

黄河河口三角洲地区的湿地主要有河间湿地和滨海新生湿地两类。从河间湿地形成机理分析,黄河在河间湿地的形成过程中,承担了河间洼地的塑造功能,而河间湿地水环境的主要补充水源为降水,其水环境平衡与黄河的关系并不十分密切。滨海新生湿地主要分布在黄河入海口沙嘴两侧的范围,是黄河水漫流最新淤积的扇形滩面,也是黄河三角洲分布范围最广、规模最大的湿地。黄河口是一个多沙陆相弱潮强堆积性河口,黄河多年平均入海沙量约8亿t,使得黄河入海口两侧区域不断向前推进,年平均造陆面积25 km^2左右,是世界

上造陆最快的地区,目前已形成一个鸟嘴状的亚三角洲,明显突出于莱州湾中,并在继续向前发展。同时,黄河三角洲近岸是一个特有的造陆运动和海岸侵蚀此消彼长的地区,据有关研究成果测算,在基本属于天然条件下,黄河泥沙淤进与蚀退速度之比为 4:1,在黄河年入海沙量减少到 3 亿 t 时,海岸蚀淤趋于平衡,小于 3 亿 t 时,则河口陆地海岸线将会发生侵蚀后退。在南水北调工程生效以后,在非汛期的 4—6 月补充水量 5 亿 m³,在汛期补充水量 15 亿 m³,初步估算每年可以增加入海输沙量 0.50 亿 t,有利于黄河河口地区滨海湿地的稳定,保护滨海湿地生态环境系统。

西线调水发挥效益后,不仅在"维持黄河健康生命"方面发挥上述积极作用,而且必将在实现黄河治理开发先进理念、治理开发的技术途径和手段、流域综合管理的模式等方面带来深刻的变化,使黄河进入较高层次的良性循环。

7.3.4　对入黄区域生态环境的影响

南水北调西线工程调水后,将对整个黄河流域产生巨大的社会效益和生态效益。同时,调水会导致径流量时空分布的变化,使得整个河流生态系统的平衡受到影响。具体而言,对于入黄临近河段来说,径流量的突然增大,河道水位上升,将造成一定的淹没,对河道两岸的自然植被,居民的生产生活都产生一定的影响。

7.3.4.1　对草场淹没的影响

调水实施后,水体扩大,河道水量增多,入黄口的局部河段水位抬升,两岸部分草场被淹没。不过尽管入黄水量很大,但是进入河道的流量并不是很大,河道对水流有一定的坦化作用,随着水流的推移,越往下游,水位变化幅度越小,不会出现陡涨陡落的情形。再者,这一带的河谷非常开阔,河道的比降也很小,江水注入黄河后,从理论上讲,水位上升是非常小的。据现场考察,距离近河两岸的草场分布并不是很多,大多数草场,包括天然的和人工的都是远离河道,基本不会导致草场的淹没。

7.3.4.2　对局地小气候的影响

在湿润地区,土壤潮湿,陆面实际蒸发可接近蒸发力或水面蒸发,其空气中的水汽压与水上相差不大。空气相对湿度因为与水汽压成正比,与空气温度的饱和水汽压成反比,所以水域对相对湿度的影响显得比较复杂,在湿润地区一般是冬季和全年平均水汽压增大,而相对湿度的变化规律不是太明显,在夏季受多种因素的影响,浅水上水气压和相对湿度都减小,但在深水域上大多会增大。

这一带属于典型的高原湿润区,年内雨季持续时间比较长,多年平均降水量较大,常年的低温使得蒸发量比较小,空气相对湿度较大。因为降水量大于蒸发量,地表产流模式相对单一,加上土层结构,植被覆盖率等因素,使得陆面的水分保持较好,涵养功能较强,陆面蒸发接近于水面蒸发,其蒸散发变化与太阳辐射以及近地面的温度有关,与水面宽的变化关系不密切。当江水注入黄河后,尽管局部河段的水面宽有所增大,但不会对蒸散发的改变起很大作用。这样一来,当地的气候变化甚微。

7.3.4.3　对地下水位的影响

据现场考察及有关资料显示,该区地下水主要是第四系松散堆积层孔隙水,无深层承压水,潜水也主要含于第四系松散地层中,有冲积、洪积、坡积潜水,且潜水埋深都比较小,水位线到雨季时慢升至地面。

本区属典型的高原湿润区,雨量充沛,产流模式多为畜满产流,常年降水量大于蒸发量,土壤同期层较薄,地下水埋深小,通气层下层常已达到田间持水量,地下水的来源主要是降水。临近河段水量的增多并不会使地下水位发生大的变化,只是靠近岸边的部分区域由于地下水位的抬升,而使部分水流渗出地表,由于地平面坦低洼,水流不畅,形成沼泽地,改变了原来的陆地生态系统,但为水生动物特别是水禽提供了良好的栖息场所。

7.3.4.4　对水生生物入侵的影响

西线调水对入黄地区水生生物的影响主要体现在两种水体的混合,区系生境的融合,新的河流生态系统产生,对鱼类栖息地、产卵场、洄游线路区,以及种群密度、结构、生物多样性以及资源的再循环产生影响。

工程的引水将向引水入黄口附近水域输入较大数量的浮游生物,其种类将主要是硅藻类,原生动物和轮虫也会有一定的输入量。而甲壳动物和底栖动物不会有大量的输入。因此,工程的引水不会对引水入黄口附近水域的水生植物和水生无脊椎动物产生显著不利影响。

(1)对引水入黄口土著鱼类的影响

引水入黄口河段穿行于宽谷之间,河流宽浅。野外采样结果显示,其中分布的裸裂尻鱼类和高原鳅类的种类和资源量均较多,这些鱼类不具备长途洄游的习性,其繁殖、摄食和越冬应就在附近水域,而此河段比降较小,其中的扁咽齿鱼、黄河裸裂尻鱼和麻尔柯高原鳅等能很好地繁衍生息,由此表明缓流的水体是其适宜的生活环境。

调水后,引水入黄口附近水域流量将显著增大,水体的容积增加使水环境对鱼类的容纳量相应增加,同时随引水带入较大数量的浮游硅藻,增加了引水入黄口附近水域的饵料生物量,使得引水入黄口附近水域鱼类食物链各级的生物量都有不同程度的增加,对藻类食性、底栖动物食性和食鱼食性鱼类的生长和繁殖是有利的。特别是以藻类为主要食物的扁咽齿鱼和以底栖动物为食物的花斑裸鲤,将有较为充足的饵料生物量。

但夏季由于调水水库表层水体的温度升高、溶氧量下降,这样的水输入黄河后对当地适应低温和高溶氧生活的鱼类将产生一定影响。其影响程度与输入水体的温度高低成正相关。

综合分析:输水将使黄河相应河段的水深和流速增大,一些不适应流速增加的种类会另寻流速较缓的河段栖息,这些变化对黄河土著鱼类不会造成不利的影响。

(2)入黄口鱼类对引水区的生物入侵

输水主洞长 320.9km,洞中水体流速为 3m/s,流速较高,黄河土著鱼类对此不太适应,黄河土著鱼类也很难克服此流速,在毫无遮蔽物的主洞中持续克服 3m/s 流速,并连续逆流游动 80 km 以上的距离到达最近的阿柯河。因此,引水入黄口附近鱼类对引水区形成生物入侵的可能性极小。

(3)引水水域鱼类对入黄口水域的生物入侵

调水实施后,引水水域的某些鱼类可能会随着输水进入引水入黄口附近,进入黄河的这些鱼类能否较好地生长甚至自然繁殖,且在引水入黄口附近水域形成新的种群,主要依据各种类对引水入黄口附近水域水环境的适应能力以及是否存在适宜的繁殖条件。分析见表 7.3-4。

表 7.3-4　　　　　　　引水区鱼类适宜的水文情势条件及其入黄河后适应能力判断

种类	引水水域分布	引水入黄口水域分布	栖息地适宜水体形式	栖息地适宜流速	栖息地适宜水深	栖息地适宜底质	入黄河后适应能力
虎嘉鱼	＋		河流	急流	深水	砾石	不适应
短须裂腹鱼	＋		河流	急流	深水	砾石	不适应
齐口裂腹鱼	＋		河流	急流	深水	砾石	不适应
长丝裂腹鱼	＋		河流	急流	深水	砾石	不适应
四川裂腹鱼	＋		河流	急流	深水	砾石	不适应
重口裂腹鱼	＋		河流	急流	深水	砾石	不适应
裸腹叶须鱼	＋		河流	缓流	浅水	砾石	适应
厚唇裸重唇鱼	＋	＋	宽谷河流	缓流	浅水	砂、石	土著
花斑裸鲤		＋	河流、湖泊	缓流	浅水	砂、石	土著
软刺裸裂尻鱼	＋		宽谷河流	缓流	浅水	砂、石	适应
大渡软刺裸裂尻鱼	＋		河流	缓流	浅水	砂、石	适应
黄河裸裂尻鱼		＋	河流	缓流	浅水	砂、石	土著
骨唇黄河鱼		＋	宽谷河、湖泊	缓流	浅水	砂、石	土著
扁咽齿鱼	＋		宽谷河、湖泊	缓流	浅水	砂、石	适应
粗壮高原鳅		＋	河流、湖泊	缓流	浅水	砂、石	土著
达里湖高原鳅		＋	河流	缓流	浅水	砂、石	土著
东方高原鳅		＋	河流、湖泊	缓流	浅水	砂、石	土著
黑体高原鳅		＋	河流	缓流	浅水	砂、石	土著

种类	引水水域分布	引水入黄口水域分布	栖息地适宜水体形式	栖息地适宜流速	栖息地适宜水深	栖息地适宜底质	入黄河后适应能力
硬鳍高原鳅		+	河流、湖泊	缓流	浅水	砂、石	土著
拟硬刺高原鳅	+	+	河流	缓流	浅水	砂、石	土著
麻尔柯河高原鳅	+	+	河流	缓流	浅水	砂、石	土著
黄河高原鳅		+	河流、湖泊	缓流	浅水	砂、石	土著
似鲇高原鳅		+	河流	缓流	浅水	砂、石	土著
安氏高原鳅	+		河流	缓流	浅水	砂、石	适应
短尾高原鳅	+		溪流	缓流	浅水	砂、石	适应
修长高原鳅	+	+	河流、湖泊	缓流	浅水	砂、石	土著
斯氏高原鳅	+	+	河流、湖泊	缓流	浅水	砂、石	土著
细尾高原鳅	+		河流	急流	浅水	砾石	不适应
青石爬鮡	+		河流	急流	深水	砾石	不适应

注:"+"代表有分布

引水水域的鱼类可能以鱼卵、鱼苗、幼鱼或成鱼的形式偶然输入引水入黄口附近水域,但多数鱼不适应新的环境,这些种类不会对当地土著种类形成大的影响。

(4)对入黄口鱼类种群结构的影响

调水后,引水入黄口附近水域流量增加,水位上升,水面宽增大,其影响相当于原有河流维持在汛期的高水位状态,这对河流中原有种类的影响将不会太大,因此,黄河引水入黄口附近水域鱼类群落结构将基本保持原状。

(5)对引水入黄口生物多样性的影响

由于西线调水,黄河相应河段的流量显著增加,对水生生物的容纳量增大。且随着引水河流向黄河输入了浮游生物等鱼类的饵料生物,黄河相应河段的水生生物多样性亦将增加,鱼类资源也将因水体环境对鱼类容纳量的增大和饵料生物的丰富而增加。因此,引水入黄口河段的生物多样性将增加。

(6)对引水入黄口渔业的影响

在高原寒冷地区,河流和湖泊的封冻期长,无较好的适宜放养的中小型湖泊等水体条件,不具备发展规模养殖渔业的条件。入黄临近河段受水区目前主要商业渔业种类为扁咽齿鱼和花斑裸鲤,西线调水后各种鱼类的总资源量将上升。由于不具备发展规模养殖渔业的条件,对渔业也基本没有什么影响。

7.3.4.5　对若尔盖湿地的影响

（1）沙化原因

1）气候变迁，引发沼泽地退化

近 20 年来，若尔盖高原气候有转暖的趋势。据红原县气象局统计，红原县近 20 年的年平均气温均高于 1℃，而 20 年以前的平均气温多低于 1℃。根据若尔盖县近 50 年气象统计资料分析表明，该县年平均气温以 0.0173℃的速度增长。同时，若尔盖县水蒸发量呈增大趋势，降水量呈减少趋势。气候变暖引起沼泽退化，趋向自然疏干，沼泽变干趋势明显。特别是人为大规模的开沟放水，土壤表层水分疏干，泥炭分解，致使高寒沼泽草甸向高寒草甸、草原演替。由于气候持续暖干化，沼泽消失，植被发生显著变化，很多沼泽草甸植被消亡，耐旱植被得以发展。在原来的沼泽区，甚至出现荒漠植被，呈严重沙化现象。

2）地处高海拔地区，气候条件特殊

若尔盖湿地地处川西北高原，气候条件特殊，日照充足但热量差，昼夜温差大，年均气温 0.9℃，无绝对无霜期，不适宜多数植物的生长，植被一旦破坏，生长恢复十分困难。本区为四川土壤侵蚀风蚀区，冬春季寒冷干燥多大风，易形成沙暴和沙灾，沙尘易对裸露的地表造成破坏并掩埋土地，使草地沙化扩大，并成为水土流失的强大动力。

3）地壳运动，引发湿地退化

若尔盖地区地壳处于新构造运动上升区，是伴随着青藏高原的隆起抬升形成的，在抬升到一定高度后，原来作为该雨泽之源的西南季候风无法再深入该区，造成该区降雨量减少，气候转干。同时，地壳的抬升导致该区河流中心下沉，地下水位下降，地表自然疏干。此外，地壳运动使得各大河流及其支流不同程度的改道，旧的河床形成了大量的沙源。

4）地层易破碎风化，侵蚀严重

地质构造上，若尔盖湿地粉沙分布较广，地表植被层一旦破坏，沙层随即露出，随水流和风向扩散，这些沙层是草地沙化扩大的物质基础。此外，本区中低山地比重较大，岩体易崩解和风化，整体稳定性差，在外力作用下很容易疏松解体，一旦地表植被遭受破坏，地表极易形成纹沟和细沟，造成水土流失。

5）人为干扰

①牧业影响。牧业是本区的经济支柱，并维持着传统的低投入、高消耗、低效益、低产出的粗放型、原料型增长方式，"靠天养畜"的情况十分突出（图 7.3-1）。该区人口增长速度较快，相应牲畜数量增长亦较快，对草场资源的需求不断增加，造成过度放牧，导致草场不断退化。据调查，本区草场普遍超载 60%以上，部分区域甚至超载 100%。过度放牧造成土壤板结，草地荒漠化、牧草产量和质量不断下降。

图 7.3-1 若尔盖湿地自然保护区实验区放牧

②其他人类活动影响。20 世纪 70 年代采取大面积耕翻草地种植粮食和牧草,破坏了草原原生植被和土壤殖植层,致使耕作层土壤逐渐贫瘠化,由于古河床上沉积的粉沙翻露出地表,从而成为沙化草地的沙粒来源,导致沙地,沙化草地逐年扩大。在若尔盖草原地区,由于药用植物资源丰富,采挖药材是本区域十分普遍的一种经济活动。但由于缺乏有序管理,使得采挖药材之风愈刮愈烈,随意乱采滥挖现象十分普遍,对植被造成严重破坏。同时,人工采挖过的草地为高原鼠兔入侵提供了便利,鼠兔肆虐、就地起沙,导致土地沙化。另外,当地居民点有取用草皮建房或建围墙的习惯,取用之后,矿砾沙土裸露难以恢复,而近年来,由于兴修公路,大量填挖泥、沙土,植被被破坏,也导致大量沙土裸露地表,为就地起沙提供了丰富的物质来源。

(2)影响分析

保护区属黄河水系,西面离黄河 30km,保护区内的主要河流是黑河及其支流达水曲。黑河从东南至西北纵贯全区,为黄河上游流量较大的一级支流。达水曲发源于若尔盖县阿西乡,流入保护区后,在黑河的北面与黑河呈平行流动,在保护区西北边流入黑河。达水曲贯穿保护区的核心部分,哈丘湖、措拉坚、拉隆措(花湖)等主要湖泊及其周围的沼泽都集中在达水曲流域。黑河在保护区内还有一些较短的支流,这些支流大多先流入沼泽,通过沼泽流入黑河。

湿地对气候具有调节作用,既是"地球之肾",又是河流的"天然海绵",具有补充水源、调节水流的作用,为维持黄河流域的生态平衡发挥着重要的作用。据测定,仅若尔盖湿地每年补给黄河上游的水量,旱季占黄河河川径流总量的 40%,雨季占 30%。调水后,河段水量增多,有利于缓解若尔盖湿地的干旱化。

根据《若尔盖湿地总体规划报告》,这一带含有丰富的地下水,地下水主要是第四系松散堆积层孔隙水,无深层承压水。潜水也主要含于第四系疏松地层中,有冲积、洪积、坡积潜水。沼泽中的潜水距离地面大多小于1米。闭流、伏流宽谷中多为大面积常年积水,谷的两侧潜水位也不深,仅0.5～1米,雨季则升至地面。潜水呈带状溢出,个别的泉源出露。潜水在洪积、坡积物的前端成带状或泉源溢出后,有的直接补给沼泽,有的流出地表,汇成小溪再流入沼泽。湿地水分主要由泉水补给,湿地作为黄河很重要的水源,在非汛期对河道有很好的补给作用。根据分析,这种格局由于调水的实施不会被打破,其有利的影响将会越来越大。

7.3.4.6　对入黄口河段河道坍塌的影响

调水后,入黄以下临近河段的河道内水量骤然增多,水位随之抬高,在局部河段会产生壅水,将可能出现浸没问题,在稳定性差的岸坡将会发生坍塌。因此,需对该河段坍塌可能性进行分析。

汛期调水量大,河段天然来水也增多,二者的叠加作用将导致局部河段产生壅水过程,水位急剧上升,类似于水库的蓄水过程。可根据水库的坍塌原理来进行分析。

(1)坍塌机理及影响因素

一般来讲,坍塌多发生在水库库岸,由于水库蓄水使得岸坡发生坍塌。库岸失稳和坍塌一般分为三个阶段:①库水位升高后改变土体的容重、含水量、塑性和抗剪强度,引起土体结构变化并发生破坏、崩解,改变了岸坡自然稳定平衡条件;②水库蓄水后水面展宽,水深加大,风浪作用增强,岸浪冲击和磨蚀岸壁,下部土体被掏空和破坏,使上部失去平衡而塌落;③坍塌的物质受波浪的搬运和分选作用而堆积在一定地区,又经沿岸流搬运而顺岸线迁移,逐渐形成滨河浅滩。影响库岸坍塌的主要因素有:水文因素、地质因素、地貌因素。分析坍塌一般也是从这三个因素进行的。

(2)坍塌可能性分析

鉴于该地区水文地质资料的缺乏,本阶段将查阅有关该地区的自然环境文献资料,采用1:50000地形图,在对现场进行初步查勘后,根据以上坍塌机理,按照影响因素进行分析。

1)水文因素分析

水文情势的改变是影响坍塌的外力因素,波浪作用是水库塌岸的主要营力,特别是由松散岩层和块体组成的库岸易失稳;水位变化及各种水位的持续时间对水库塌岸有很大的影响,如岸坡底下水位变化,使岩体物理力学性质也相应改变;水库水位的急剧升降,导致地下水位的相应调整,出现地下水的流动,对岸坡施加附加的动水压力,改变了原有稳定条件。

调水后,水量的骤然增多,将使得水面宽增加,河心滩以及两岸的部分区域将变成水域。入黄口以下临近河段多为宽浅型河道,河谷也较宽阔,因此水位上升比较小,该河段河岸坍塌的可能性也会降低。但在部分出现壅水的河段,由于调水时段较长(每年11个月),导致长期的浸没与渗流,可能使得河岸地下水位受来水的顶托而抬高,潜在的浸没程度和范围有所增大。

2)地质因素分析

坍塌的一个内在成因就是地质因素,主要是抗冲能力,崩解性和风化强度在建库后有所改变,使原有强度受到影响;其次是地层结构直接对坍塌速度和宽度有影响。

根据文献记载,黄河第一湾唐克地区的土壤类型属于典型的冷黄土,即冰原风成黄土。根据研究表明,黄土物质部分来源于冰川沉积物,后期化学作用影响较强,这些黄土是在冷湿冰原环境中堆积的。该地区的土质较为松散,抗冲能力较差,唐克以上至采日玛之间的部分河段可能会受到水流的强烈冲击,而导致坍塌出现。

3)地貌因素分析

坍塌的另一个内在成因就是地貌因素,指库岸的高度、坡度、水上水下岸坡形态、岸线的曲率以及库岸的切割程度等。

根据地形图所知,入黄口以下的临近河段岸坡较缓,河道蜿蜒曲折,在水流流向变化大的地方,且河道下切比较深的河岸容易发生坍塌,根据分析,结合现场查勘,初步确定了可能发生坍塌的河段(见图 7.3-2,表 7.3-5)。

图 7.3-2　部分易发生坍塌的河岸

表 7.3-5 可能发生坍塌的河段

序号	距入黄口的距离(km)	可能发生坍塌的河段长度(m)	发生坍塌的主要因素	发生坍塌河段两岸的生态类型
1	2	1100	水文、地质	草甸、灌木
2	8	3000	水文、地质	草甸、灌木
3	13	1900	水文、地质、地貌	草甸、灌木
4	25	600	水文、地质、地貌	草甸、少部分灌木
5	42	2100	地质、地貌	草甸,少部分灌木
6	55	2800	水文、地貌	草甸
7	69	500	水文、地貌	草甸
8	93	1600	水文、地貌	草甸

(3)坍塌影响分析

根据以上预测分析,得出在入黄口以下临近河段,可能发生较大坍塌的河段有8处,总计长约13.6km。发生坍塌的因素是多方面的,与水文情势变化、地质以及地貌因素都有密切的关系。该河段属宽浅型河道,河道两岸起伏较小,河谷宽阔,调水后所造成的坍塌也不会对河道的河势产生较大的影响。此外,从现场调查来看,可能发生坍塌的河段两岸基本不涉及生态及社会敏感脆弱区,植被类型以草甸为主,基本没有居民点分布,因此,对两岸的生态及社会环境等影响甚微。

第8章 结 语

8.1 环境影响总体结论

8.1.1 有利影响

8.1.1.1 对受水河流地区的作用

江水通过输水隧洞直接进入黄河干流,所增加的清洁水源对稀释黄河水体污染物浓度、增加河流自净能力、提高黄河的水环境容量会发挥积极的作用。河道内生态用水量的增加,改善黄河水质,实现流域水资源和水生态系统的良性循环,为供水安全和水资源的永续利用提供了保障。

工程的实施,为恢复黄河河道基本功能创造条件;缓解沿河部分大中城市供水紧张的局面,确保居民生活供水安全,为能源基地建设提供水源保障;为实施生态移民创造条件,减轻生态环境脆弱区的生态环境压力,有效遏制生态环境退化的趋势。西线调水对改善黄河生态环境的积极作用表现在:

(1)增加黄河水量,有效缓解流域供需矛盾,对改善流域生态环境将起到积极的作用;

(2)保证重点城市、重要能源工业基地用水,为经济社会的可持续发展提供了水资源保证;

(3)为黑山峡河段区域生态环境修复提供了水资源保证;

(4)遏制相关地区生态环境严重退化的趋势,为生态修复提供了水资源保证;

(5)补充河道内生态环境用水,恢复和维持黄河干流河道基本功能,维持黄河健康生命。

8.1.1.2 对调水地区经济社会发展的作用

南水北调西线工程建设期间需要投入大量的人力、物力及资金,可以拉动地方经济增长和相关产业发展,促进经济结构升级。同时,调水工程可以大大改善制约当地经济发展的条件,推动城市化的发展,促进当地基础设施(交通、电力、通讯)的发展,带动地方财政增收,增加就业,提高收入,促进当地民族地区科教、文化、卫生等公益事业的发展。

8.1.2 不利影响

工程建设对环境的影响从时段上讲,包括施工期和运行期两个阶段。施工活动对环境的影响集中在施工期,影响范围主要集中在工程施工活动的区域内,影响强度将随着施工活动的结束而逐渐趋于平缓,影响是短时的、可逆的。工程投入运行后,影响将包括坝址上游的库区库周、下游及入黄河道和广大的受水区,但经研究论证,不利影响在可接受的范围内,并通过环保措施把不利影响降到最低。

8.1.2.1　对库区库周的影响

(1)对陆生生物的影响

直接影响为对植被与动物生境的淹没。淹没区植物均属于广布性种类,淹没不致造成这些物种资源的损失。淹没的植被类型中,基本可以在调水区其他相近似的生境中见到,所以不会影响调水区的植被区系和构成。

水库蓄水将会淹没动物栖息地。但由于分布区域海拔较高,且动物具有较强的迁徙能力,蓄水淹没不会对其种群的生存造成明显影响。调水工程对陆生动物的区系组成、种群结构及资源量均不会产生较大影响,对物种多样性和生态系统多样性不会造成影响。

工程建设可能会造成珍稀保护植物种群资源量的损失,但不会对种群生存产生明显影响,工程建设对珍稀保护植物的影响程度是可以接受的。

水库淹没会导致一部分珍稀保护动物生境损失,由于动物具有迁徙性,并且珍稀保护动物在调水河流区分布较广,是周边自然保护区的重点保护对象,现状保护条件较好。因此,工程建设不会对珍稀保护动物种群生存产生显著影响,工程建设对珍稀保护动物的影响程度是可接受的。

通过景观优势度法分析,研究范围内景观生态体系具有较强的稳定性,工程建设后对生态系统的完整性、稳定性影响很小。

(2)对库区水质的影响

水库建成蓄水后,特别是蓄水初期,库区或库周的 N、P 等成分进入库区水体中,有可能产生水体富营养化现象,但由于库区污染源很少,污染强度又弱,加上原有水体较为清洁,随着库区上、下层水体的相互交换,富营养化的影响程度将会逐渐减弱直至消失。南水北调西线工程六个引水库区的水质,在未来各预测水平年,仍能维持Ⅱ类水标准。

(3)水库淹没影响

工程区人口稀少,但森林、草场、寺庙、居民点、政府机关和公共设施均分布在河谷地区,水库建成蓄水后,将造成一定的淹没损失,对当地居民的生活环境产生一系列的影响。特别是淹没区宗教寺院的恢复和重建,将成为移民安置工作的重点和难点。

(4)对水生生物的影响

水库蓄水后,库区生境条件的改善。随着水位的逐步抬升,库区水流速度减缓,水体透明度提高,库水变得清澈,有利于浮游植物的光合作用,加之大量的有机物和营养物质被拦截在库区,建坝前在干流中不能生存的某些种类能够在库区的环境中繁衍。这将有利于水体中浮游动植物和底栖动物种群的生长繁殖和扩大,饵料生物量的增加又进而促使鱼类的繁殖、发育。但是建库后,将改变坝址所处河段原有的水文条件,改变部分鱼类的洄游、栖息、索饵和繁殖的生态条件,坝址上下游鱼类将处在生态隔离状态。工程对鱼类的短距离洄游有一定影响,主要是鱼类不能上溯到大坝以上原有产卵场,这些种类又不进入小型支流繁殖,但在大坝下游有较多支流汇入后,这些鱼类还是能在满足繁殖条件的河段进行繁殖,或者通过过鱼设施完成繁殖活动,工程不会对鱼类的生活周期造成影响。另外,调水河流区段部分小水电开发,已经阻断了鱼类的上溯洄游产卵,西线调水在此方面影响更为减弱。

工程对引水水域鱼类影响的主要表现形式是繁殖场所、摄食场所的损失,而对越冬的影响不大。各河流建坝后,雅砻江水系和大渡河水系的珍稀和保护鱼类仍能在坝下维持一定的规模,但鱼类栖息地面积的缩小和饵料生物总量的减少都导致水体环境对鱼类种群容纳量的减小,使各鱼类种群的总资源量有所下降。

通过人工增殖放流和人工驯养及繁育技术研究等环保措施,可减缓或减小对水生生物的影响。

对国家级保护鱼类虎嘉鱼而言,工程建设会造成杜柯河、玛柯河、阿柯河水源水库库区及坝下部分索饵、产卵场所的损失,但对于已经查明的虎嘉鱼产卵场影响微弱;调水后虎嘉鱼生境条件会被进一步分割、压缩;珠安达、霍那坝址、克柯Ⅱ对坝址附近虎嘉鱼洄游产生阻隔影响,但对虎嘉鱼集中分布区域的短距离洄游影响轻微;工程运行后虎嘉鱼在杜柯河、玛柯河、阿柯河仍能维持一定的种群规模。南水北调西线工程不会使虎嘉鱼在调水河流上的种群规模明显减少,不会对虎嘉鱼种群生存产生显著影响,对虎嘉鱼的影响程度是可接受的。

省级保护鱼类齐口裂腹鱼、长丝裂腹鱼、重口裂腹鱼、青石爬𩾌均为峡谷型鱼类,水库淹没及坝址下游水文情势变化均会对它们索饵、产卵场所造成不同程度的损失;使它们的生境条件被进一步分割、压缩,会对其种群规模产生一定影响,但由于工程运行后库区上下游均有较长峡谷段可以作为保护鱼类栖息场所,所以它们在调水河流上仍然能维持一定种群规模。工程建设对鱼类种群规模不会产生明显影响,不会对鱼类种群生存产生显著影响,工程建设对齐口裂腹鱼、长丝裂腹鱼、重口裂腹鱼、青石爬𩾌的影响程度是可接受的。

研究范围内分布有大渡河特有鱼类——大渡软刺裸裂尻鱼,水库建设会造成大渡软刺裸裂尻鱼部分索饵、产卵场所的损失,但库区蓄水后流速较小的库湾、库尾处可以为大渡软刺裸裂尻鱼索饵、产卵创造条件;工程建设对大渡软刺裸裂尻鱼越冬影响较小;会阻断坝址附近大渡软刺裸裂尻鱼短距离洄游路线,但由于其兼有干、支流洄游习性,对大渡软刺裸裂尻鱼完成生活史影响较小;工程运行后大渡软刺裸裂尻鱼在调水河流上仍然能维持一定的种群规模。工程建设不会对大渡软刺裸裂尻鱼种群生存产生显著影响,工程建设对特有鱼类的影响程度是可以接受的。

8.1.2.2　对引水坝址下游环境的影响

（1）调水后坝下河段流量和水位的变化

调水后,坝址处下泄水量减少对下游水文情势的影响主要表现在:河道径流量和水位的变化。调水河流位于深山峡谷地带,河谷形态多为 V 形,河道大多为 U 形。调水后,河道水势的变化主要体现在水位降低、水面宽缩小。水深变化与流量变化的关系较为密切,随着水量的减少,水深相应地减小。但随着沿程支流的汇入,调水的影响程度逐渐减小。越往下游,变幅越小,超过一定距离后,河道将逐渐恢复原状。

由于各引水水库具有多年调节的作用,可将丰水期部分水量调节到枯水期,因而,调水后坝址下游各水文站年内枯水期流量减少的幅度低于丰水期减少的幅度,对坝下各站年内分配变化的影响由上游向下游沿程递减。

同样,距离坝址越近,调水前后河道水位变化越大,随着距离的增加,水位变幅越来越小,影响较为明显的是坝址下游临近河段。

（2）对生物环境的影响

调水工程位于雅砻江、大渡河上游,河谷深切,河谷是当地的最低侵蚀基准面,地下水以坡面向河流补给为主,河流侧渗补给作用微弱。当地年降水量 $600\sim700$mm,天然降水完全可以满足植被的生长需求。

坝址以下江段大多属典型的峡谷形河道,在河谷为地下水径流量最终汇集地带的特定条件下,调水后,河道水位的下降不会改变地下水向江水补给的基本格局。因此,径流量减少对地下水的侧渗影响不大,对植物生长的地下水位条件影响相对也不会显著,仅部分宽谷河段由于流量减少,水位下降,地下水位降低对陆生植物可能产生不利影响。但同位素试验与分布式水文模型模拟流域植被耗水量,证明了调水区植被生长基本上能从降雨得到满足,调水带来的河道水位降低,对植被生长影响很小。有影响的是坝下局部宽谷河段两岸的植被,宽谷浅滩河段两岸多是广布性草本植物,水库运行后由于河水漫滩的概率减少,消减了汛期洪水,使依赖于河流周期性淹没的植被物种减少,不依赖河流周期性淹没的植被得到充分发育,宽谷浅滩河段滨河植被的物种总数减少,但对改变生物生产力与生物多样性的作用甚微。

由于坝址下游对植被生长起决定作用的局地气候、土壤、地下水位等整体上看均无显著变化,所以坝址下游的植被区系、植被构成、森林资源和国家重点保护珍稀物种均不会受到显著影响。

陆生野生动物对植被资源有较强的依赖性,其生长繁殖与气候条件有关。西线调水对坝址下游地区的局地气候和植被条件皆不会产生明显的影响,因而调水不会引起坝下区域动物栖息环境的变化,也不会影响其生存环境的分布和性质。

调水将导致坝下临近河段流量骤减,造成坝下局部河段水生生物种群缩小,水体生产力有所下降。工程对引水水域鱼类影响的主要表现形式是繁殖场所、摄食场所的损失,而对越冬的影响不大。各河流建坝后,雅砻江水系和大渡河水系的珍稀和保护鱼类仍能在坝下维持一定的规模,但鱼类栖息地面积的缩小和饵料生物总量的减少都导致水体环境对鱼类种群容纳量的减小,使各鱼类种群的总资源量有所下降。

(3)对水环境质量的影响

从水环境影响预测结果来看,调水工程方案对雅砻江流域3条调水河流的水环境质量都不会产生大的影响,在未来各水平年,河流水质类别都不会发生变化,依然能维持Ⅰ～Ⅱ类水。枯水期,大渡河流域的3条调水河流,阿坝县城所在的阿柯河由于流量较小,调水对其水质影响较明显,主要是阿坝县城以下河段在枯水期Ⅳ类水河段将延长,但考虑治污后情况可明显改善,能够满足功能要求;杜柯河水质受调水影响很小,水质类别不发生变化,仍维持Ⅰ类水;玛柯河班玛县城以下的局部河段水质受到调水影响,其枯水季节(2月份)水质由Ⅰ类变为Ⅱ类,但能满足河流水环境功能区划要求。如果考虑县城治污(各县城建立污水处理场),则玛柯河水质仍能维持Ⅰ类水。

(4)对干旱河谷的影响

干旱河谷区是横断山区一类特殊的生态系统类型,南水北调西线工程涉及的干旱河谷区位于工程建设区下游200 km以下的金川、道孚、雅江、新龙一带。干旱河谷是在特殊地理条件下形成的四周被相对湿润的环境所包围的较干旱的河谷底部。干旱河谷区的年蒸发量与降水量的比值通常在2～4之间,降水远小于蒸发量。

干旱河谷的成因主要是地形地貌与大气环流所致。工程实施后,水面蒸发减少,伴随之河谷气候干燥度将有少量增加,河谷气温略有升高。然而,工程项目区距干旱河谷区较远,随着区间汇流的沿程增加,加上干旱河谷区特殊的河道特性(为下切很深的Ⅴ形河谷),水面变化不大,调水后径流减少导致河面减小的幅度有限,由此所产生的区域气候的变化在气候自然波动的范围内,由此引起的该河段区域气候变化不明显,因此调水对干旱河谷气候的影响微小。

8.1.2.3 对局地气候的影响

西线调水后,引水坝址下游河道水量减少,水面宽度变窄,对局地小气候的影响主要表现在蒸发量、降水量、气温、风速、风向方面。但计算结果表明,变化很小,不会对坝址下游局地气候产生明显影响。水库蓄水后,水面增宽,库区下垫面自然状态的改变,将对库区及库周局地气候产生影响,如气温、湿度、降水、风况、雾情等均可能有变化。其中对水面宽阔的湖泊型水库影响尤为明显。计算分析表明,建库后对降水量和湿度都不会产生很大的影响,并且建库后水面的风速增大,气温变化不大,又没有冷却过程出现,气温达不到露点温度,故建库对雾的形成没有影响。整体不会对库区气候有太大影响。

8.1.2.4 对珍稀保护植物与保护动物的影响

水库蓄水可能影响到的珍稀保护植物有虫草、长苞冷杉、紫果云杉、紫果冷杉、星叶草、独叶草、中国沙棘、山莨菪,由于珍稀保护植物在调水河流均是广泛分布,工程建设不会对珍稀保护植物种群生存产生显著影响;坝址下游水文情势变化对两岸植被影响微弱,通过调查,坝址下游河漫滩植被主要是乌柳、沙棘灌丛,已有的样方调查点位中均未发现珍稀保护植物,因此,坝址下游水文情势变化对珍稀保护植物影响较小。总体来说,工程建设可能会造成珍稀保护植物种群资源量的损失,但不会对种群生存产生明显影响,工程建设对珍稀保护植物的影响程度是可以接受的。

水库淹没会导致一部分珍稀保护动物生境损失,由于动物具有迁徙性,并且珍稀保护动物在调水河流区分布较广,是周边自然保护区的重点保护对象,现状保护条件较好,因此,工程建设不会对珍稀保护动物种群生存产生显著影响,工程建设对珍稀保护动物的影响程度是可接受的。

8.1.2.5 对保护鱼类与特有鱼类的影响

根据已有资料,工程建设区域不是虎嘉鱼集中分布区域;虎嘉鱼本身分布较广,玛柯河虎嘉鱼集中分布区域已经划定为水产种质资源保护区,且人工繁殖技术取得重大进展,因此,南水北调西线工程不会使虎嘉鱼在调水河流上的种群规模明显减少,不会对虎嘉鱼种群生存产生显著影响,对虎嘉鱼的影响程度是可接受的。

研究范围内省级保护鱼类齐口裂腹鱼、长丝裂腹鱼、重口裂腹鱼、青石爬鮡均为峡谷型鱼类,水库淹没均会对省级保护鱼类索饵、产卵场所造成不同程度的损失,会导致鱼类种群规模有所减少,但仍然能在调水河流上维持一定的种群规模;齐口裂腹鱼、长丝裂腹鱼、重口裂腹鱼、青石爬鮡分布都比较广,现状保护条件较好,齐口裂腹鱼、重口裂腹鱼、青石爬鮡人工繁殖技术也已经成熟。因此,工程建设不会对省级保护鱼类种群生存产生显著影响,工程建设对省级保护鱼类的影响程度是可接受的。

工程运行后,大渡软刺裸裂尻鱼仍能在调水河流上维持一定的种群规模,现状保护条件较好,因此工程建设不会对特有鱼类种群生存产生显著影响,工程建设对特有鱼类的影响程度是可接受的。

8.1.2.6 对生态敏感区的影响

工程建设对各调水水库坝址下游的四川卡莎湖等自然保护区基本不产生影响;输水线路涉及四川杜苟拉自然保护区、四川曼则塘自然保护区,施工支洞及竖井出露对地表植被产生不利影响,库区淹没对青海三江源国家级自然保护区杜柯河分区、年保玉则分区影响较大。可通过调整线路布置或调整自然保护区规划解决。

西线调水工程建设对玛柯河重口裂腹鱼国家级水产种质资源保护区、大渡河上游川陕哲罗鲑等特殊鱼类保护区影响较小。

8.1.2.7 对受水区的影响

受水区水量增加可能带来的负面影响主要是污水排放量增加对环境的影响、灌溉有可能引起土壤次生盐碱化。这些影响通过采取措施可以减缓或避免。

雅砻江、大渡河上游的鱼类及水生生物将随着水流进入黄河,引水河流向黄河输入了浮游生物等鱼类的饵料生物,黄河相应河段的水生生物多样性亦将增加,鱼类资源也将因水体环境对鱼类容纳量的增大和饵料生物的丰富而增加。因此,引水入黄口河段的生物多样性将增加。但输入的鱼类不适应新的环境,这些种类不会对当地土著种类形成大的影响,不会造成生物入侵,黄河引水入黄口附近水域鱼类群落结构将基本保持原状。

8.2 需要进一步研究的问题

南水北调西线工程位于川青高原,人类活动相对比较轻微,原始生态系统比较完整,但由于海拔较高,气候寒冷,植物生长期短,生态系统比较脆弱。当地属于少数民族聚集区,具有独特的宗教信仰,许多居民文化程度不高,经济发展落后且结构单一。为进一步深入了解工程所在区域的环境本底状况,预测工程建设和运行后对环境的影响,在下一步工作中需要就以下专题进行深入的研究。

8.2.1 下游生态环境需水量研究

维持调水河流下游一定的生态基流对保护河流的生态环境具有重要的意义。根据调水河流的自然环境现状和特点,利用国内外生态环境需水量的最新研究成果,研究调水河流下游的生态需水量,将为调水工程规模论证提供重要的决策依据。研究内容包括:

(1)河道外生态环境用水:根据引水坝址下游河谷两岸地形地貌、植被分布,选择有代表性时段和断面,包括峡谷河段和宽谷河段,利用现场长期观测和同位素示踪法等先进的技术手段,进一步分析河道水量与河谷两岸地下水的补给关系及两岸植被与地下水的联系程度,预测河道水量变化对两岸地下水和植被生长的影响程度和范围。

(2)河道内生态用水:在对引水河流(重点是引水坝址下游河段)生态环境现状调查分析的基础上,提出引水坝址下游河道生态用水的特征和时空分布规律。分析计算维持坝址下游河道内外生态系统平衡所需的最小河道生态需水量与敏感期生态环境需水量,提出引水坝址下游河道生态环境需水量和可接受的调水量。

(3)生态需水量的计算:目前还缺少典型断面数据,建议继续对专用水文站大断面数据、水位、流量数据进行观测并补充典型断面。

（4）敏感期生态需水量的计算：加强对鱼类重点产卵场的调查和识别，对鱼类重点产卵场设大断面观测鱼类产卵生境水文指标。

8.2.2　调水河段水环境本底监测及影响研究

对水环境而言，调水区域属于无资料地区，开展调水坝址和影响河段水环境监测，将对调水后水环境影响预测提供重要的基础。研究内容包括：

（1）在调水坝址及下游临近河段的控制断面如炉霍、道孚、雅江、壤塘、卓斯甲、金川、丹巴等河段布设监测断面，对水质现状进行监测分析。

（2）对调水河流流域内主要城镇的经济发展、城市建设、环境保护、水资源利用等进行全面调查，同时调查主要城镇的污染源现状、污水处理设施现状及发展规划，预测不同水平年的污染物排放量。

（3）根据调水河流水文情势和污染源类型建立水质模型，优选模型参数，对调水后水质变化趋势进行预测，评估其影响程度和范围。根据河流水资源功能分区，重点分析对敏感河段和主要城市水环境的影响。

（4）根据调水后对下游水环境的影响评价初步结果，对不同坝址的年调水量和年内分配，提出进一步的优化方案。

8.2.3　工程影响区域陆生植物分布现状和影响研究

南水北调西线工程地处川青高原，植物资源丰富，垂直分异明显。工程建设过程中，坝基开挖、隧洞弃碴将占压部分植被资源，水库建成蓄水后将淹没草场和森林。调水后，坝址下游临近河段水量减少，也可能对河谷滩区植被生境产生一定的影响。为了预测工程施工和运行后对影响区域陆生植被的影响，对工程影响范围内植物分布种类、生态习性进行调查和研究，并提出减免不利影响的对策措施，对保护工程所在地区的生态环境具有非常重要的意义。研究范围包括：引水枢纽库区库周、坝址下游临近河段河谷两岸和工程施工占地影响区、隧洞沿线弃碴占压区、调水入黄段。研究内容如下：

（1）在现有研究成果的基础上，对以上区域进行现场查勘，全面调查植被类型、分布和不同植被类型的生产力。

（2）通过对水库淹没区植被分布进行调查，弄清淹没区域的珍稀植物种类，绘制比较详细的植被分布图，并预测水库蓄水后对库周植被的影响。

（3）通过对坝址下游临近河段和隧洞弃碴占压区域植物资源调查，提出需要进行保护的植物名录，并绘制需要保护的植物分布范围图。

（4）对入黄口黄河宽浅河段河漫滩及一、二级阶地区域植被分布及生境进行调查，分析河道水量增加、水位升高后对河道两岸植物分布和种类的影响。

（5）对工程影响区域的国家保护珍稀物种和当地的特有物种，提出就地保护或迁移保护措施。

8.2.4 调水影响河段水生生物本底调查及影响研究

南水北调西线工程地处川青高原,长江支流雅砻江、大渡河的源流区。引水水库修建后,坝址以上库区将由原来的急流险滩变为静水湖泊,适生的水生生物种类也将发生相应的变化。坝址下游河道汛期水量大幅度减小,由此导致水生生物的栖息环境和饵料结构发生相应的改变。工程实施后,长江上游的水生生物将通过输水隧洞直接进入黄河上游,有可能对黄河上游水生生物区系产生一定的影响。研究的重点区域主要是:鲜水河道孚以上、绰斯甲河雄拉以上、足木足河的玛柯河与阿柯河汇口以上、调水入黄河段。研究内容包括以下几个方面:

(1)在充分利用现有资料基础上,对工程影响范围内水生生物现状(包括浮游生物、底栖生物、水生植物、鱼类等)进行补充调查、评价。重点调查国家和省级重点保护的种群资源,鱼类区系组成与分布、主要栖息地、产卵场和洄游路线等。

(2)根据鱼类生活习性,分析水库蓄水后对鱼类种群结构的影响;根据鱼类洄游、产卵、觅食生境与水深、流速的关系,提出维护调水河流下游鱼类正常生长的生态需水量。分析坝址下游水量减少后对水生生物的影响。

(3)调查分析工程所在河流已建水电站对鱼类资源的影响,结合雅砻江、大渡河水电开发规划,分析大坝修建对洄游性鱼类的影响。

(4)根据黄河上游与雅砻江、大渡河上游鱼类区系特点,对鱼类种类、数量、分布等进行现场调查,分析预测调水后对黄河上游鱼类种群结构的影响,从水生生物生态习性分析生物入侵的可能性。

8.2.5 对自然保护区和湿地的影响研究

调水工程影响地区位于川青高原,由于人类活动影响相对较少,大部分地区还保持着原始状态。随着生物多样性保护意识的加强,近年来,当地政府在工程影响区域内划定了各种类型和级别的自然保护区,其中玛柯河调水工程位于三江源自然保护区边缘。工程建设过程中人为活动的增加,有可能对保护区坝下临近河段的河流湿地和两岸滩地的生态环境产生一定影响。为了解工程建设对自然保护区和湿地的影响,需要进行以下几方面的工作:

(1)对工程影响地区各种不同类型的自然保护区进行全面的调查,调查内容包括:自然保护区级别,核心区、实验区、缓冲区的范围、面积,保护物种种类和生活习性等。

(2)结合工程总体布局,分析施工过程中和水库蓄水后对自然保护区的影响范围和程度,提出减免不利影响的对策措施。

(3)根据影响程度,从保护生物多样性的角度,分析论证保护区边界范围调整的可行性。

(4)对河流湿地和两岸滩地的植被类型和生活习性进行进一步的调查,研究水力关系,分析水量减少植被退化的敏感性和对湿地生态环境的影响。

8.2.6　工程施工对生态环境影响及对保护措施研究

西线一期调水工程影响地区生态环境脆弱,一旦遭到破坏,自我恢复难度很大。工程施工过程中,如坝基开挖、隧洞开挖将产生大量的弃碴,施工道路和生产生活场地也将占压大量的草场和森林。施工结束后,如何尽快使碴场表面和施工迹地得到恢复,达到一定的生态功能,是工程建设过程中面临的主要环境问题。研究内容如下:

(1)根据工程影响区域生态环境现状,建立指标判别体系,分析评价区域生态环境的稳定性。结合施工规模、强度,分析预测施工活动对区域生态环境的影响程度。

(2)根据陆生生物本底调查,结合施工总体布置,对弃碴场和土石料开采场占地影响区域内生物资源进行调查,从生态环境保护角度对弃碴场和料场的环境可行性进行评价,并根据评价结果对施工总体设计进行优化。

(3)根据当地植物资源和气候条件,选择合适的试验场地,开展试验研究,优选工程弃碴和施工迹地生物恢复的树种、草种和生物技术措施。

(4)从生物恢复角度提出减少影响的合理施工工艺及减少不利影响的植被恢复途径。

8.2.7　工程建设对人群健康影响及保护措施研究

工程所在区域为细菌性痢疾、布氏杆菌病、鼠疫、炭疽病、包虫病等疾病流行区。甘孜州属于青藏高原喜马拉雅旱獭鼠疫自然疫源地。施工期施工人员大规模的流动、聚集作业,成为易感人群,有可能受到上述传染病流行的影响;另外,大规模的施工作业必然使通往施工区的车辆、流动人员大幅度增加,致使某些传染病交叉感染的概率明显增加。由于高寒阴湿、某些微量元素缺乏等原因,工程影响区分布有地球化学性疾病如克山病、大骨节病等。对地方病的分布范围、发病机理、传播途径进行调查,并提出相应的对策措施,对保障当地居民和施工人员的身体健康,保证工程顺利施工具有重要的意义。研究内容包括:

(1)对工程影响区自然疫源性疾病种类、发病机理、分布范围、逐年发病率进行全面系统的调查统计分析。

(2)根据不同疫源性疾病的发病机理、传播途径,分析疫源性疾病对施工人员身体健康的影响,提出施工人员健康保护的对策措施。

(3)根据当地居民和外来施工人员易感人群分布情况,分析预测外来施工人员的大量涌入对当地居民身体健康的影响,并提出减免不利影响的对策措施。

(4)对工程影响区域内地球化学性疾病种类、分布、发病原因进行全面的调查分析,分析地方病对移民安置和施工身体健康的影响。

(5)从保护当地居民和施工人员身体健康角度出发,提出工程建设期人群健康保护和疾病控制的管理、监控体系。

8.2.8　水库淹没和移民迁建对当地社会环境的影响

引水水库修建后,将淹没部分森林、草场和居民点。居民点的迁建和安置过程中,将增

加周围地区的环境压力,对当地经济社会、生态环境带来一系列的影响。研究内容包括:

(1)结合当地的风土人情和生活习俗,分析预测水库淹没和移民迁建对当地经济社会、生产生活方式的影响,对可能产生的影响提出相应的对策措施。

(2)根据国家的民族宗教政策,对工程影响区寺庙等宗教活动场所搬迁的政策性问题和经济补偿问题进行深入的研究。

(3)根据移民迁建规划,分析预测居民点和城镇建设对当地生态环境的影响,提出保护生态环境的对策措施;根据移民安置规划,分析预测安置区畜牧业发展对草场资源利用的影响,从草场资源合理利用角度出发,对移民安置方式提出相应的对策和建议。

8.2.9 调水对受水区生物入侵影响研究

对水生生物的影响主要体现在两种水体的混合,区系生境的融合,新的河流生态系统产生,对鱼类栖息地、产卵场、洄游线路区,以及种群密度、结构、生物多样性以及资源的再循环的影响。研究内容主要包括:

(1)对引水入黄口土著鱼类的影响

调水后,引水入黄口附近水域流量将显著增大,同时随引水带入较大数量的浮游硅藻,增加了引水入黄口附近水域的饵料生物量,研究环境变化对黄河土著鱼类的影响。

(2)引水水域鱼类对入黄口水域的生物入侵

调水实施后,引水水域的某些鱼类可能会随着输水进入引水入黄口附近,研究引水区鱼类在入黄口水域生存的可能性,分析可能带来的生物入侵可能性。

(3)对入黄口鱼类种群结构与生物多样性的影响

由于向黄河引水,黄河相应河段的流量显著增加,对水生生物的容纳量增大。且随着引水河流向黄河输入了浮游生物等鱼类的饵料生物,黄河相应河段的水生生物多样性亦将增加,研究生境变化对鱼类种群结构与生物多样性的影响。

8.2.10 生态补偿与经济社会影响补偿措施研究

调水后对生态环境与经济社会各方面造成的影响进行调查、分析与评估,并进行对策补偿措施的进一步研究。

研究流域生态补偿标准的测算,主要包括基于水质水量的补偿标准、基于生态重建或生态恢复的补偿标准,基于上游流域环境保护成本的补偿标准,基于水资源市场价格的补偿标准,基于意愿价值的补偿标准,以及补偿方式研究(包括补偿途径与支付方式)与政策建议等。

参考文献

[1] 中国科学院水生生物研究所. 南水北调西线一期工程影响地区水生生物分布现状及影响分析[R]. 2008.

[2] 中国电建集团成都勘测设计研究院有限公司. 四川省绰斯甲河绰斯甲水电站环境影响报告书[R]. 2014.

[3] 茹辉军. 大渡河流域川陕哲罗鲑分布与栖息地特征研究[J]. 长江流域资源与环境, 2015, 10:1779-1784.

[4] 王玉蓉. 裂腹鱼自然生境水力学特征的初步分析[J]. 四川水利, 2010, 6:55-59.

[5] 夏娟. 水电工程建设对齐口裂腹鱼栖息地的影响分析[J]. 四川水利, 2010, 2:59-62.

[6] 宋旭燕. 基于栖息地模拟的重口裂腹鱼繁殖期适宜生态流量分析[J]. 四川环境, 2014, 6:27-31.

[7] 蒋红霞. 基于物理栖息地模拟的减水河段鱼类生态需水量研究[J]. 水力发电学报, 2012, 5:141-147.

[8] 李柯懋. 青海省国家级水产种质资源保护区建设基本情况及应注意的问题[J]. 河北渔业, 2014, 12:73-75.

[9] 阿坝州环保局. 大渡河上游川陕哲罗鲑等特殊鱼类保护区获省政府批准. http://www. shuichan. cc/news_view-260625. html, 2015 年 10 月 13 日.

[10] 中国电建集团成都勘测设计研究院有限公司. 足木足河巴拉水电站"三通一平"前期准备工作环境影响报告书[R]. 2015.

[11] 谢佳燕. 我国齐口裂腹鱼的研究现状[J]. 安徽农业科学, 2010, 38:13721-13722.

[12] 四川省水产局. 四川省 30 个国家级水产种质资源保护区面积范围和功能分区. http://www. scsscj. cn/a/baohuquguanli/jibenxinxi/20150211/1108. html, 2015 年 2 月 11 日.

[13] 若木. 齐口裂腹鱼人工繁殖的研究[J]. 淡水渔业, 2001, 6:3-5.

[14] 邓民龙. 裂腹鱼人工驯养繁殖技术[J]. 水产养殖, 2006, 5:34-35.

［15］彭淇.野生重口裂腹鱼的性腺发育观察与人工繁殖研究［J］.海洋与湖沼,2013,3：651-655.

［16］李华.大渡裸裂尻鱼人工繁殖技术初探［J］.科学养鱼,2012,9：10-11.

［17］四川省林业科学技术推广总站.四川曼则塘湿地自然保护区综合科学考察报告［R］.2010.

［18］四川大学生命科学学院.四川南莫且湿地自然保护区综合科学考察报告［R］.2008.

［19］四川省林业科学研究院.四川杜苟拉自然保护区科学考察报告［R］.2004.

［20］李迪强等.三江源自然保护区科学考察报告［M］.中国科学技术出版社 2002.

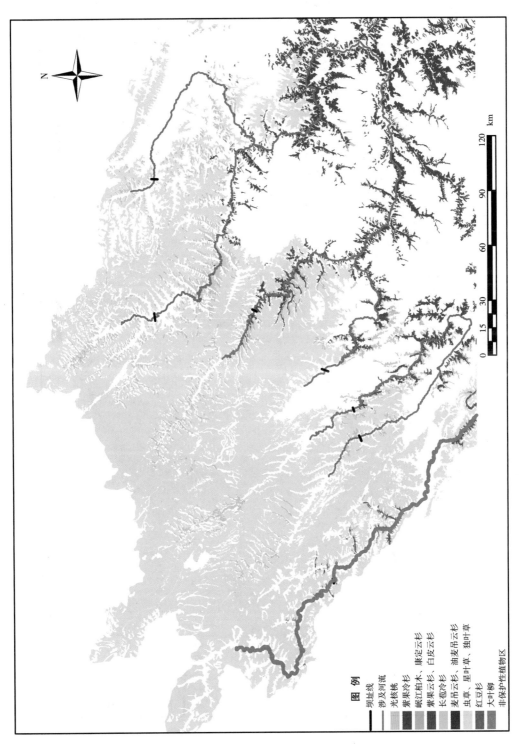

图　例

	坝址线
	涉及河流
	光核桃
	紫果冷杉　康定云杉
	岷江柏木、紫果云杉、白皮云杉
	紫果云杉
	长苞冷杉
	麦吊云杉、油麦吊云杉
	虫草、星叶草、独叶草
	红豆杉
	大叶柳
	非保护性植物区

附图1　南水北调西线第一期工程调水河流区珍稀保护植物分布图

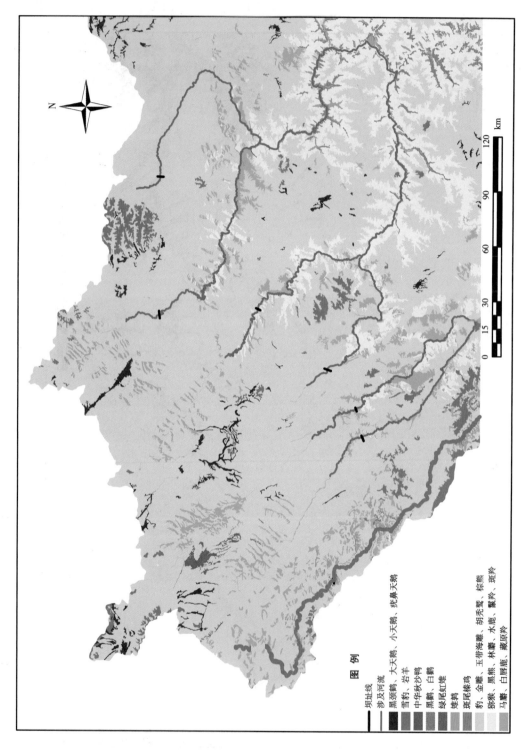

图 例

坝址线
涉及河流
黑颈鹤、大天鹅、小天鹅、疣鼻天鹅
雪豹、岩羊
中华秋沙鸭
黑鹳、白鹳
绿尾虹雉
雉鹑
斑尾榛鸡
豹、金雕、玉带海雕、胡兀鹫、棕熊
猕猴、黑熊、林麝、水鹿、馨羚、斑羚
马麝、白唇鹿、藏原羚

附图2　南水北调西线第一期工程调水河流区珍稀保护动物分布图

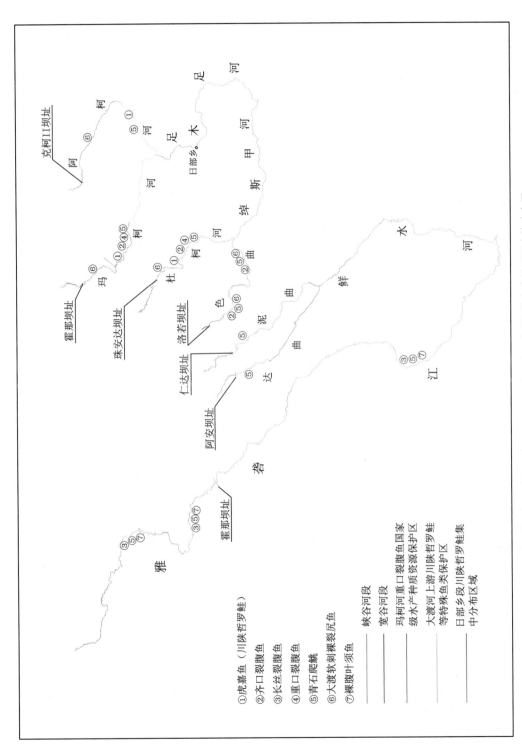

附图3　南水北调西线第一期工程调水河流流域珍稀保护鱼类及重要生境分布图

①虎嘉鱼（川陕哲罗鲑）
②齐口裂腹鱼
③长丝裂腹鱼
④重口裂腹鱼
⑤青石爬鳅
⑥大渡软刺裸裂尻鱼
⑦裸腹叶须鱼

━━━　峡谷河段
━━━　宽谷河段
━━━　玛柯河重口裂腹鱼国家
　　　级水产种质资源保护区
　　　大渡河上游川陕哲罗鲑
　　　等特殊鱼类保护区
　　　日部乡色曲川陕哲罗鲑集
　　　中分布区域

图书在版编目(CIP)数据

南水北调西线工程生态环境影响研究 / 张金良等著.
—武汉：长江出版社，2018.12
(三江源科学研究丛书)
ISBN 978-7-5492-6218-2

Ⅰ.①南… Ⅱ.①张… ②景… Ⅲ.①南水北调－水利工程－
影响－区域生态环境－研究 Ⅳ.①TV68②X21

中国版本图书馆 CIP 数据核字(2018)第 293291 号

南水北调西线工程生态环境影响研究	张金良 等著

责任编辑: 王秀忠

装帧设计: 刘斯佳

出版发行: 长江出版社

地　　址: 武汉市解放大道 1863 号　　　　　　　　　　　　　　　　　**邮　编:** 430010

网　　址: http://www.cjpress.com.cn

电　　话: (027)82926557(总编室)

　　　　　　(027)82926806(市场营销部)

经　　销: 各地新华书店

印　　刷: 武汉精一佳印刷有限公司

规　　格: 787mm×1092mm　　　　1/16　　　16 印张 8 页彩页　　　360 千字

版　　次: 2018 年 12 月第 1 版　　　　　　　　　　2019 年 7 月第 1 次印刷

ISBN 978-7-5492-6218-2

定　　价: 79.00 元